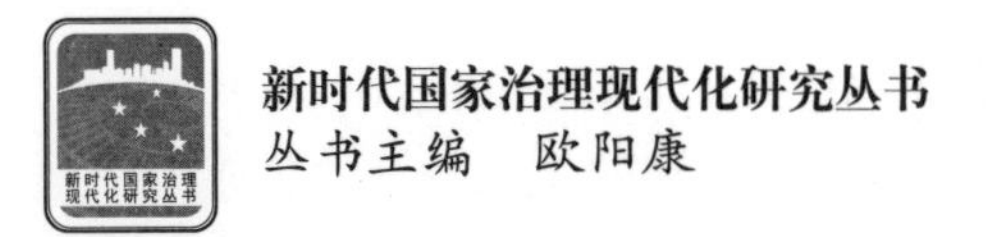

◇ 华中科技大学文科“双一流”建设项目“国家治理湖北省协同创新中心建设专项”基金资助成果

◇ 国家社会科学基金重大项目“大数据驱动地方治理现代化综合研究”（19ZDA113）阶段性成果

智能经济导论

杨述明◎著

華中科技大学出版社
http://press.hust.edu.cn
中国 · 武汉

图书在版编目(CIP)数据

智能经济导论/杨述明著.—武汉:华中科技大学出版社,2024.1
ISBN 978-7-5680-9569-3

Ⅰ.①智… Ⅱ.①杨… Ⅲ.①人工智能-经济学 Ⅳ.①TP18-05

中国国家版本馆CIP数据核字(2024)第035137号

智能经济导论 杨述明 著
Zhineng Jingji Daolun

策划编辑:周晓方 杨 玲
责任编辑:黄 军
封面设计:原色设计
责任校对:张汇娟
责任监印:周治超
出版发行:华中科技大学出版社(中国·武汉) 电话:(027)81321913
武汉市东湖新技术开发区华工科技园 邮编:430223
录 排:华中科技大学惠友文印中心
印 刷:湖北新华印务有限公司
开 本:787mm×1092mm 1/16
印 张:15.75 插页:2
字 数:346千字
版 次:2024年1月第1版第1次印刷
定 价:58.00元

内容提要

人类社会进入21世纪，迈过了智能社会的门槛。人类几乎所有的活动都将被置换到另一个新的时空，经济活动无疑首先受到影响而发生改变，从而成为人们认知新社会形态的观察"前哨"。在人类文明演进的历史长河中，依次出现了自然经济、商品经济和数字经济三种基本经济形态，并相应地表现为农业经济、工业经济和智能经济三种典型经济形态。我国历经四十多年的改革开放，正在从一个农业国家快速地转型为智能经济前沿国家。在这样一种崭新的历史背景下，推动经济理论走在时代前面，正是经济理论工作者的历史使命。

本书在这一基本观点导引下，立足于基础性研究和实证性研究相结合的基本原则，分别选择"智能经济的理论逻辑前提""智能革命与智能经济""智能经济形态的理性认知""现代化经济体系与智能经济形态""数字基础设施建构""数字经济类别及其典型场景应用"等关键领域，较为系统地提出了智能革命驱动智能经济演进的理论，尝试着阐明有关数字经济、智能经济实践应用方面的理论基础，围绕数字基础设施等主要应用场景展开了深入研究，并探讨了我国现代化经济体系的建构问题，对于指导数字经济和智能经济实践提供了重要参考，从而助力中国经济更加清晰、从容、主动地应对世界之变、时代之变和历史之变。

总 序
新时代国家治理现代化的使命与境界[①]

2016 年 5 月 17 日，习近平总书记在哲学社会科学工作座谈会上强调："面对改革进入攻坚期和深水区、各种深层次矛盾和问题不断呈现、各类风险和挑战不断增多的新形势，如何提高改革决策水平、推进国家治理体系和治理能力现代化，迫切需要哲学社会科学更好发挥作用。"当前，中国国家治理正面临着从传统向现代的深度转型。这种转型既是一个渐进的过程，需要延续与传承，又是一个跃迁的过程，需要变革与创新。通过国家治理的理论创新和实践创新，有可能更好地发挥传统治理优势，创造新型治理优势，把两个优势内在地结合起来，为中国国家治理注入新的内容与活力，提升新时期新形势下的治国理政能力，也有可能为人类对更加理想的社会制度的探索提供中国方案。

一、强化使命意识，确立国家治理现代化的战略定位

自党的十八届三中全会首次提出推进国家治理体系和治理能力现代化以来，中国共产党和中国政府的治国理政提升到了全新思想境界和高度实践自觉。习近平新时代中国特色社会主义思想中包含着治国理政的丰富内容，尤其是党的十九大报告，全面总结中国共产党治国理政的历史经验，将中国国家治理体系和治理能力现代化与中华民族伟大复兴的战略目标内在地结合起来，把全面建设社会主义现代化强国的新征程分为两个具体的阶段，并把国家治理现代化既作为社会主义现代化的必要制度保障条件，也作为其实现程度的重要表征。

第一个阶段，从 2020 年到 2035 年，在全面建成小康社会的基础上，再奋斗十五年，基本实现社会主义现代化。在这个阶段，除了经济实力、科技实力、社会文明程度、人民生活状态、生态文明状态等指标外，从国家治理的角度看，那就是"人民平等参与、平等发展权利得到充分保障，法治国家、法治政府、法治社会基本建成，各方

---

① 此序为作者主持的 2014 年度教育部哲学社会科学研究重大课题攻关项目"推进国家治理体系和治理能力现代化若干重大问题研究"(教社科司函〔2014〕177 号)的成果之一；国家社科基金十八大以来党中央治国理政新理念新思想新战略研究专项工程项目"十八大以来党中央治国理政新理念新思想新战略的哲学基础研究"(批准号：16ZZD046)的成果之一；教育部社会科学司 2018 年"研究阐释党的十九大精神专项任务"的成果之一。

面制度更加完善,国家治理体系和治理能力现代化基本实现……现代社会治理格局基本形成,社会充满活力又和谐有序”。第二个阶段,从 2035 年到 21 世纪中叶,在基本实现现代化的基础上,再奋斗十五年,把我国建成富强民主文明和谐美丽的社会主义现代化强国。到那时,我国物质文明、政治文明、精神文明、社会文明、生态文明将全面提升,实现国家治理体系和治理能力现代化,成为综合国力和国际影响力领先的国家,全体人民共同富裕基本实现,我国人民将享有更加幸福安康的生活,中华民族将以更加昂扬的姿态屹立于世界民族之林。

由上可以看出,国家治理现代化与中国特色社会主义现代化强国的三重关系:国家治理现代化是中国特色社会主义现代化强国的必要制度体系和能力保障;国家治理现代化是中国特色社会主义现代化强国的重要内容和组成部分;国家治理现代化是中国特色社会主义现代化强国的突出标志和重要表征。

二、强化历史意识,深入总结中国国家治理的历史智慧

历史是现实的镜子,历史研究是学术研究的基础,也是实践创新的前提。中华民族五千多年的发展历史,留下了历代先哲贤人“修身齐家治国平天下”的丰富历史经验和思想智慧,给我们重要的启示与借鉴。深入研究古往今来中国国家治理从理念、制度、政策到行为等的发展历程,可以更好地总结历史经验,反省重大失误,探究深层原因,明晰历史教训,掌握客观规律,确立决策参照,提升决策智慧。例如:如何在传统之道与现代之势之间更好地保持张力?社会发展的延续性和传承性决定了历史演变规律会深刻地延续并影响到今天,要求我们尊重前人、历史和经验,但社会发展的不可逆性又决定了今天不可能是昨天和前天的简单延续,一定会有新的变革与需求,要求我们会通古今,勇于探索、超越与创新,自觉地从中国社会发展历史经验和教训中学习,不仅有可能使当代中国的国家治理体系和治理能力现代化获得更加丰富的中国经验和中国内涵,也有可能获得更加坚实的历史基础,丰富其理论内容,更新其理论形态。

三、强化创新意识,更好地发挥中国政治制度治理优势

提升国家治理能力首先必须研究如何更好地发挥中国的政治制度和政治治理优势。1949 年以来,我国形成了马克思主义指导、中国共产党领导、社会主义道路、人民民主专政四位一体的国家治理体系,并在实践中不断加强和完善。这是我国政治制度的最大优势,已经成为我国国家治理的最基本传统和最重要格局,是我国国家治理的安身立命之所,必须在新时期得到自觉和有效的坚持。

随着时代的发展和中国的进步,它们也需要获得最大发展和创新,以保障和展示

中国道路的特殊优越性。为此至少应努力实现四大升华:第一,马克思主义要进一步由外来思想真正内化和升华为“中国思想”,与中国优秀传统文化内在融合,直面并回答当代中国最重大的理论和实践问题,造就中国化的马克思主义新形态,在中国化、时代化的进程中真正融入中国社会,融入中国民众的精神家园;第二,中国共产党要由领导角色进一步落实和升华为“服务角色”,善于团结和汇聚中国各种政治力量,通过科学决策、政治引领和组织保障,强化协商民主,善于支持和激励人大、政协、政府、企业和各种社会组织等多元主体共同治理中国社会,发挥党员个体的先锋模范作用;第三,社会主义要由传统模式进一步拓展和升华为“中国模式”,既能坚持社会主义核心价值体系,践行人类文明进步的基本原则,又能探索中国道路,强化中国特色,激发社会活力;第四,人民民主专政要由国家主导进一步拓展和升华为“人民主导”,坚持依法治国,落实以人为本,切实保障人民主体地位。以上四个方面的变革与创新应当相互影响,良性共振,极大地激发中国国家治理的传统优势,在中国国家治理中发挥更大作用。

四、强化批判意识,透析当前中国社会的价值多元化状态

国家治理既要适应当前中国的价值多元化状态,也要引领中国社会的价值合理化进程,为此要求哲学社会科学研究发挥应有的批判功能。要准确盘点当前中国社会存在的各种社会思潮、各种利益诉求、各种价值取向、各种实践行为等,并对其做出合理性评估,张扬其合理内涵,批判其不合理方面,为人们做出恰当的价值选择提供指导。

当代社会迅速转型,进入价值多元化状态,难免泥沙俱下、鱼龙混杂、良莠俱存。应当看到,当代中国社会的多元价值并非都是合理的和健康的,为此必须对那些不健康、不合理的价值观进行批判和斗争,对健康、合理的价值观予以保护和张扬,对多元价值进行有机和有序整合,在此基础上构建能够保障各种正当利益和合理价值诉求的社会利益分配机制和价值实现机制,引领多元价值的健康发展方向。例如,要研究当前中国各种价值之“元”之间有无共同基础,探讨国家认同的共同前提在哪里,如何进一步增强;要研究不同的价值之“元”间的基点之间的差异,探讨应否、能否和如何通过一个有机的整体体系整合不同的“元”;要研究中国国家治理的本底基础(底线)和高端目标在哪里,探讨当前中国国家治理体系需要多大的覆盖面和多深的包容度,认识到其多元的复杂性,为中国国家治理现代化提供理论保障和对策依据。

正是在这个科学批判的过程中,马克思主义也将更好地展示自己的革命性和批判性,增强其说服力和解释力,在提高全民族的思想自觉和理论自信方面发挥更大作用,实现自身的价值。从社会认识论的角度来看,哲学社会科学在本质上就是人的理性自我认识,且研究哲学社会科学应当为人民“代视”与“代言”。这两个功能规定,要求我们自觉深入人民群众的生产、生活实践之中,聚焦当代人类、中华民族和个体在

生存发展中面临的重大问题，从人类文明进步和中国人生存发展中汲取营养和活力，既敢于为人民“鼓与呼”，发时代之先声，扬人民之精粹，树社会之正义，又善于用科学思想理论武装和感染人民，彰显中国特色，提升人生境界，引领发展方向。

五、强化整合意识，提升中国国家治理能力的有效性

第一，加强顶层设计与荟萃全民智慧。中国国家治理总体上看需要更好地发挥中央和各级组织在战略设计和宏观布局方面的引领作用，以便更好地体现中央意图、政府主导、民族大义、全局利益，同时又要善于立足大众，尊重个体，关照民意，动员全体，把从上至下与从下至上内在地结合起来。

第二，在法治之刚与德治之柔之间保持张力。社会生活的多层次性和人性的复杂性要求国家治理体系与治理方式的多方面和多层次性。依法治国和以德治国的有机结合既是客观需要，也是治国智慧。一方面要努力通过刚性的法律与法治为社会大众划定行为底线与边界，另一方面要通过柔性的美德提升人们的思想境界与价值追求。

第三，自觉应用现代科技和网络体系参与国家治理。信息化已经并在继续极为深刻地改变着人们的生产、生活与交往方式，也要求新时代的信息化国家治理方式。应努力学习应用现代治理模式与治理技术等，为中国国家治理注入新理念、新技术、新动力。

综上所述，我们只有通过最大限度的创新与创造，把传统优势与创新优势充分发挥出来，才有可能既超越自我又超越西方，不仅为中华民族伟大复兴提供制度和治理保障，也能为全球治理提供中国方案和中国智慧。

“新时代国家治理现代化研究丛书”策划的宗旨是贯彻党的十八届三中全会、十九大和十九届四中全会关于坚持和完善中国特色社会主义制度、推进国家治理体系和治理能力现代化的精神，以“新时代国家治理现代化”为主题，从理论、方法、实践等多维视角对推进国家治理现代化进行探讨。本丛书作者团队以华中科技大学国家治理研究院研究员为主，邀请武汉大学、湖北省社会科学院等相关领域的知名专家共同组成。

欧阳康著的《国家治理现代化理论与实践研究》，从国家治理的价值范畴、演进逻辑、比较优势等理论层面，以及基层治理、政治治理、全球治理、绿色发展和生态治理等实践难题入手，发力国家治理的理论创新和实践创新，为人类对更加理想的社会制度探索的全球治理提供中国方案和中国智慧。虞崇胜著的《国家治理现代化的制度逻辑》，紧紧围绕坚持和完善中国特色社会主义制度这个主题，深入探讨制度建设在国家治理现代化中的重要地位和作用，着重研究不同制度要素之间的逻辑关系，探寻中国特色社会主义制度发展规律，以期为新时代国家治理现代化特别是制度现代化提供理论支撑和实践路径。杜志章著的《中国国家治理现代化综合评估体系研究》，

旨在立足中国特色社会主义的现实，广泛借鉴国内外治理评估的理论成果与实践经验，充分结合中国的历史传统和现实国情，坚持普遍性与特殊性相结合，探索既体现人类共同的“善治”追求，又反映中国特色社会主义核心价值体系，具有显著的时代性、民族性和实践导向性的国家治理理论和国家治理评估体系。杨述明著的《智能社会建构逻辑》，集中选取智能社会演进过程中社会建设与社会治理的关键领域，敏感地触及社会智能化的新变化，从智能社会视角尽可能地揭示其演进规律，系统厘清智能社会演进逻辑与建构逻辑，有助于人类更理性、更全方位地认识社会、国家各项机制运转，进而更加积极从容应对新的社会形态图景下的社会生活实践。此外，杨述明拟著的另一本著作《智能经济导论》，立足于基础性研究和实证性研究相结合的基本原则，较为系统地提出了智能革命驱动智能经济演进的理论，尝试着阐明有关数字经济、智能经济实践应用方面的理论基础，围绕数字基础设施等主要应用场景展开了深入研究，并探讨了我国现代化经济体系的建构问题，对于指导数字经济和智能经济实践提供了重要参考，从而助力中国经济更加清晰、从容、主动地应对世界之变、时代之变和历史之变。张毅等著的《网络空间国际治理研究》，从网络空间国际治理的概述出发，分析各国的治理经验，总结治理模式，并对网络空间基础设施、网络数据、网络内容、网络空间治理主体等领域的问题进行分析，试图依据我国“推动构建网络空间命运共同体”的国家战略探讨网络空间国际治理的新趋势。吴畏著的《当代西方治理理论研究》，跨学科、广角度、全景式地论述西方治理理论的历史、概念、逻辑和最新成果，为建构“国家制度和治理体系”的中国话语体系和理论形态提供理论借鉴，为推进新时代国家治理体系和治理能力现代化提供他山之石。叶学平著的《中国经济高质量发展理论与实践研究》，对高质量发展的主要内容、指标体系、衡量标准、统计体系和考核评价体系进行了全面系统的研究和构建，从理论与实践角度对新时代中国经济高质量发展面临的挑战和需要处理的几大关系也进行了分析，并提出了新时代中国经济高质量发展的实现路径和政策建议。赵泽林、欧阳康著的《中国绿色发展理论与实践研究》，旨在开展绿色发展精准治理的政策研究，通过权威部门公开发布的统计数据，利用具有自主知识产权的绿色发展大数据分析平台，客观呈现中国大陆大部分省市自治区绿色 GDP（国内生产总值）、人均绿色 GDP、绿色发展绩效指数的年度变化情况，并对其未来发展提出了合理可行的对策性建议。杨华祥著的《中国传统治理经验及其现代转换研究》，在深入梳理中国古代治理思想主要内容及其发展历程和分析了中国历史上兴衰治乱的深层原因的基础上，提出新时代国家治理现代化要坚持实事求是和人民至上的原则，推进传统治理思想的创造性发展和传统典章制度的创造性转化，助推国家治理体系和治理能力现代化走向完善。李钊著的《国家治理现代化公共行政理论创新研究》，将公共行政置于国家建构的广泛背景之中，用社会合作型组织取代官僚制模式，依靠多维度运作的模型使公共行政切合现代社会领域分化的趋势，以期在使中国国家治理各项目标切实可行的基本前提下，借助公共行政的媒介塑造各社会领域的内在秩序，把中国文化和制度的宏观建构推向新的高度。

本丛书的出版将是国家治理领域的重大研究成果，在学术上有利于深化和拓展对国家治理理论的研究，在实践上可以为推进国家治理体系和治理能力现代化提供参考。

华中科技大学国家治理研究院院长
华中科技大学哲学研究所所长
国家“万人计划”教学名师
欧阳康

2020年6月于武汉喻家山

序 言

自 2017 年始，我一直开设“智能社会与国家治理现代化”和“智能经济导论”这两门研究生课程。在教学和科研的过程中，我深刻地感触到，当今世界正置身于后工业时代智能社会与智能经济转型变迁的历史浪潮，社会经济各个领域正在发生着颠覆性变化。面对人类社会如此之大变局，需要我们理论工作者以敏锐的眼光洞察社会演变趋势、捕捉社会演变规律、导引社会演变方向。因此，我在 2021 年出版著作《智能社会建构逻辑》之后，耗时两年多完成了《智能经济导论》一书的写作。至此，初步形成了以智能社会和智能经济理论为基础支撑的基本思路，即依托社会转型变迁理论、创新经济和制度经济理论、发展社会学和发展经济学基本原理，融合工业社会转型为智能社会、工业经济转型为智能经济以及国家治理现代化、中国式现代化等核心内容，以系列丛书、文章和实证研究报告等形式，企望在所及主要领域探索构建具有一定原创性的自主知识体系。

1994 年，美国学者唐 · 塔普斯科特（Don Tapscott）在其著作《数字经济》（*The Digital Economy*）中，第一次提出了“数字经济”的概念。塔普斯科特将数字经济描述为“可互动的多媒体、信息高速公路以及互联网所推动的以人类智慧网络化为基础的新型经济”。2016 年，G20 给数字经济作出如下定义：“数字经济是指以使用数字化的知识和信息作为关键生产要素、以现代信息网络作为重要载体、以信息通信技术的有效使用作为效率提升和经济结构优化的重要推动力的一系列经济活动。”在后工业时代，由于 G20 坚持使用数字经济这一表述，数字经济演变成为比知识经济、信息经济、网络经济、智能经济等不同称谓更具有国际共识度的经济学概念。很显然，无论是塔普斯科特还是 G20，都是从信息这一要素来定义数字经济概念的。在塔普斯科特提出数字经济概念之前，我国学者黄觉雏、穆家海、黄悦首次提出“智能经济”的概念，发表了一系列相关文章。这些文章依据生产方式演变理论，从功能经济视角系统地阐释了智能经济的基本内涵和时代特征，并从经济演进发展的历史高度判断指出，21 世纪的世界经济必将进入智能经济时代。

人类社会迈进 21 世纪，正在从工业社会走向智能社会。21 世纪第二个十年以来，这种趋势越来越鲜明。这是人类社会演进的必然规律，也是以计算机、人工智能、互联网、大数据、空间地理信息、航天航空、新材料、新能源、新生命科学等领域智能革命为主要推动力的再一次社会变迁转型。智能社会延续农业社会的根脉，承传工业社会的基因，在诸多核心领域发生突变而改变社会各领域的存续运行状态。对于人类来说，与所有社会转型一样，工业社会向智能社会转型，既是一次史无前例的社会变革，更是人类文明史的又一次历史性飞跃。伴随着人类社会的转型变迁，经济形态转型无疑是“头雁阵”。遗憾的是，与对农业经济形态转型至工业经济形态的认知不一样，对于这次历史性演变，首先感知的不是经济学理论界，而是科技经济实业领域。例如，早在21世纪初期，任正非就认为，人类社会要转变成智能社会，这是一个客观规律，谁也无法阻挡。人类社会正处在一个转折时期，未来二三十年内将变成智能社会，智能社会就是信息大爆炸的社会。这个时期充满了巨大的机会，没有方向、没有实力的奋斗是不能产生价值的。没有正确的假设，就没有正确的方向；没有正确的方向，就没有正确的思想；没有正确的思想，就没有正确的理论；没有正确的理论，就不会有正确的战略。华为发展战略就是建立在这样一种理论逻辑基础上的。历史充分证明，华为对于经济社会形态转型的认知，是符合人类社会经济演进规律的。早在2017年，李彦宏出版了著作《智能革命：迎接人工智能时代的社会、经济与文化变革》，2020年又出版了专著《智能经济：高质量发展的新形态》。李彦宏认为，智能经济是以人工智能为主要驱动力的新经济形态，是以新一代人工智能为基础设施和创新要素，以数字化、网络化、智能化融合发展为杠杆，与经济社会各领域、多元场景深度融合，支撑经济社会和人高质量发展的新形态、新范式。他认为，智能经济是数字经济发展的高级形态。2020年6月18日，中国发展研究基金会和百度公司联合发布《新基建，新机遇：中国智能经济发展白皮书》，明确提出了智能经济的概念和内涵，并阐明了智能经济与数字经济的关系。2022年9月6日，由人民日报文化传媒有限公司、中国信息通信研究院、中国工业互联网研究院、百度公司联合主办的“2022智能经济高峰论坛”在北京举行。本次论坛以“智能经济助推实体经济高质量发展”为主题，就推动智能经济与实体经济深度融合，坚持创新引领，以新技术赋能产业升级，助力构建制造强国、网络强国、数字中国等领域展开深入研讨。这次论坛进一步确立了智能经济的理论定位。从理论上讲，智能经济和数字经济都是智能时代、智能社会所展现出来的基本经济事实。按照实业界的基本观点，智能经济是在数字经济充分发展的基础上，由人工智能等智能技术推动形成和发展的新经济形态。由此可见，无论是数字经济，还是智能经济，其本质都是智能革命推动经济发展而出现的一次历史性转型变迁。

我对于智能经济的认知主要源于如下三种视角。

一是社会变迁转型视角。近代以来，人类社会实现了从农业社会向工业社会的转型，而未来必然会实现从工业社会向智能社会的转型，这是历史大势。如同农业社会转型为工业社会带动农业经济转型为工业经济一样，工业社会转型为智能社会，必然会带动工业经济转型为智能经济。正是基于这一逻辑原理，我一直坚持着智能经济理论的探索。

二是创新经济学视角。毋庸置疑，智能经济是科技创新驱动的必然产物，创新自然就是智能经济发展的基本动力。由此展开，约瑟夫·阿洛伊斯·熊彼特(Joseph Alois Schumpeter)的创新经济学也就成为支撑本书的智能经济原理的逻辑起点。20世纪初，熊彼特力图用创新理念从机制上阐释经济发展规律。他认为，技术进步和创新对于经济发展的影响“不是外部强加于经济生活的，而是产生于内部，由自身引起的变化”。在古典经济学视域下，劳动、土地、资本等要素是公认的促进经济增长的决定性要素，熊彼特则将技术这个要素作为内生变量植入经济模型，并由此提出一系列关于创新的观念。熊彼特的创新内生性观点，为20世纪中叶兴起的内生增长理论、新制度经济学提供了重要的理论支撑。熊彼特的创新经济理论在二战后得到了极大推崇，对后工业社会经济理论直接产生了重要影响，成为丹尼尔·贝尔(Daniel Bell)的后工业经济理论、保罗·罗默(Paul Romer)的新增长理论、西奥多·舒尔茨(Theodore W. Schultz)的人力资本理论等理论学说的重要源头。当然，熊彼特的创新经济理论也是知识经济、信息经济、数字经济和智能经济研究的逻辑起点。

三是马克思生产方式理论视角。依据马克思的生产方式理论，人类社会发展演进的决定力量是社会生产力，社会经济的存在与运行状态决定于社会生产力与生产关系的矛盾运动。我认为，人类社会已经走过和正在演进的基本社会形态为原始社会、封建社会、资本主义社会和社会主义社会，基本经济形态为原始经济、自然经济、商品经济以及现代数字经济；典型社会形态为原始社会、农业社会、工业社会和智能社会，典型经济形态为原始经济、农业经济、工业经济以及现代智能经济。这里的一个重要的逻辑结论，就是将人类社会经济的形态分为基本经济形态和典型经济形态，从而将数字经济与智能经济划分为两种体系的组成部分，为数字经济和智能经济找到了它们的历史方位。

智能经济研究的出发点包含着两个重要领域，即基础性研究和实证性研究。基础性研究主要是回答智能经济“是什么”的问题，包括它的内涵、缘起、特征、趋势以及与其他学科的联系等，本书的“导论”“智能经济的理论逻辑前提”“智能革命与智能经济”“智能经济形态的理性认知”等章节都致力于解决这一基础性问题；实证性研究回答“如何做”的问题，主要是用来指导破解智能经济运行过程中的关键问题以及重要应用场景布局，本书的“现代化经济体系与智能经济形态”“数字基础设施建构”“数字经济类别及其典型场景应用”等章节，就是针对智能经济关键领域问题而提出来的基本理论支撑。当然，无论是基础性研究，还是实证性研究，都远远不止于此，未来任重道远。

万事开头难。智能经济是人类社会面临的又一新形态，才开始展现出萌芽头角，对于它的观察与研究还将伴随漫长的人类活动过程，我们大可不必希望就此确立一种什么理论而禁锢自我。数字经济就像人类面前的又一座大山，智能经济兴许就是其中的宝藏，我们拿着智能工具正走在前行的路上。

是为序。

作　者

2023年8月31日

目 录

第一章

导　论

在经济学意义上，人类生产生活活动的本质就是人类的经济活动。经济活动是人类社会活动的主要组成部分，是其他一切社会活动的条件、基础和目的。因此，人类的一切经济活动必然在一定社会形态条件下进行，因而就一定会形成与社会形态相适应的经济形态。从人类社会与经济的演进过程看，农业社会背景下的农业经济形态在经过数千年的充分发展后，逐步演变为工业社会背景下的工业经济形态。同理，工业社会背景下的工业经济形态在经过数百年的充分发展后，也必然演变成为智能社会背景下的智能经济形态。

一、智能经济社会背景：智能社会

伴随着21世纪的曙光升起，人类又走到了一个新的历史阶段。在经历了三百多年的工业高度发展之后，人们又被接踵而至的互联网、计算机、人工智能、感知系统、物联网、移动通信、空间地理信息技术、量子科技、新材料、新能源、新生命科学、类脑神经、区块链、云计算、元宇宙、无人机器、电子商务、工业互联网、数字政府、智能教育、智能医疗、智能金融等新一轮智能革命与泛在应用，全方位、全领域、全时空地激荡裹挟着一路狂奔，工业社会固化已久的生产生活方式及其社会结构、社会组织、社会秩序、社会运行方式、经济发展模式、政府治理形态、国家治理制度、全球治理格局等经济、政治、社会、文化、生态、安全领域都随之而迅即发生着不可预知的巨变。种种现象表明，人类社会正在从工业社会形态走向智能社会形态，进入21世纪以来，这种趋势越来越鲜明。

人类整体走向智能社会，这是社会规律自然运行的结果。任正非曾表示，人类社会要转变成智能社会，这是一个客观规律，谁也无法阻挡。[①] 人类社会正处在一个转折时期，未来二三十年内将变成智能社会。虽然人类社会形态的每一次飞跃都展现

---

① 晓寒．华为任正非：人类社会一定会转变成智能社会[EB/OL]．(2016-08-31)[2022-07-15]．https://www.sohu.com/a/113031497_115978．

出不一样的姿态，但社会的每一次转身都会带给人类无限的福音与惶恐，伴随着人类自身由来已久的对于社会变迁转型的好奇、渴望与恐惧，这也许正是人类社会自身运行的必然。人类对社会整体转型的这种“悖反心理”，使许多国家和地区与历史机遇擦肩而过，因而经济发展和社会进步缓慢。也有一些国家和地区能够在人类社会巨变的大势中顺应社会变化趋势，引导社会前进步伐，从而实现社会进步、人民幸福。工业社会从农业社会走来如此，智能社会从工业社会走来，必然同样如此。当然，社会并不是按照人类的想象设计出来的，它一直按照自身的运行规律在发展，但人类并不会对此束手无策，完全被动适应。人类可以从既往历史中寻找演进规律，从当下社会事实中分析发展规律，从社会演进的趋势中把握运动规律，在遵循人类社会整体发展规律中逐步准确地作出基本判断与选择。①

二、20世纪末经济形态演变

到20世纪末，与社会形态演变一体化推进，人类历史上已经呈现出农业经济、工业经济、知识经济、信息经济四种流行的经济形态。然而，随着21世纪开启，智能革命驱动智能社会扑面而来，人类对当下及未来所面临的经济形态陷入深深的纠结之中。世界经济整体正处于快速、深度的转型过程，人们在迎着科技革命和产业变革的世界性潮流奋勇投身于这一巨大转型变革洪流的同时，充满激情与恐惧地观察着眼前万花筒般迭代出现的新经济、新格局、新模式与新发展趋势。其实，这也许正是新型经济理论产生孕育期的精彩景象。正如工业经济从农业经济母胎里诞生一样，工业经济向智能经济的转型同样需要理论上的大量探索积累、指路前行。

事实上，这样一种探索在20世纪中后期就开始蓬勃展开。20世纪中叶以来，世界主要国家经过二战之后的迅猛发展，走到了工业化、现代化的历史高度，传统经济理论解释经济现实、推动经济持续发展的能力已经逐步衰减。在此背景下，1973年，美国学者贝尔提出了后工业社会理论，在人们面对经济转型的茫然中，点亮了一盏指向经济未来的明灯。贝尔把人类社会的发展进程区分为前工业社会、工业社会和后工业社会三大阶段。在前工业社会里，占压倒多数的劳动力从事包括农业、林业、渔业、矿业在内的采集作业，生产生活主要是对自然的挑战；工业社会是商品生产的社会，生产生活主要是对加工自然的挑战，技术化、合理化得到了推进；后工业社会是以服务为基础的社会，最重要的因素不是体力劳动或能源，而是信息。② 此时，人们开始用另一种眼光审视新时代经济形态的本来面目。但是，由于该理论自身的缺陷，到20世纪末，人们越来越感到后工业社会理论无法回答当时经济事实所提出来的主要问

---

① 杨述明. 人类社会的前进方向：智能社会[J]. 江汉论坛，2020(06)：38-51.

② 丹尼尔·贝尔. 后工业社会的来临——对社会预测的一项探索[M]. 高铦，等，译. 南昌：江西人民出版社，2018：6.

题。值此,"知识经济""信息经济""智能经济""数字经济"作为描述此时经济形态演变趋势的概念和理论体系便应时而生。[①]

20 世纪 80 年代,以美国加州大学教授罗默为代表的经济学家提出了新增长理论,启发了知识经济的萌芽。这颗萌芽经过十余年的生机焕发,把知识经济形态推上了世界历史舞台。其中的一位重要代表是美国著名经济学家舒尔茨,他在其著作《人力资本投资——教育和研究的作用》中系统地阐述了"人类的未来不取决于空间、能源和耕地,它将取决于人类智力的开发""人力资本将成为经济增长的核心要素,成为知识经济的驱动力量"[②]等经济思想。从此,知识经济这一经济的基本形态成为世界各国对于经济现象与趋势的主要表述,以及实施经济政策的主要理论依据。1996 年,经济合作与发展组织(OECD)发表了题为《以知识为基础的经济》的报告,知识经济首次得到国际经济组织的认同。1997 年,在多伦多举行的"97 全球知识经济大会"第一次就传统经济形态与知识经济形态作出区分。会议指出,传统的经济理论认为生产要素包括劳动力、土地、材料、能源和资本,而现代经济理论已把知识列为重要的生产要素。知识经济因此而成为一种描述经济现象的理论术语。

正值知识经济理论在世界范围内大为流行之时,中国处在全力加速信息化、工业化、城镇化、现代化建设的改革开放重要关口。事实上,在以经济建设为中心的发展战略布局中,以信息化为主导的知识经济理念在 20 世纪 90 年代悄然地改变着中国的经济演进路径,除了工业领域的信息化、自动化改造之外,现代服务业的兴起与发展成为经济结构优化的重要标志。与中国经济发展态势相适应,知识经济理论也得到了极大发展,各门各派的观点层出不穷,有的学者甚至将知识经济与中国现代化道路统一起来,与人类社会经济形态演进结合起来,构建了宏观的研究视野。中国科学院中国现代化研究中心认为,人类继工业社会之后一百多年的社会形态是知识社会,经济形态是知识经济。

1994 年,美国学者塔普斯科特描述了另一种经济形态——数字经济。他认为,这种经济是"可互动的多媒体、信息高速公路以及互联网所推动的以人类智慧网络化为基础的新型经济"[③]。因此,塔普斯科特被尊称为"数字经济之父"。塔普斯科特提出数字经济概念之后,由于 G20 坚持使用这一表述,数字经济便随即演变成为后工业时代比知识经济、信息经济、网络经济更具有国际共识度的经济学概念。

进入 21 世纪以来,由于受经济发展水平等客观形势所限,我国长期聚焦于信息化建设,希望通过信息化改造整体经济状态,追赶先进发达国家的发展步伐,因而一直坚持和使用信息经济的概念。但是,到了 21 世纪第二个十年,随着科技革命与产业变革突飞猛进,数字经济形态越来越明显,我国政府从 2016 年起开始注重数字经济发展的世界性趋势,并于 2017 年将其写入政府工作报告,提出要推动"互联网+"

---

① 杨述明.智能经济形态的理性认知[J].理论与现代化,2020(05):56-69.

② 西奥多·W.舒尔茨.人力资本投资——教育和研究的作用[M].蒋斌,张蘅,译.北京:商务印书馆,1990:26.

③ Don Tapscott. The digital economy: promise and peril in the age of networked intelligence[M]. New York: McGraw-Hill, 1994: 57.

深入发展。与此同时，作为较早研究我国数字经济的研究机构，中国信息通信研究院发布了《中国数字经济发展白皮书(2017)》，并对数字经济作出了确切定义。近年来，我国经济理论界、实业界以及政府部门围绕数字经济理论研究、经济转型发展、经济战略调整，付出了一系列巨大努力，使我国数字经济迅速赶上了世界潮流，并在许多主要科技产业领域持续走到了前列。[①]

20 世纪 90 年代初，几乎与知识经济、数字经济概念的出现同步，中国社会科学院童天湘研究员在 1989 年发表文章《未来社会应是智能社会》，首次提出智能社会概念。广西经济管理干部学院黄觉雏与穆家海、黄悦在 1990 年第 3 期《社会科学探索》上发表《二十一世纪经济学创言——论智能经济》一文，首次提出"智能经济"的概念。其后，他们连续发表《人类经济总体发展的模型与规律》《二十一世纪的角逐：谁将进入智能经济时代——再论智能经济》《二十一世纪的角逐：谁将进入智能经济时代(续完)——再论智能经济》《迎接新世纪 迎接经济新时代》等文章(以下简称《黄文》)。在这一系列文章中，他们提出并系统地阐释了人类经济总体发展"四方式二形态假说"，认为 21 世纪的世界经济将进入智能经济时代。《黄文》指出，人类社会经历了或将要经历劳动密集型、资本密集型、知识密集型和智能密集型四种生产方式，经历了或将要经历物质经济形态与功能经济形态，其中物质经济主要体现于自然经济和机器经济时代，功能经济主要体现于信息经济和智能经济时代。经济按照物质形态运行时，经济发展会受到物质条件的制约；当经济按照功能形态运行时，由于功能不再依赖某一种特定的物质产品，功能完善程度的需求日益高涨，以及可供选择的对象日益增多，经济的发展变为需求拉动型。经济以功能形态运行，并非不要物质。只是说，当人们的一般需要越容易得到基本满足，越转向追求以智能比例更高的功能来满足自己特定的需要。[②] 虽然《黄文》将知识经济与智能经济都划归为功能经济形态，但是从其逻辑拓展，我们可以看出，《黄文》是把智能经济定位于 21 世纪经济形态的基本取向。

如果说《黄文》是在 20 世纪末最先把智能经济视角引入经济理论领域的话，那么，2020 年 6 月 18 日，国务院发展研究中心中国发展研究基金会联合百度公司发布的《新基建，新机遇：中国智能经济发展白皮书》，则是进入 21 世纪以来国内首部全方位构建智能经济新时代版图的著作，并在智能社会背景下再一次确定了智能经济新形态。白皮书汇聚了丰富的行业案例和前沿洞察，旨在探讨智能经济对经济社会的重构与影响，帮助理解智能经济及其面临的机遇与挑战，为智能经济的理论地位确立、推动经济转型发展提供了坚强的支撑。白皮书第一次较为权威地确定了智能经济的理论内涵，对智能经济形态提炼出数据驱动、人机协同、跨界融合和共创分享四个基本特征，并第一次初步阐释了智能经济与数字经济的关系，即智能经济是在数字

---

① 杨述明.智能经济形态的理性认知[J].理论与现代化，2020(05)：56-69.

② 黄觉雏，穆家海，黄悦.人类经济总体发展的模型与规律[J].社会科学探索，1991(02)：52-56；黄觉雏，穆家海，黄悦.二十一世纪经济学创言——论智能经济[J].社会科学探索，1990(03)：18-25.

经济充分发展的基础上，由人工智能等智能技术推动形成和发展的新经济形态。[①]

与此同时，实业界和学术界有许多企业家、学者从不同的视角对智能经济进行了探索研究，这里主要介绍五种观点。

(1)2020 年 9 月，李彦宏出版了专著《智能经济：高质量发展的新形态》，专门探讨了智能经济这一领域，从内涵和外延对智能经济给出了明确的定义，确认智能经济的根在人工智能、通信技术本身，并判断在 2020 年至 2040 年，也就是第五波长周期的后半程，智能经济将成为与农业经济、工业经济、数字经济同样高频的经济叙事概念。[②]

(2)2019 年 7 月，刘志毅出版了专著《智能经济：用数字经济学思维理解世界》，以人类文明演变为基础背景，讲述了信息技术的前世今生，以独到的眼光剖析了人工智能、区块链技术共识的内涵，从哲学、经济学的角度，判断确认人工智能正在成为新一轮技术和产业变革的趋势，并将引领人类社会进入智能经济新时代，人类需要以数字经济学思维审视世界，开启智能时代的新认知，构建世界智能经济大视野。[③]

(3)2018 年 5 月，惟道风险研究院联合中国行为法学会金融法律行为研究会、深圳大学风险研究中心共同推出《蒙格斯报告二：智能社会的经济学思考》。该报告从理论视角对智能经济作了较为系统的思考，告诉我们一个重要的道理，那就是智能经济形态已经从传统经济形态中脱胎换骨了，在遵循、改变传统经济发展规律的同时，正在逐步形成独特的运行方式。

(4)2017 年 3 月，纪玉山发表《探索智能经济发展新规律，开拓当代马克思主义政治经济学新境界》一文。他认为，马克思主义政治经济学原理包括劳动价值理论、生产方式理论、剩余价值理论、资本构成理论、社会分配理论、经济转型变迁理论、世界经济理论以及对于资本主义经济发展演进规律的认识等，这些都将在智能经济演变中不断得到新的发展，并为未来智能经济演进提供基础性理论支撑。[④]

(5)2020 年 10 月，杨述明发表题为《智能经济形态的理性认知》的文章，探索性地从经济转型、经济工具、经济功能、经济动力、经济学理论等五个方面，对智能经济新形态的必然性和功能特征进行了较为系统的阐释，力求从不同角度寻求理论支撑。[⑤]

如上所述，知识经济、信息经济、智能经济、数字经济都是继农业社会、工业社会之后新的经济社会发展形态。知识经济、信息经济主要是对 20 世纪中叶至 21 世纪初期信息时代经济形态的描述；数字经济是对进入 21 世纪以来第二个十年数据时代经济形态的主要描述；智能经济则是对于后工业社会整体转型的经济形态的历史性定位，这种定位不仅取决于智能革命、产业变革的根本驱动，更取决于工业社会向智

---

① 百度. 来了！《新基建，新机遇：中国智能经济发展白皮书》完整版正式发布[EB/OL]. (2020-12-15)[2022-08-15]. https://baijiahao.baidu.com/s?id=1686143761443109982.

② 李彦宏. 智能经济：高质量发展的新形态[M]. 北京：中信出版社，2020；倪金节. 从智能革命到智能经济[J]. 小康，2020(36)：86.

③ 刘志毅. 智能经济：用数字经济学思维理解世界[M]. 北京：电子工业出版社，2019.

④ 纪玉山. 探索智能经济发展新规律，开拓当代马克思主义政治经济学新境界[J]. 社会科学辑刊，2017(03)：16-18.

⑤ 杨述明. 智能经济形态的理性认知[J]. 理论与现代化，2020(05)：56-69.

能社会变迁转型的历史演进必然。目前,当知识经济、信息经济淡出人们的视野之后,数字经济、智能经济的概念便成为经济发展的明色标签,虽然两者之间在理论上存在着一定差别,但在经济社会发展实践中并没有刻意作别,这也是任何新经济形态产生初期的必然过程。

三、走向智能经济的理论自觉

将智能经济作为独立的研究对象,必然需要构建一套完整的框架体系,这种体系既要体现学术逻辑,更要注重时代性经济运行的场景应用。因此,本书将立足于宏观性与世界性,从智能经济形态的社会演变背景、智能经济的理论逻辑前提、智能革命与智能经济、智能经济的结构模式演进、现代化经济体系与智能经济形态、数字基础设施建构、数字经济类别及其典型场景应用等七个方面的主题展开探索,力求在理论上尝试学术探究,在应用上提供理论支持。

毋庸置疑,智能革命将推动智能经济的形成与发展,正如工业革命推动工业经济的形成与发展一样,这是经济转型发展的规律性现象。马克思曾说过:"生产力的这种发展,最终总是归结为发挥着作用的劳动的社会性质,归结为社会内部的分工,归结为脑力劳动特别是自然科学的发展。"[①]问题是,智能革命如何推动智能经济的形成和发展?这需要从经济学视角进行理性思考,从而探索确立起相应的智能经济理论体系。诠释智能经济理论的逻辑源头很多,根据与其关系的紧密程度进行甄别,主要有五种理论可以视作依据和前提。

第一,西方创新理论。自熊彼特在1912年发表的著作《经济发展理论》中首次提出创新理论之后,西方技术创新理论经历了不断演变的过程,到20世纪50年代,技术创新理论登上了主流经济学舞台,同时形成了新熊彼特创新、新增长理论、制度创新和国家创新等学派,这些学派从不同理论视角出发,研究和阐释科学技术对于资本主义经济体系的种种功能。

第二,后工业化理论。后工业化理论虽然只是20世纪70年代经济转型时期的理论产物,但它的主要原理对于理解和研究智能经济的产生、时代特征以及内涵、外延都具有一定借鉴价值。例如,贝尔把人类社会的发展进程区分为前工业社会、工业社会和后工业社会三大阶段的认知。[②]

第三,能量转换理论。童天湘在1992年出版的《智能革命论》中认为,在世界新技术革命以前,人们所进行的只是能量革命。这包括从原始社会人工造火的第一次能量革命到近代蒸汽动力发明所开始的第二次能量革命。第二次能量革命创造的成

① 马克思.资本论(第3卷)[M].北京:人民出版社,2004:96.

② 丹尼尔·贝尔.后工业社会的来临——对社会预测的一项探索[M].高铦,等,译.南昌:江西人民出版社,2018:6.

果使人类进入了工业社会。整个能量革命使人类从生物圈进到技术圈(农业社会走到工业社会)。工业社会是一种高能结构的社会(主要是高能耗的产业结构和不可再生的能源结构),最终结果只能是人与自然的关系走向对抗。摆脱困境的出路在于从能量革命转向智能革命,从能量支点(工业社会)转移到智能支点(智能社会),经济形态从工业经济转型为智能经济,人与自然的关系便由以往的对抗转变为和谐。[①] 吴军也说过:"能量不仅是一把衡量文明的尺子,而且还是一把解密文明的尺子。"[②]

第四,功能经济理论。这里主要是对《黄文》提出的"四方式二形态假说"的简化表述,即人类社会经历了或将要经历劳动密集型、资本密集型、知识密集型和智能密集型四种生产方式,经历了或将要经历物质经济形态与功能经济形态,其中,物质经济主要体现于自然经济和机器经济时代,功能经济主要体现于信息经济和智能经济时代。

第五,马克思的生产方式理论。按照马克思主义政治经济学基本原理,人类社会的经济关系本质上就是生产力与生产关系之间的矛盾运动。人与自然、与物的关系决定了人与人之间的经济关系,从而决定了人类社会不同的生产方式。人类历史上依次出现过自然经济、商品经济两种经济关系,并相应表现为农业经济、工业经济两种经济形态。由此原理可以推导得出,当人类走进智能社会,随着生产力各种基本要素的发展变化,新的经济关系将会以数字经济方式体现出来,新的经济形态将会是智能经济。

自20世纪70年代以来,随着计算机、人工智能、互联网、集成技术、量子科技、新材料、新能源等新技术的出现,科技革命已经逐步超越了原工业革命的层级,以智能革命的形态展现于世,深度地影响和改变着世界经济形态,并在21世纪第二个十年鲜明地登上了世界舞台。此次智能革命驱动经济变迁演进并不完全与工业革命驱动工业经济的路径相同,它是全方位地与产业变革高度融合,并全方位地同时影响、改变经济社会各个领域的存在运行形态。这里仅从四个方面举例说明。一是互联网搭建了网络产业、网络经济架构,产业呈现出网络化、链接性、端对端、云上分工精细化、全球一体化等主要形态,科技变革、产业变革与社会变革同体运行,融合推进科技发展、产业转型和社会进步。二是大数据成为产业与社会运行的基础性资源甚至是第一资源,成为基本生产要素,它同时又是支撑经济、社会、政治、文化、安全等一切领域的基础性信息资产。实践反复证明,谁掌握了大数据,谁就掌握了发展的战略资源和主动权。三是"云计算"支撑产业与社会一切运行过程,计算远远超出了技术范畴,已经转变为经济社会运行的机制和治理方式。特别是随着超级计算技术的不断发展,人类社会一切活动已经在超级计算的算法中不断演进,计算成为人类社会一切活动的基本支撑。"在计算能力快速提升、算法不断演进以及大数据迅猛增长的前提下,智能化已进入了快速发展的应用时期,将深刻改变人类社会生活,改变世界,开启一个新的智能时代。"[③]四是人工智能推动产业与社会变迁演进,加快发展新一代人工智

---

① 童天湘.智能革命论[M].香港:中华书局,1992:203.

② 吴军.全球科技通史[M].北京:中信出版社,2020:10.

③ 谢樱,阳建.超级计算离我们生活有多近?[EB/OL].(2019-09-10)[2022-08-15].https://news.sina.com.cn/c/2019-09-10/doc-iicezueu4921836.shtml.

能是我们赢得全球科技竞争主动权的重要战略抓手，是推动我国科技跨越发展、产业优化升级、生产力整体跃升的重要战略资源。[①] 智能革命所产生的各种科学技术成果以及新型商业运行模式，从一开始便与经济社会紧密相连并发挥着改变其形态的重要功能。因而，进入21世纪以来，仅经济领域就出现了诸如网络经济、平台经济、共享经济、电子商务、虚拟经济、无人经济、无接触经济等新模式、新形态。这里列举共享经济、平台经济两种典型形态加以说明。

共享经济最早由美国得克萨斯州立大学教授马科斯·费尔逊(Marcus Felson)和伊利诺伊大学教授琼·斯潘思(Joel Spaeth)于1978年提出。在工业社会向智能社会转换的过程中，共享经济成为新型经济组织方式，通过互联网、物联网、大数据和人工智能，把原来时空隔离的供需连接起来，各种资源被数字化，实现生产价值和消费价值的共享，并依托互联网、物联网等技术和相关平台，促进资源实现更高效率的配置与利用，实现万物共享。共享经济的本质在于整合线下的闲散物品或服务者，让产品或服务以较低的价格水平提供。

平台经济是一种基于数字技术，由数据驱动、平台支撑、网络协同的经济活动单元所构成的新经济系统，是基于数字平台的各种经济关系的总称。平台在本质上是市场的具象化。从经济理论角度看，平台经济在一定程度上改变了市场机制的功能形式，即市场从“看不见的手”，变成了“有利益诉求的手”。[②] 平台经济是生产力新的组织方式，是经济发展新动能，对优化资源配置，促进跨界融通发展，推动大众创业、万众创新，推动产业升级，拓展消费市场，尤其是增加就业，都有重要作用。中国是世界上平台经济发达的国家之一，未来在平台经济方面拥有巨大的发展潜能。

党的十八大以来，党中央对我国所面临的经济形势作出了一系列科学判断，先后提出了我国经济发展的新定位、新趋势，从“经济发展新常态”“经济结构转型升级”“创新驱动发展”到“供给侧结构性改革”“高质量发展”“五大发展理念”，再到“建设现代化经济体系”。从中我们可以看出，现代化经济体系是国家战略层面的宏观定位，是对未来经济制度体系与经济理论体系建设的方向性指导，更是新时代经济发展的道路选择。进入21世纪以来，特别是在第二个十年，贯穿于我国经济整体转型发展过程的经济形态，无疑是数字经济、智能经济。如果仅从时间节点机械地看，我国提出未来经济发展的历史方位——建设现代化经济体系，正处于21世纪第二个十年数字经济、智能经济发展起始阶段的关键时期。建设现代化经济体系作为我国新时代制定经济发展战略的重要依据，已经得到社会各界的鲜明阐释，我们可以从其内涵与外延中进一步提炼得出如下结论：数字经济为现代化经济体系的新范式，智能经济是现代化经济体系的具体形态。经济学家陈世清认为，现代化经济体系是以政府宏观调控为主导，通过产业融合实现产业升级和经济可持续高速发展的智慧经济理论体系与智慧经济形态。它不但是经济增长方式的转变、经济发展模式的转轨，而且是经

① 张文.促进新一代人工智能健康发展[N].人民日报，2019-06-14(13).

② 徐晋.平台经济学——平台竞争的理论与实践[M].上海：上海交通大学出版社，2007：10.

济学范式的转换。

新一轮科技革命和产业变革在创造新的产品和服务供给的同时，也对加快新型基础设施建设提出了新要求。党的十九届五中全会指出："系统布局新型基础设施，加快第五代移动通信、工业互联网、大数据中心等建设。"推进智能经济发展，首先必须深刻认识新型基础设施的特征，科学推进新型基础设施建设。① 未来十年，全球智能经济最重要的主题就是基础设施的重构、切换与迁徙，并在此基础上创新商业生态，形成万物互联的智能世界。在历史上，铁路、公路、电力、水利、电信等均在不同阶段轮番支撑着全球经济发展和人类社会进步，可称之为传统基础设施。当前，人类社会加速由工业经济时代向智能经济时代转变，以人工智能、物联网、云计算、边缘计算等为代表的新一代信息和智能技术为新一轮经济发展提供了高可用性、高可靠性、高经济性的技术底座，可称之为经济社会的新型基础设施。② 与传统基础设施相比，新型基础设施广泛运用新一轮科技革命的成果，能够给工业、农业、交通、能源、医疗、教育等行业赋予更多更新的发展动能，有力提升创新链、产业链、价值链水平，优化产业结构，完善商业生态，开发更多更好的产品和服务，满足人民日益增长的美好生活需要。③

随着智能革命的纵深发展，在不同经济领域，科技企业从特定的场景出发，提供差异化的新产品、新模式、新服务，甚至开拓新领域，形成丰富的"智能＋""网络＋"应用，成为智能经济快速发展的重要推手。从产品、营运到服务、模式，智能技术与各行各业加速融合，已经在农业、制造、零售、医疗、交通、金融、能源等各领域落地生根。不同于工业经济时代，智能经济是一种融合型、赋能型经济形态，各个产业领域划分清晰。它像空气一样融入经济领域的每一个环节、每一个细胞、每一个元素，同时它又将各种产业有形或无形地联结在一起，形成既相对分明的具体产业体系、又相互紧密联系的产业链接，构成"你中有我、我中有你、你我他共生"的经济命运共同体。这里列举三个方面的产业新变化，以示其中缘由。

一是智能经济将重构传统制造业体系。"智能大脑"改造制造流程，大量的无人工厂、无人车间、无人物流、无人售卖将成为常态，并对产业结构、社会就业、仓储物流、用户体验，以及产业链、价值链等产生革命性影响。同时，作为智能革命战略支撑的工业互联网，与5G移动通信融合创新发展，将推动制造业从单点、局部的信息技术应用向数字化、网络化和智能化转变，从而有力支撑制造强国、网络强国建设。④

二是智能经济加快农业现代化步伐。通过互联网、物联网、电子商务、云计算、移

---

① 徐宪平. 深刻认识新型基础设施的特征[N]. 人民日报，2021-01-14(9).

② 百度. 来了！《新基建，新机遇：中国智能经济发展白皮书》完整版正式发布[EB/OL]. (2020-12-15)[2022-08-15]. https://baijiahao. baidu. com/s? id=1686143761443109982.

③ 徐宪平. 深刻认识新型基础设施的特征[N]. 人民日报，2021-01-14(9).

④ 工业和信息化部办公厅. 关于印发"5G＋工业互联网"512工程推进方案的通知：工信厅信管〔2019〕78号[A/OL]. (2019-11-22)[2022-08-15]. https://www. miit. gov. cn/jgsj/xgj/wjfb/art/2020/art_9c304ec-519084f9d930cd91780d021d1. html.

动通信、空间地理信息等技术，打通供给端与需求端的直接对接，使供给方与需求方实现点对点交易，最大限度地消除信息不对称现象，最大限度地有效配置有限的农业资源。智能经济将不断改造提升传统农业农村经济发展模式，使智能农业不断走向成熟，并在新一轮城乡一体化过程中，与国民经济各重要领域融合发展。

三是智能经济将推动现代服务业转型发展。特别是对于教育、医疗、交通、通信、金融等服务业的变革，智能经济有着重要影响。同时，智能经济将在智慧城市、数字政府、数字社会、应急体系建设等重大领域发挥重要的支撑作用。在2020年全国抗击新冠疫情的阻击战中，大数据、5G技术、人工智能、物联网等新智能技术都扮演着关键角色，并显示出巨大的潜能。

当前，我国经济已由高速增长阶段转向高质量发展阶段，以人工智能为核心驱动力的新一轮科技革命与产业变革，正在形成从微观到宏观各领域的智能化新需求，引导经济向高质量发展阶段跃升。智能经济的发展将迎来诸多机遇，并面临全新挑战。一是智能经济已成为各国系统谋划和前瞻布局的重点。智能经济具有知识密集爆发的引领性、高新技术集成应用的融合性、科技创新融合发展的泛在性、传统产业智能化改造的变革性，必将成为全球经济下一轮增长的主引擎。目前，世界发达经济体纷纷加快布局新经济高端形态，谁能在发展智能经济上占据制高点，谁就能掌握先机、赢得优势、赢得未来。二是智能经济已上升为国家重大发展战略，加快发展智能经济已成为新时代的主旋律。2015年，我国发布《中国制造2025》，随后几年相继发布"互联网+"、大数据、创新驱动、人工智能等多个方面的国家战略文件，对智能经济相关重点领域展开布局。三是智能经济加快发展其时已至、其势已成。当今世界，以互联网、大数据、移动通信、人工智能、区块链等为代表的新一代信息技术不断与实体经济融合发展，产业应用不断普及，正成为促进技术变革和经济发展的重要力量，推动智能经济时代加速到来。无论从供给还是需求来看，实体经济都在与智能经济深度融合，智能经济呈现出蓬勃发展的态势。在国家出台政策大力支持智能经济发展，相关技术不断取得突破，平台消费、智能消费等新兴需求快速成长的大背景下，我国智能经济发展迎来了历史性的加速期。

2020年10月，党的十九届五中全会提出，"十四五"时期是我国全面建成小康社会、实现第一个百年奋斗目标之后，乘势而上开启全面建设社会主义现代化国家新征程、向第二个百年奋斗目标进军的第一个五年。2021年1月11日，习近平总书记在省部级主要领导干部学习贯彻党的十九届五中全会精神专题研讨班开班式上指出："发展理念是否对头，从根本上决定着发展成效乃至成败。党的十八大以来，我们党对经济形势进行科学判断，对经济社会发展提出了许多重大理论和理念，对发展理念和思路作出及时调整，其中新发展理念是最重要、最主要的，引导我国经济发展取得了历史性成就、发生了历史性变革"，"进入新发展阶段明确了我国发展的历史方位，贯彻新发展理念明确了我国现代化建设的指导原则，构建新发展格局明确了我国经济现代化的路径选择。"2022年10月16日，习近平总书记在党的二十大报告中指出："从现在起，中国共产党的中心任务就是团结带领全国各族人民全面建成社会主义现代化强国、实现第二个百年奋斗目标，以中国式现代化全面推进中华民族伟大复兴。”在中国式现代化建设新征程中，我们同时将全面走进智能社会，智能革命也必将深刻改变现有经济结构，构建新型的智能经济模式与制度体系。从这一意义上讲，我国未来推进社会主义现代化建设与推进智能经济发展在本质上是一致的，智能经济发育发展程度决定着现代化实现的程度，现代化目标的最后实现也就是智能经济发育成熟的主要标志。

第二章

智能经济的理论逻辑前提

智能经济在历史上的出现是人类社会发展的必然结果，是 20 世纪中叶以来信息技术进步、智能革命的必然产物，这是智能经济的真正生命缘起。然而，当我们将智能经济作为相对独立的学术研究对象时，就必须构建起相应的学理基础，从而找到学术体系的架构支撑。“思想总是通过突破时间和空间的限制而产生的。新事物总是产生于对旧事物的批判和建设性的讨论之中。抽象地说，是旧知识元素重新配置的一种新的联系。通过这种方式产生了新的知识元素，从而诞生出新的有用的经济学知识”，“科学上的进步是建立在已有的思想、概念的新组合上。”[①]如果从学术、学理一脉相承的理念出发，在既有经济学理论体系中可以掘出若干经典原理来构建智能经济学理论的逻辑前提。本书着眼于三种理论视角，论证智能经济产生和发展的必然性与科学性。

创新是进入 21 世纪以来国内外在经济、政治、社会等领域使用频率最高的概念之一。世界各国之间的经济实力竞争、国家安全实力竞争甚至制度文化软实力的竞争，都集中体现在一个国家的创新竞争能力。2018 年 5 月 28 日，习近平总书记在中国科学院第十九次院士大会、中国工程院第十四次院士大会上指出：“进入 21 世纪以来，全球科技创新进入空前密集活跃的时期，新一轮科技革命和产业变革正在重构全球创新版图、重塑全球经济结构……科学技术从来没有像今天这样深刻影响着国家前途命运，从来没有像今天这样深刻影响着人民生活福祉……我们迎来了世界新一轮科技革命和产业变革同我国转变发展方式的历史性交汇期……世界正在进入以信息产业为主导的经济发展时期……”客观地讲，我国的经济发展正在由传统生产要素驱动型阶段转向创新驱动型阶段，同时，经济形态也正在从传统形态转型为数字经济、智能经济新形态，创新已经成为推动当今经济社会发展的第一动力。

---

① 海因茨·D.库尔茨，理查德·斯图恩.创新始者熊彼特[M].纪达夫，陈文娟，张霜，译.南京：南京大学出版社，2017：53-54.

一、创新驱动理论的源起演变

（一）熊彼特创新理论的源起

创新作为第一动力，其重塑经济社会发展模式的功能和作用充分体现于21世纪，但其理论体系的源头可追溯至一百多年前的20世纪初。1912年，奥地利经济学家熊彼特出版著作《经济发展理论》，第一次明确提出“创新”的概念。其后，熊彼特在20—40年代又多次发表著作，系统地阐释了“创新即生产要素的新组合”“创造性毁灭过程”等创新理论观点。作为一位在经济学、社会学等学科领域有着深厚造诣的思想家，熊彼特在资本主义社会发展到一定高度但又陷入经济危机的历史时期，提出和建构了独树一帜的创新理论。熊彼特所开创的创新理论，是一个由创新的内在经济质变性、创新的社会历史性、创新的系统有机性等多方阐释构成的巨大理论体系，集中体现在熊彼特创作的三部巨著中。他在《经济发展理论》一书中提出创新理论之后，又相继在《经济周期循环论》《资本主义、社会主义与民主》两部巨著中，进一步对创新理论加以系统阐述，总结了资本主义历史演进中的创新进程，形成了以创新为立论基础的创新理论学说三部曲。[①]

熊彼特以创新理论为基础，将经济学和社会学结合起来，研究经济社会制度问题，解释资本主义的本质及其发生、发展和灭亡，甚至认为创新将会驱动资本主义自动走向社会主义。他认为，创新是一种新的生产函数，在经济循环动态运行过程中，把生产要素和生产条件的新组合引入新的生产体系。这种新的生产组合包括以下五种情况：研究一种新产品或产品的一种新特性；采用一种新的生产方法，这种方法无须建立在科学的新发现基础之上；开辟一个新的市场，即有关国家的某一制造部门不曾进入的市场；掠夺或控制原材料或半制成品的一种新的供应来源；实现任何一种工业的新组织，或打破一种垄断地位。[②] 概括地说，创新包括新财富的创造、新生产方法的采用、新市场的开辟、新资源的开发和新产业组织的形成，或者用现代语言表述，就是产品创新、技术创新、市场创新、生产方式创新和组织制度创新。

（二）熊彼特创新理论的基本论点

如果我们将熊彼特关于创新理论的原本意义拉长到整个百年的工业经济、智能经济演进发展的历史背景下，就会发现这一理论对于人类经济社会活动的意义实在是太重大了。故而，有的学者惊呼：凯恩斯属于20世纪，而21世纪属于熊彼特！[③]

---

① 林云.创新经济学：理论与案例[M].杭州：浙江大学出版社，2019：3.

② 约瑟夫·熊彼特.经济发展理论——对于利润、资本、信贷、利息和经济周期的考察[M].何畏，易家详，等，译.北京：商务印书馆，2009：76.

③ 熊彼特.熊彼特经济学[M].李慧泉，刘霈，译.北京：台海出版社，2018：译者序.

1. 创新是一种"革命性的"跃升

熊彼特主张对经济发展进行动态分析研究，特别强调创新的突发性、间断性的特点。他认为，经济发展是一种动态的连续性过程，"用静态的分析方法不仅不能对传统的行为方式中非连续性变化的结果进行预测，也不能解释这种生产性革命的产生，又不能说明伴随这种生产性革命出现的现象。它只能在变化发生以后研究新的均衡位置"①。在熊彼特创新理论中，创新的过程就是不断打破经济均衡的过程，而均衡的打破就意味着产业结构的根本改变，均衡和技术创新是两个极端的对应。当不存在技术变革时，均衡有可能存在；反之，只有在远离均衡的市场条件中，才有可能出现技术变革，革命性的创新总是发生在远离均衡的市场条件中。

2. 创新是经济循环运行中的内生组合

与同时代经济学家认知不同的是，熊彼特认为，技术进步和创新对于经济发展的影响"不是外部强加于经济生活的，而是产生于内部，由自身引起的变化"②。在古典经济学视域下，劳动、土地、资本等要素是公认的促进经济增长的决定性要素，而在熊彼特之前，技术这个要素从来都在增长理论中缺失。因此，熊彼特有关创新内生性的观点，为20世纪中叶兴起的内生增长理论提供了重要的理论基础。同时，内生性创新理论的提出，促使人们将经济发展的关注点集中到对于创新的理性认知、构建推动创新的机制以及改善创新的环境条件，这对于工业革命转型升级为智能革命发挥了重要的驱动作用。

3. 创新是发展的本质要求

熊彼特力图用创新理念从机制上阐释经济发展规律。他认为，在没有创新的情况下，经济只能处于所谓的循环流转的均衡状态，其增长也只是数量上的变化，这种数量关系的变化无论如何积累，本身并不可能带来质的飞跃或者说"经济发展"。"在常规事物的边界以外，每行一步都有困难，都包含一个新的要素。正是这个要素，构成领导这一现象。"③熊彼特这里的"领导"是指他笔下的"企业家"，而熊彼特所说的企业家必须是具有创新特质的人群，只有企业家实施创新，才能推动经济结构从内部发生革命性破坏，实现经济的持续发展。

---

① 约瑟夫·阿洛伊斯·熊彼特.经济发展理论——对利润、资本、信贷、利息和经济周期的探究[M].叶华，译.北京：九州出版社，2007：141.

② 约瑟夫·阿洛伊斯·熊彼特.经济发展理论——对利润、资本、信贷、利息和经济周期的探究[M].叶华，译.北京：九州出版社，2007：141.

③ 约瑟夫·阿洛伊斯·熊彼特.经济发展理论——对利润、资本、信贷、利息和经济周期的探究[M].叶华，译.北京：九州出版社，2007：78.

4. 创新必须创造出实际效用

熊彼特创造性地将发明与创新区别开来。他认为,发明是新工具或新方法的发现,创新则是新工具或新方法的应用,“只要发明还没有得到实际上的应用,那么在经济上就是不起作用的”。只有创新才能将发明的成果转化为经济效用,实现发明自身的基本价值。而且,熊彼特将这种转化置于经济循环本体之中,本质上则是市场机制在创新要素配置中起着基础性作用。

5. 创新的主体是企业家

在熊彼特眼中,新实现的组合组织才能称之为企业,实现新组合基本职能的精英才能称之为企业家。“一旦当他建立起他的企业以后,也就是当他安定下来经营这个企业,就像其他的人经营他们的企业一样的时候,他就失去了这种资格。因此,任何一个人在其几十年的活动生涯中很少能总成为一个企业家。”[①]熊彼特对于企业家的界定如此严苛,源于他对企业家功能的定位。他认为,企业家的核心职能不是经营与管理,而是实现创新、执行新组合。创新者不是实验室的科学家,而是有胆识、敢于承担风险、有组织实干才能的企业家。至此,熊彼特进一步地阐释了他的“发明与创新”的理论。

6. 创新的形式是“创造性的毁灭”

熊彼特认为,经济创新过程是改变经济结构的“创造性毁灭过程”。熊彼特所谓“创造性的毁灭”本意就是事物的质变过程,就是经济创新不断地从内部使这个经济结构革命化,不断地破坏旧结构、创造新结构。这个破坏性毁灭的过程就是资本主义内在矛盾的集中反映,是资本主义经济循环内在的、必然的过程与结果。真正有价值的竞争不是价格竞争,而是新产品、新技术、新供应来源、新组合形式的竞争。在熊彼特看来,创造性与毁灭性是同源的,每一次的经济景气吸引新的竞争者涌入,由于垄断机制的阻碍作用,创新动力因此而减弱;每一次的经济萧条又潜藏着技术革新的必然,创新者又会赢得先机。“创造性毁灭”是熊彼特最有影响的理论之一,对于人们深刻认识经济周期性变化与创新之间的关系具有一定理论价值。

(三)熊彼特创新理论的发展演变

也许是历史的幽默,伟大的经济理论与经济活动把 20 世纪上半叶两位经济学巨人——凯恩斯与熊彼特同时展现在同一经济历史舞台上。熊彼特在学术生涯早期发表的无论是《货币论》还是可以被视为现代经济学重要理论源头的《经济周期循环论》,都没有引起足够的反响,这与他的期望相差甚远。即使在后来的新生代学者看

---

① 约瑟夫·阿洛伊斯·熊彼特.经济发展理论——对利润、资本、信贷、利息和经济周期的探究[M].叶华,译.北京:九州出版社,2007:78.

来，这个判断也没有根本改变。特别令他感到挫败的是关于货币理论的大部头巨著，他呕心沥血多年，结果凯恩斯抢在他之前发表了两卷本的《货币论》(*A Treatise on Money*，1930)。得知这一消息后，熊彼特的心情可以想象得到是多么的苦涩！他本想将手稿付之一炬，但与亚当·斯密(Adam Smith)有所不同的是，他没有将此付诸行动。[①] 正因为处于大萧条这样的大环境背景下，熊彼特的创新理论被无声地淹没在拯救世界经济大危机的呐喊声中，在当时没有引起太多的关注。

伟大的思想终归是历史的宠儿。20世纪中叶以来，熊彼特创新理论随着新经济转型发展迅速开枝散叶，其影响遍及学术界和实业界。几乎所有主要经济学领域都有意或无意期望在其基础上嫁接传承、开疆拓土，诸如新古典增长理论、新制度主义以及国家创新系统理论等。20世纪50年代，以罗伯特·索洛(Robert M. Solow)为代表的经济学家提出了新古典经济增长模型，直接拓展了熊彼特的技术创新理论。在其《对经济增长理论的一个贡献》(1956)、《技术进步与总生产函数》(1967)两篇论文中，索洛系统分析了美国1909—1949年总产出增长的因素，认为经济增长约有1/8是由资本的增长带来的，剩余的7/8则是由技术变化引起的。他进一步得出结论："只有存在技术进步，经济才能持续增长。没有技术进步，会出现资本积累报酬递减；反之，则能克服资本积累报酬递减。"[②]基于在经济增长领域的独特贡献，索洛于1987年获得诺贝尔经济学奖。

同时，熊彼特创新理论极大地拓展了制度经济学的眼界，在一定意义上推动了旧制度经济学转向新制度经济学。作为新制度经济学的代表人物，兰斯·戴维斯(Lance E. Davis)和道格拉斯·诺斯(Douglass C. North)继承了熊彼特的创新理论，研究了制度变革的原因和过程，并提出了制度创新模型，补充和发展了熊彼特的制度创新学说。诺斯在《西方世界的兴起》一书中开宗明义地指出，技术革命并非西方经济成长的重要原因，"有效率的经济组织是经济增长的关键，一个有效率的经济组织在西欧的发展正是西方兴起的原因所在"[③]。诺斯和戴维斯在其合著的《制度变迁与美国经济增长》一书中进一步指出，制度安排能否产生创新，一是取决于创新是否改变了潜在的利润，二是取决于创新成本的降低是否使制度安排的变迁变得合算。他们进一步详细地将制度创新分为五个步骤：第一步，当第一行动集团预期制度创新会带来潜在利益时，会发起制度创新；第二步，由第一行动集团提出创新方案；第三步，第一行动集团会对制度创新实现后的净收益进行比较；第四步，由第二行动集团在第一行动集团对利益分享的许诺之下建立制度决策单位；第五步，共同完成制度创新过

① 海因茨·D.库尔茨，理查德·斯图恩.创新始者熊彼特[M].纪达夫，陈文娟，张霜，译.南京：南京大学出版社，2017：36-37.

② Robert M. Solow. A contribution to the theory of economic growth [J]. Quarterly Journal of Economics, 1956(2): 65-94.

③ 道格拉斯·诺斯，罗伯斯·托马斯.西方世界的兴起[M].厉以平，蔡磊，译.北京：华夏出版社，2017：3.

程。[①] 由此可见，新制度经济学实则将熊彼特的组合创新理念拓展为制度体系的创新范畴。

20 世纪 70—80 年代，欧美国家的工业经济开始趋向衰落，而日本、韩国等新兴工业化国家不断快速发展；到了 90 年代，欧美发达国家特别是美国的经济再度走向繁荣，日本工业经济却出现衰落迹象。这一系列变化引起经济学界的高度关注，国家治理的视角逐渐受到学界重视，由弗里德里希·李斯特(Friedrich List)在其 1841 年出版的《政治经济学的国民体系》一书中提出的"国家创新系统"概念再度吸引学界眼光。1987 年，英国学者克里斯托夫·弗里曼(Christopher Freeman)根据日本的产业发展经验，通过与欧美国家创新体系的比较，在熊彼特组织创新理念的基础上，提出了"国家创新体系"的学术概念，并强调政府对技术创新的有效干预是提升一国创新能力的重要因素。同时，美国学者理查德·纳尔逊(Richard R. Nelson)在研究了 17 个国家的技术创新案例后指出，基于"技术国家主义"的制度和政策支持的企业是提升一国技术创新和竞争力的核心要素；丹麦学者本特-雅克·伦德瓦尔(Bengt-Aake Lundvall)提出了面向学习型经济的互动式国家创新体系。1997 年，OECD 提出了迄今广为接受的国家创新系统的定义："创新是不同参与者和结构共同体大量互动作用的结果。把这些看成一个整体就称作国家创新体系……从本质上看，创新体系是由存在于企业、政府和学术界的关于科技发展方面的相互关系与交流所构成的"，"国家创新系统是由公共部门和私营部门的各种机构组成的网络，这些机构的活动和相互作用决定了一个国家扩散知识和技术的能力，并影响国家的创新表现。"[②]

通过对创新理论一百多年变化的观察分析，我们不难发现，两种客观的演进路径与人类经济活动交织相随，即创新理论的不断拓展与深化、经济形态演进的量变与质变。从理论进步的视角看，古典经济学将土地、劳动力作为原始生产要素，熊彼特将资本、技术、企业家、新组合等创新因素植入资本主义新的生产要素体系，后者应该成为创新理论的原点。一个世纪以来，创新理论在其自身发展完善的同时，顺应经济发展客观事实，以技术创新为主轴，相继围绕市场创新、制度创新、组织创新、模式创新甚至国家治理体系创新不断拓展了理论创新的广阔空间。从 20 世纪中叶开始，特别是进入 21 世纪以后，创新逐步成为各国政府制定经济发展政策、实施发展战略的前沿先锋，科学的创新理论体系无疑成为其重要的理论根据。客观地看，熊彼特在 20 世纪初能够发现技术、企业家这些新的生产要素对于资本主义经济的重要意义，以及创新理论随着人类社会前进步伐而展示出更加重要的历史地位，是 20 世纪以来科技革命与经济形态演变的必然。众所周知，贯穿 20 世纪经济发展过程的工业革命和不断迭代的新科技革命，在不到一百年的时间内，推动经济从机械化、电气化、自动化阶段走到信息化、数字化、智能化阶段，并加速向智能革命演变。与此同时，经济形态也

---

① 兰斯·E. 戴维斯，道格拉斯·C. 诺思. 制度变迁与美国经济增长[M]. 张志华，译. 上海：格致出版社，上海人民出版社，2018；罗纳德·H. 科斯，等. 财产权利与制度变迁：产权学派与新制度学派译文集[M]. 刘守英，等，译. 上海：格致出版社，上海三联书店，上海人民出版社，2014：206.

② 经济合作与发展组织(OECD). 以知识为基础的经济[M]. 杨宏进，薛澜，译. 北京：机械工业出版社，1997.

从传统工业经济、知识经济、信息经济阶段逐步转向数字经济、智能经济形态。因此，创新理论体系的产生和发展，既是阐释智能经济形态的理论依据，更是工业经济形态演变为智能经济形态过程中的必然产物。

二、后工业化理论的再认知

如果说20世纪中叶以前，由科技革命的机械化、电气化、自动化等所引发的产业变革催生和发展出工业化的生产方式，并使科学技术极大地解放了生产力，最终形成了20世纪的现代化模式的话，那么，20世纪中叶以来，由信息科技革命所推动的第三次产业变革，则真正使以"后工业化"为特征的发展趋势得以完整确立。信息科技革命对产业结构变革、人们生产生活方式以及社会关系影响的深度和广度，是以往任何科技革命所无法比拟的。与此同时，初始的经济增长理论逐步演变为经济发展理论，再演进到整体发展理论，西方主流经济学开始注意到第三世界国家和地区的经济发展现象，继而关注世界的整体发展。在此背景下，传统经济理论解释经济现实、推动经济持续发展的能力逐步衰减，新的经济社会发展理论呼之欲出。

(一)后工业社会理论确立未来社会的认知基础

20世纪50年代，美国著名的社会学家、经济学家与未来学家贝尔顺应世界经济社会发展变化，着眼于经济、社会、政治、历史、文化、生态等诸多方面的整体演变趋势，在1959年夏季奥地利的一次学术会议上，首先使用"后工业社会"的概念，提出了他对未来西方社会的设想。接着，贝尔又在1962年和1967年先后撰写了两篇文章——《后工业社会：推测1985年及以后的美国》和《关于后工业社会的札记》，并于1973年发表了代表性著作《后工业社会的来临——对社会预测的一项探索》，对后工业社会的思想作了全面的理论阐释和实例分析。

如前所述，贝尔将人类社会的发展进程区分为前工业社会、工业社会和后工业社会三大阶段，并对后工业社会与工业社会、前工业社会之间的关系以及后工业社会的结构与特征等议题进行了系统论述。他具体描述了后工业社会在五个方面的主要内容：经济上，由制造业经济转向服务业经济；职业上，专业与科技人员取代企业主而居于社会的主导地位；中轴原理上，理论知识居于中心，是社会变革和制定政策的源泉；未来方向上，技术发展是有计划、有节制的，重视技术鉴定；制定决策上，依靠新的智能技术。[①] 自此，西方学界在论述未来社会以及当下经济社会发展时，多套用贝尔"后××"的表述方法，诸如达伦多夫(Ralf Dahrendorf)的"后资本主义社会"、阿米泰·沃纳·埃齐奥尼(Amitai Werner Etzioni)的"后现代社会"等。这一系列表述方式的

① 丹尼尔·贝尔.后工业社会的来临——对社会预测的一项探索[M].高铦，等，译.南昌：江西人民出版社，2018:4.

转变，再度表明了一个旧时代的结束和一个新阶段、新类型社会的开始。

同时，由于后工业社会理论的历史局限，再加上20世纪80年代以来互联物联、移动通信、人工智能、计算技术、新生命科学技术、新材料、新能源以及其他新科学技术的发展与应用，人们越来越感到这一系列理论已经无法回答现实经济社会所提出的主要问题。在世纪交替时代，"知识经济""信息经济""智能经济""数字经济"作为阐述此时经济形态演变趋势的理论便应时而生。[①] 如果从贝尔广义的后工业社会视角来理解，无论知识经济、信息经济，还是数字经济、智能经济，都属于贝尔所称谓的在后工业社会时代呈现出来的现实经济形态。这些经济形态只是人们从不同的角度理解并赋予它们的不同名号，其本质都是对后工业社会经济形态的具体描述。

（二）知识经济开启后工业社会的新认知

知识经济是20世纪80年代形成的经济理论范畴，实际上也是贝尔后工业社会理论的主要依据。贝尔自始至终将知识置于熊彼特所说的技术要素之上，不是简单地从生产要素角度看待其价值，而是将其视为经济社会转型的中轴结构。在贝尔看来，在识别一种新兴的社会制度时，人们不仅要根据推断的社会趋势来了解基本的社会变化，而且要通过构成社会制度中轴原理的某些明确特征，确立一种概念性图式。工业社会以机器和人协作生产商品为标志，后工业社会则是围绕着知识组织起来的，其目的在于进行社会控制并指导革新与变革。"前工业社会""工业社会""后工业社会"这些名词是以生产和应用的知识为中轴的概念序列。贝尔精确地阐述了这种"中轴原理"：理论知识处于中心地位，它是社会革新与制定政策的源泉。同时，贝尔指出："当然，知识对于任何现代社会的运转都是必不可少的。令后工业社会有所不同的是，知识自身性质的变化。对于组织决策和指导变革具有决定意义的是理论知识的中心化。"[②]也就是说，贝尔进一步将一般知识的理念与后工业社会的知识概念冷静地区分开来。由此可以看出，知识经济在后工业社会阶段首先用于描述经济形态，这是具有理论渊源和社会土壤的。

在熊彼特创新理论、贝尔后工业社会理论的推动下，美国加州大学教授罗默等人在20世纪80年代初期提出了新增长理论。新增长理论将技术与人力资本统一起来，将知识内化于新劳动力要素，从而进一步激发了知识经济的新萌芽。按照罗默新增长理论的观点，新古典增长模型中的劳动力已经转化为人力资本。人力资本不仅包括绝对的劳动力数量和该国所处的平均技术水平，而且还包括劳动力的教育水平、生产技能训练和相互协作能力的培养等。[③] 舒尔茨明确提出，人力资本是当今时代促进国民经济增长的主要原因，人口质量和知识投资在很大程度上决定了人类未来的前景。他在《人力资本投资——教育和研究的作用》一书中进一步阐述道："现代经济

---

① 杨述明. 智能经济形态的理性认知[J]. 理论与现代化，2020(05)：56-69.

② 丹尼尔·贝尔. 后工业社会的来临——对社会预测的一项探索[M]. 高铦，等，译. 南昌：江西人民出版社，2018：9，11，17.

③ 戴维·罗默. 高级宏观经济学[M]. 吴化斌，龚关，译. 上海：上海财经大学出版社，2014：10.

不仅有可能给人们带来丰富的商品和周全的服务，而且还有可能带来较多的余暇时间。这种富足境况反映在实际收入上，已经被数量所表示；反映在文献中，则向我们展示了一个丰裕的社会。然而，人们对造成现代经济丰裕的技能和技术的成本和收益却一无所知"，"人类的未来不取决于空间、能源和耕地，它将取决于人类智力的开发。"[①]舒尔茨在这里描述的现代经济，本质上就是知识经济，人力资本成为经济增长的核心要素，成为知识经济的驱动力量。

1996 年，OECD 以知识经济为主题，发表了《以知识为基础的经济》的报告。该报告对于世界经济发展演变为知识经济作出了基本判断，并给知识经济概念确立了如下的定义：知识经济为建立在知识的生产、分配和使用（消费）之上的经济。其中所述的知识，包括人类迄今为止所创造的一切知识，最重要的部分是科学技术、管理及行为科学知识。人类的发展将更加倚重自己的知识和智能。工业经济和农业经济虽然也离不开知识，但其增长主要取决于能源、原材料和劳动力，即以物质为基础。知识经济的基础是信息技术，关键是知识生产率即创新能力。只有实现信息共享，并与人的认知能力——智能相结合，才能高效率地产生新的知识。所以，知识经济更突出人的智能的作用。

知识经济将取代工业经济成为时代的主流。从某种角度来讲，这份报告也是人类面向 21 世纪的发展宣言。[②] 1997 年，在加拿大多伦多举行的"97 全球知识经济大会"第一次提出了传统经济与知识经济的区别，其主要标志在于：传统经济理论认为，生产要素包括劳动力、土地、材料、能源和资本，而现代经济理论已把知识列为重要的生产要素。知识经济作为经济理论范畴，再一次确立了其学术与社会地位。

20 世纪八九十年代，中国正处在改革开放起步的关键时期，全国上下全力加速小康社会建设和现代化建设步伐。世界知识经济发展浪潮不仅对我国经济发展产生了强烈的刺激，而且对我国经济理论革新产生了重大影响。一大批学者在积极投身改革开放历史潮流、研究现实问题的同时，也在冷静地思考中国未来的社会经济发展趋向。其中，中国科学院现代化研究中心就提出了第二次现代化理论，对中国未来的现代化建设、经济发展路径提供了一定的理论参照。他们认为，人类从诞生到今天的 250 万年中，共经历了四个历史时期：工具时代、农业时代、工业时代和知识时代。其中，知识时代可能从 20 世纪 70 年代延伸到 2100 年前后。如果把农业时代向工业时代的转型定义为第一次现代化，那么工业时代向知识时代的转型就是第二次现代化。人类继工业社会之后一百多年的社会形态是知识社会，经济形态是知识经济。在知识时代的知识经济，与农业经济、工业经济形态相比较而言，具有若干本质上的不同，其中的差别主要有四点。其一，核心生产要素不同。在工业经济形态下，资本、劳动、有形资产等构成核心要素；在知识经济形态下，核心要素则是知识、人力资本（知识劳

---

① 西奥多·W. 舒尔茨. 人力资本投资——教育和研究的作用[M]. 蒋斌，张蘅，译. 北京：商务印书馆，1990：26.

② 经济合作与发展组织. 以知识为基础的经济——经济合作与发展组织 1996 年年度报告[J]. 中国工商管理研究，1998(07)：59-63.

动者)、无形资产等。其二,生产方式不同。在工业经济形态下,生产方式以规模化、机械化、自动化和集中型为主;在知识经济形态下,则是以智能化、数字化、网络化和分散型为主。其三,产品特点不同。在工业经济形态下,产品体现出标准化、系列化、大众化、耐用化和市场周期长的特点;在知识经济形态下,则体现为智能化、多样化、个性化、艺术化和市场周期短的特点。其四,增长的主要力源不同。在工业经济形态下,增长动力主要来源于资本、技术和劳动;在知识经济形态下,则主要是知识、创新和人力资本。① 概而言之,第二次现代化理论将知识经济定位为中国未来经济演进的基本形态。

(三)智能经济——后工业社会经济形态的必然趋向

20 世纪 80 年代,在中国社会科学院研究员童天湘先生探索研究智能革命、智能社会的同时,时任广西经济管理干部学院首任院长黄觉雏先生,在知识经济、信息经济的喧嚣声中,敏锐地感知到智能经济的款款到来。他与穆家海、黄悦在一系列文章中提出并系统地阐释了人类经济总体发展“四方式二形态假说”,认为 21 世纪的世界经济将进入智能经济时代。

《黄文》认为,在劳动密集型生产方式的时代,人类从事生产活动只能依靠自己的体力,顶多加上一些畜力和自然力;在资本密集型生产方式的时代,人类依靠机器扩展了自身的体力;到了知识密集型生产方式的时代,人类开始把部分生产操作和常规技术操作委托给技术系统。例如,第五代计算机是把信息采集、存储、处理、通信同人工智能结合在一起的智能计算机系统,显然,它所追求的已经不是一般技术操作,而是智能性活动的运行操作。21 世纪生产的技术结构方式将是智能密集型——人类努力把部分思维活动委托给技术系统,与之相应的经济时代,应当定名为“智能经济时代”。同时,《黄文》按照马克思“各种经济时代的区别,不在于生产什么,而在于怎样生产,用什么劳动资料生产”②的思想,导出了“四方式二形态假说”,即人类社会经历了或将要经历劳动密集型、资本密集型、知识密集型和智能密集型四种生产方式;经历了或将要经历物质经济运行形态(简称物质经济形态)与功能经济运行形态(简称功能经济形态),其中物质经济主要体现于自然经济和机器经济时代,功能经济主要体现于信息经济和智能经济时代。物质经济形态代表整个经济系统以追求物质产品的增量作为最高规则来运行;而功能经济形态代表整个经济系统以追求功能完善和多样作为最高原则来运行。在功能经济形态下,企业生产、交换、消费所整合的实质上都是功能,具体的商品和劳务只不过是某种功能的载体。人们的知识和智能都可以方便地通过向社会提供某种功能而转化为财富,也可以通过赋予事物以不同的功能,或者开发新的功能来创造财富。③

---

① 何传启.第二次现代化理论:人类发展的世界前沿和科学逻辑[M].北京:科学出版社,2013:5.

② 马克思恩格斯全集(第 23 卷)[M].北京:人民出版社,1972:204.

③ 黄觉雏,穆家海,黄悦.人类经济总体发展的模型与规律[J].社会科学探索,1991(02):52-56;黄觉雏,穆家海,黄悦.二十一世纪经济学创言——论智能经济[J].社会科学探索,1990(03):18-25.

知识与智能的根本区别在于有无创新。功能经济形态强调的是“善用”功能，并不看重对功能载体的拥有，这就是智能经济与知识经济的本质区别。经济按照物质形态运行时，经济发展会受到物质条件的制约，人们不得不集中注意力解决物质条件的供给问题，经济的发展是供给制约型的；当经济按照功能形态运行时，由于功能不再依赖于某一种特定物质产品，功能完善程度的需求日益高涨，以及可供选择的对象日益增多，经济的发展变为需求拉动型。因此，物质经济形态对所有生产方式，特别是对知识密集型和智能密集型生产方式的发展起着制约作用；而功能经济形态对所有生产方式的发展起着诱导作用。经济以功能形态运行，并非不要物质。但是，当人们的一般需要越容易得到基本满足，越会转向追求智能比例更高的功能来满足自己特定的需要。所以，经济越发达，对功能的需求越变得多样化、高级化，将反过来大大刺激经济的发展。这就是功能经济形态可以高速运转的原因。① 很显然，《黄文》在这里将知识经济、智能经济统一于创新这一中轴，也只有创新才能将后工业时代的几乎所有生产要素进行新组合，实现物质形态、知识形态、功能形态的有机统一。虽然《黄文》将知识经济与智能经济都划归为功能经济形态，但是从其逻辑拓展，我们可以看出，他们将智能经济定位于21世纪经济形态趋向，其研究重点或者说落脚点也是智能经济。②

令人感慨的是，《黄文》还对智能经济的基本特征作了系统研究，并提出了十一个方面的具体内容：

(1)智能经济时代的基本矛盾是智能的个人所有与生产社会化之间的矛盾；

(2)在智能经济时代，事物的价值将主要由其功能的智能化程度和社会对它所能接受的程度来确定，而不再由消耗多少物质、劳动力和知识量来确定；

(3)智能的产生和发展规律完全不同于一般体力劳动；

(4)在智能经济时代，各种生产方式依然存在，智能经济必然是多元、多层次的，其模型必然是立体的；

(5)在智能经济时代，许多先前清晰的界限将逐渐变得模糊，主要表现为就业与失业的界限、个人与固定组织的关系、国家的经济边界等方面；

(6)在智能密集的主要领域中，智能经济的特征主要表现在资本组织、智能集成、个性需求等方面；

(7)智能活力远大于行为活力，极少受到外在空间制约；

(8)智能产业作为新兴产业，将通过向社会提供某种功能、带动其他产业转型而产生巨大的财富，并实现社会、产业之间的利益大转移；

(9)智能经济时代是一个“硬件”充裕、“软件”发达的时代，无形资产将成为财富的主要标识，“无中生有”成为创新的主要方式；

---

① 黄觉雏，穆家海，黄悦. 人类经济总体发展的模型与规律[J]. 社会科学探索，1991(02)：52-56；黄觉雏，穆家海，黄悦. 二十一世纪经济学创言——论智能经济[J]. 社会科学探索，1990(03)：18-25.

② 杨述明. 智能经济形态的理性认知[J]. 理论与现代化，2020(05)：56-69.

(10)美国正在平滑地向智能经济时代过渡，硅谷成为智能经济的起源地；

(11)21 世纪进入智能经济时代，我们别无选择。①

《黄文》之后，学术界鲜有关于智能经济的研究。1998 年 1 月，美国副总统戈尔在加利福尼亚科学中心开幕典礼上，发表题为《数字地球：认识二十一世纪我们所居住的星球》的演说，首次提出“数字地球”的概念。此后，“数字＋”的概念模式便覆盖了世界的各个领域，“数字经济”顺时而生，“智能经济”的内涵便融入其中。进入 21 世纪以来，随着人工智能等主要科学技术的深度发展与广泛应用，有学者和实业家开始从理论与应用相结合的角度深度思考中国现代化经济体系、经济形态的精准定位，开始观察与辨析智能经济与数字经济的联系与区别。这些方面的理论文章、著作以及理论与场景应用的各种论坛，在 2017 年以后不断出现。例如，李彦宏在 2017 年 5 月出版《智能革命：迎接人工智能时代的社会、经济与文化变革》之后，又于 2020 年 9 月出版了专著《智能经济：高质量发展的新形态》；刘志毅于 2019 年 7 月出版了专著《智能经济：用数字经济学思维理解世界》；北京工商大学季铸教授甚至认为，在 21 世纪，由人脑智慧主导的智能经济遵循“太阳普照定律”“光速传播定律”“幂数增长定律”，三大定律将推动全球智能经济发展的新浪潮。特别是，2020 年 6 月 18 日，国务院发展研究中心中国发展研究基金会和百度公司联合发布《新基建，新机遇：中国智能经济发展白皮书》，第一次比较权威地确定了智能经济的理论内涵：智能经济是以人工智能为核心驱动力，以 5G、云计算、大数据、物联网、混合现实、量子计算、区块链、边缘计算等新一代信息技术和智能技术为支撑，通过智能技术产业化和传统产业智能化，推动生产生活方式和社会治理方式智能化变革的经济形态。白皮书提炼出智能经济形态的四个基本特征——数据驱动、人机协同、跨界融合和共创分享，并初步阐释了智能经济与数字经济的关系，即智能经济是在数字经济充分发展的基础上，由人工智能等智能技术推动形成和发展的新经济形态。②

(四)数字经济——后工业社会的主要经济形态

从理论视角看，数字经济概念最早由美国学者塔普斯科特提出。2016 年，G20 对数字经济给出了一般的定义，并坚持使用数字经济这一表述。G20 的定义指出了数字经济的本质属性，认为其核心生产资料是数据，主要生产力是信息通信技术。同时，国际货币基金组织(IMF)也从狭义、广义两个角度对数字经济类别进行了专业划分，狭义上的数字经济是指在线平台以及依存于平台的经济活动，广义上的数字经济是指使用数字化数据的经济活动。这些基本观点从理论上明确了数字经济的含义、范畴和功能，不仅准确地描述了后工业时代的经济形态，而且揭示了人类社会经济活动的演变趋势，为各国政府制定经济发展战略提供了清晰的依据。

---

① 黄觉雏，穆家海，黄悦．二十一世纪经济学创言——论智能经济[J]．社会科学探索，1990(03)：18-25；黄悦．二十一世纪的角逐：谁将进入智能经济时代(续完)——再论智能经济[J]．改革与战略，1999(03)：24-28.

② 百度．来了！《新基建，新机遇：中国智能经济发展白皮书》完整版正式发布[EB/OL]．(2020-12-15)[2022-08-15]．https://baijiahao.baidu.com/s?id=1686143761443109982.

值得注意的是，在21世纪第二个十年，由于智能革命颠覆性地影响、改变着世界经济格局，世界上主要国家从世界格局、国家治理的战略高度抢抓数字经济布局，掀起了新一轮前所未有的经济革命浪潮，争先恐后地推动数字经济发展。2013年，德国在汉诺威工业博览会上率先推出“工业制造4.0”，随后将其列入《德国2020高技术战略》的十大未来项目之一。日本先后出台《e-Japan战略》《u-Japan战略》《i-Japan战略》，并于2017年通过了第五次(2016—2020年度)科学技术基本计划，推出“超级智能社会战略”，提出要将日本建设成为“世界上最适合创新的国家”。2018年，欧盟发布“地平线欧洲”计划(2021—2027年)，该计划预计投资1 000亿欧元，其预算占整个欧盟政府研究经费的10%左右，仅应对全球挑战与产业竞争力的预算就达527亿欧元。英国于2015年发布《数字经济战略(2015—2018)》，并于2017年发布最新的数字经济战略。美国更是超常规推进新科技革命，自2011年起，先后发布《联邦云计算战略》《大数据的研究和发展计划》《支持数据驱动型创新的技术与政策》等细分领域战略；2015年，美国商务部成立数字经济咨询委员会(DEBA)；2018年，美国政府颁布了《国家网络战略》等国家战略规划，明确了未来数字经济发展的愿景；近年来，美国又陆续建立了以总统科学技术顾问委员会(PCAST)、国家科学技术委员会(NSTC)、白宫科学技术政策办公室(OSTP)、管理与预算办公室(OMB)四个关键机构为核心的行政决策与协调机构，与众议院的科学、空间和技术委员会以及参议院的商务、科学和运输委员会这两家立法决策与协调机构之间形成了既合作又制约的模式，同时，在人工智能、量子计算、航空航天、移动通信等主要领域推出了一系列重大战略。

从2015年开始，我国政府高度关注数字经济的世界性发展趋势，并不断加大推动数字经济发展的力度。2015年，中国正式推出“中国制造2025”战略，高位开启了推动数字经济发展的一系列战略。2017年，我国第一次将“数字经济”写入政府工作报告，提出要推动“互联网+”发展模式，并首次明确促进数字经济加快成长的总体要求。当年10月18日，习近平总书记在党的十九大报告中明确提出：“加快建设制造强国，加快发展先进制造业，推动互联网、大数据、人工智能和实体经济深度融合，在中高端消费、创新引领、绿色低碳、共享经济、现代供应链、人力资本服务等领域培育新增长点、形成新动能。”2019年10月11日，习近平主席向2019中国国际数字经济博览会致贺信，信中指出：“当今世界，科技革命和产业变革日新月异，数字经济蓬勃发展，深刻改变着人类生产生活方式，对各国经济社会发展、全球治理体系、人类文明进程影响深远。中国高度重视发展数字经济，在创新、协调、绿色、开放、共享的新发展理念指引下，中国正积极推进数字产业化、产业数字化，引导数字经济和实体经济深度融合，推动经济高质量发展。”2021年3月，十三届全国人大四次会议通过的《中华人民共和国国民经济和社会发展第十四个五年规划和2035年远景目标纲要》(以下简称《“十四五”规划纲要》)提出：“迎接数字时代，激活数据要素潜能，推进网络强国建设，加快建设数字经济、数字社会、数字政府，以数字化转型整体驱动生产方式、生活方式和治理方式变革。”2021年12月，国务院印发《“十四五”数字经济发展规划》，文件明确指出：“数字经济是继农业经济、工业经济之后的主要经济形态，是以数据资源为关键要素，以现代信息网络为主要载体，以信息通信技术融合应用、全要素数字化转型为重要推动力，促进公平与效率更加统一的新经济形态”，力争“到2025年，数字经济迈向全面扩展期，数字经济核心产业增加值占GDP比重达到10%，数字化创新引领发展能力大幅提升，智能化水平明显增强，数字技术与实体经济融合取得显著成效，数字经济治理体系更加完善，我国数字经济竞争力和影响力稳步提升”。2022年10月16日，习近平总书记在党的二十大报告中指出：“加快发展数字经济，促进数字经济和实体经济深度融合，打造具有国际竞争力的数字产业集群。”

从以上经济事实和经济理论进行分析判断可以知道，知识经济、数字经济、智能经济都是继农业社会、工业社会之后或者说是后工业社会新的经济发展形态。知识经济主要是对20世纪中叶至21世纪初信息时代经济形态的描述，从一定意义上看，它是一种过渡性经济形态；数字经济是对进入21世纪以来，特别是第二个十年数据时代经济事实的主要描述，是未来经济发展的重要形态；智能经济则是相对于整体后工业社会转型经济形态的历史性定位，这种定位不仅取决于智能革命、产业革命的根本驱动，更取决于工业社会向智能社会变迁转型的历史演进必然。[①]

三、依据生产方式理论的基本判断

马克思主义唯物史观认为，人类社会发展演进的决定力量是社会生产力，社会经济的存在与运行状态决定于社会生产力与生产关系的矛盾运动。人类社会已经走过和正在演进的基本社会形态为原始社会、封建社会、资本主义社会和社会主义社会，基本经济形态为原始经济、自然经济、商品经济以及现代数字经济；典型社会形态为原始社会、农业社会、工业社会和智能社会，典型经济形态为原始经济、农业经济、工业经济以及现代智能经济。基本经济形态的本质在于人与物（主要是人与自然）之间的依赖关系，即人类应用劳动力、劳动资料从物质资料中获取满足自身需要的产品的能力与关系；典型经济形态则是基本经济形态在相应历史阶段的经济事实现象的反映，它主要决定于生产工具的发展水平与应用能力。应用生产方式理论从经济学意义上解读经济形态演进规律，具体可以从生产要素结构演变的视角展开。

（一）生产方式要素化的理性认知

早在19世纪40年代，马克思在《1844年经济学哲学手稿》中首次使用“生产方式”的范畴。19世纪60年代，他在《资本论》中进一步强调生产方式的重要地位时指出，一定的生产方式以及与之相适应的生产关系构成的社会的经济结构是上层建筑的现实基础。马克思主义政治经济学中的生产方式理论是探索人类社会发展规律、经济形态演变规律以及经济社会建设规律的理论支撑，也是深刻理解自然经济、商品

---

① 杨述明.智能经济形态的理性认知[J].理论与现代化，2020(05)：56-69.

经济、数字经济和农业经济、工业经济、智能经济等各种经济形态转型变化的钥匙。

生产方式是人们进行生产活动的方式，社会生产力与社会生产关系的结合与统一构成社会生产方式。人们在物质资料生产过程中，必然要同自然界发生关系，从而形成了社会生产力；同时，在物质资料生产过程中，人与人之间也要发生联系，从而形成了社会生产关系。生产力是具有一定生产经验和劳动技能的劳动者运用生产工具加工劳动对象进行生产时所形成的物质力量，它包括劳动者和生产工具两个因素，劳动对象是生产力作用的对象，因而不能构成生产力的因素；生产关系是人们从事生产活动过程中相互结成的一定关系，也称经济关系。① 生产方式首先表现为物质资料生产，因为物质资料生产是人类社会生存和发展的基础。物质资料生产是指劳动者按照预期目的，运用劳动资料（又叫劳动手段）加工于劳动对象，改变劳动对象的形状、性质或地理位置，物质资料生产实质上就是劳动过程。马克思认为："劳动过程的简单要素是：有目的的活动或劳动本身，劳动对象和劳动资料。"②马克思在这里说的"简单要素"，直接用经济学语言表述，本质上就是劳动过程中的生产要素。生产方式在一定经济形态下具体体现为生产要素结构及其变化，从而构成一定经济生产过程完整的连接体系。因此，如果我们将生产力从生产方式中独立出来，并在人与自然或者物质世界关系的变动中，将劳动对象、劳动力、劳动资料进一步具象化，就可以在生产方式理论的框架下，在土地、劳动力、资本、技术、数据、组织等主体生产要素组合变动的导引下，对人类社会不同生产力发展水平背景下的基本经济形态和典型经济形态作出推论与判断。

为了便于求证经济形态演变的客观性，我们在马克思主义生产方式理论的基础上，简要梳理和生产要素相关的经济学理论渊源以及发展演变，从而掘出相关理论依据。传统生产要素理论大致经历了"二元论""三元论""四元论""六元论"四个认知阶段。

1. 生产要素二元论

最早提出生产要素二元论思想的是英国古典政治经济学之父威廉·配第（William Petty）。虽然配第并没有明确提出生产要素的概念，但他的名言"土地为财富之母，而劳动则为财富之父和能动的要素"③表明，配第实际上已经提出了包括土地和劳动的生产要素二元论的思想。事实上，明确持二元论观点的著名学者是奥地利经济学家庞巴维克（Eugen von Böhm-Bawerk）。庞巴维克否认资本是与劳动和自然并立的独立的第三种生产要素，他在其著作《资本实证论》中表明："资本本身的起源、存在，和以后的作用，也不外乎是生产的真正要素——自然和劳动——连续活动中的一些阶段。"④他还指出，之所以会发生将资本作为独立生产要素的混乱，"那就是一般

① 宋涛．政治经济学教程[M]．北京：中国人民大学出版社，2018：5．

② 马克思恩格斯全集（第 23 卷）[M]．北京：人民出版社，1972：202．

③ 威廉·配第．配第经济著作选集[M]．陈冬野，马清槐，周锦如，译．北京：商务印书馆，2011：103．

④ 庞巴维克．资本实证论[M]．陈端，译．北京：商务印书馆，1964：123．

人都公认生产要素和收入类别是对称的，同时经济学家如果不承认资本是一种独立的生产要素，则在解释利息和把它合理化起来时就会感到为难……这样就使许多学者钻入了牛角尖，宁愿不正视事实而不愿放弃资本是独立的生产力的看法，以致也不愿放弃流行的利息理论的受人欢迎的基础”①。如果从理论渊源出发，也可以称土地与劳动力为原始生产要素。

2. 生产要素三元论

法国经济学家让・巴蒂斯特・萨伊(Jean-Baptiste Say)在1803年出版的著作《政治经济学概论：财富的生产、分配和消费》中指出：“事实已经证明，所生产出来的价值，都是归因于劳动、资本和自然力这三者的作用和协力，其中以能耕种的土地为最重要因素但不是唯一因素。除这些外，没有其他因素能生产价值或能扩大人类的财富。”②因此，萨伊把土地、劳动和资本归结为生产的三个要素。在萨伊的生产要素三元论里，劳动创造了工资，资本创造了利息，土地（自然力）创造了地租。萨伊之后的西方经济学家大都接受了他提出的生产要素三元论。19世纪中叶，英国经济学家约翰・穆勒(John S. Mill)也继承了萨伊的观点，他把生产要素归结为土地、劳动和资本，只是更详尽地讨论了各种生产要素存在的方式、性质和条件。

3. 生产要素四元论

19世纪末20世纪初，西方最著名的经济学家当属英国剑桥学派创始人——阿尔弗雷德・马歇尔(Alfred Marshall)，他在1890年出版的《经济学原理》被西方经济学界看作划时代的著作。马歇尔在这本书的第四篇里专门论述了生产要素。他指出：“生产要素通常分为土地、劳动和资本三类。土地是指大自然为了帮助人类，在陆地、海上、空气、光和热各方面所赠与的物质和力量。劳动是指人类的经济工作——不论是用手的还是用脑的。资本是指为了生产物质货物，和为了获取通常被算作收入一部分的利益而储备的一切设备。”③同时，马歇尔认为，资本大部分是由知识和组织构成的，由于知识和组织的公有、私有区别的日益重要，有时把组织分开来算作一个独立的生产要素，似乎最为妥当。④ 由此可见，马歇尔主张把组织作为一个独立的生产要素从资本要素中分离出来，当成第四生产要素。马歇尔所说的组织指的是资本家对企业的管理和监督，因此，后来也有人把组织要素视为企业家的经营和管理能力。马歇尔认为，工资、利息和利润分别是劳动、资本和组织的均衡价格，地租则是使用土地的代价。

---

① 庞巴维克. 资本实证论[M]. 陈端，译. 北京：商务印书馆，1964：124.

② 萨伊. 政治经济学概论：财富的生产、分配和消费[M]. 陈福生，陈振骅，译. 北京：商务印书馆，1963：75-76.

③ 马歇尔. 经济学原理(上卷)[M]. 朱志泰，译. 北京：商务印书馆，2011：169.

④ 马歇尔. 经济学原理(上卷)[M]. 朱志泰，译. 北京：商务印书馆，2011：170.

4. 生产要素六元论

我国技术经济学学者在20世纪60年代最早提出劳动力、投资、物资和资源四个生产要素，20世纪80年代又提出劳动生产必须同时具备的六个条件或六个力：六个条件是指劳动人员、劳动资料、劳动对象、劳动环境、劳动空间和劳动时间；六个力是指人力、财力、物力、自然力、运力和时力。①

除了上述四种观点外，生产要素的结构变动一直是西方和中国经济学界关注的重要领域，甚至是作为各经济学流派理论体系展开的主线。例如，熊彼特认为，创新就是要建立一种新的生产函数，也就是"生产要素的重新组合"——把一种从来没有的关于生产要素和生产条件的新组合引入生产体系。1990年，罗默在原有的新增长理论框架下提出了技术进步内生增长模型，认为经济增长必然是建立在人力资本积累与内生技术进步的基础之上。舒尔茨指出，人力资本已经成为现代经济增长的核心要素。在我国，许多学者把人力资本视为一个独立的生产要素。如陈宪认为，传统生产要素中的劳动是指非熟练劳动，劳动者只有最基本的知识和技能；人力资本是指熟练劳动，即管理劳动和技术劳动。由于人力资本已经成为经济增长的重要解释变量，因此，应当将其视为一种独立的生产要素。1988年，邓小平在会见外宾时提出了"科学技术是第一生产力"的著名论断。在四十多年改革开放的伟大实践中，人们对于人力资源、科学技术、创新驱动的生产要素构成的认识得到充分展现。

当人类走进21世纪，新一轮科学技术革命扑面而来，经济社会加速进入网络时代、大数据时代、智能时代，展现出史所未见的剧烈转型，发展方式面临着根本转变，新的生产要素内涵再一次得到拓展提质。2017年12月8日，十九届中央政治局就实施国家大数据战略进行第二次集体学习。习近平总书记在主持学习时强调，要构建以数据为关键要素的数字经济。建设现代化经济体系离不开大数据发展和应用。我们要坚持以供给侧结构性改革为主线，加快发展数字经济，推动实体经济和数字经济融合发展，推动互联网、大数据、人工智能同实体经济深度融合，继续做好信息化和工业化深度融合这篇大文章，推动制造业加速向数字化、网络化、智能化发展。2018年3月7日，习近平总书记在"两会"期间参加广东代表团审议时强调，发展是第一要务，人才是第一资源，创新是第一动力。中国如果不走创新驱动发展道路，新旧动能不能顺利转换，就不能真正强大起来。强起来要靠创新，创新要靠人才。在这里，习近平总书记将大数据、人才第一次作为关键生产要素，并提出创新驱动发展这一新的理论观点。2020年4月，中共中央、国务院印发《关于构建更加完善的要素市场化配置体制机制的意见》，从中可以窥见党和国家对于核心生产要素的高度关注。2022年12月，中共中央、国务院印发《关于构建数据基础制度 更好发挥数据要素作用的意见》，文件指出，数据作为新型生产要素，是数字化、网络化、智能化的基础，已快速融入生产、分配、流通、消费和社会服务管理等各环节，深刻改变着生产方式、生活方式和社

① 徐寿波. 技术经济学[M]. 北京：经济科学出版社，2012.

会治理方式。数据基础制度建设事关国家发展和安全大局。由此可见，数据作为基本要素，被正式纳入国家重要经济制度建设体系。

（二）人类社会经济形态的理性认知

根据上文原理所知，人类社会依次历经三种基本经济形态：自然经济、商品经济和数字经济，并相应地表现为三种典型经济形态：农业经济、工业经济和智能经济。基本经济形态决定于生产方式的变革——生产力与生产关系的矛盾运动，是一定历史阶段和一定社会形态下经济现象的基本描述。基本经济形态是基本社会形态的一部分，具有相对稳定性。典型经济形态决定于生产力发展水平及其结构变化，是一定基本经济形态下经济现象的“符号性”描述，它是经济发展与运行过程中基本生产要素功能变化的直接反映，是一个国家与地区经济发展的核心力量和重要依据。

1. 基本经济形态的理性认知

基于上述认知，我们可以从三个维度辨析基本经济形态及其演进规律。

其一，人们对自然的依赖程度及其利用方式，决定人类所处社会的基本经济形态。在历史上，人类对自身在自然世界中位置的看法，伴随着人与自然关系的变化而变化。在原始文明时期，由于生产力水平和认知水平低下，生产工具和生产方式处于原始状态，人类的生存延续完全依赖自然的馈赠惠泽，由此，人类对赖以生存而又不断带来灾难的大自然充满了敬畏、感恩和无助、恐惧。人类的经济活动完全是维持自我生存和延续，生产方式长期处于原始自然经济状态。农耕文明时期，人们开始认识和总结自然规律并将其运用到生产生活之中，不再完全被动地、纯粹地依赖自然，而是运用先进的农业劳动工具，依靠一定的农业组织形式，有序地依赖自然、顺应自然，因势利导地从自然中获取维持自身生存与延续所需要的物品。人类依赖自然、感恩自然、敬畏自然，人类与自然环境之间的关系总体平和，人类对自然更加亲近和感恩。在这一时期，人类在生产生活中也存在一些破坏自然生态的行为，但都是局部性的，大多在自然自我修复的能力范围之内。农业社会的生产方式长期处于自然经济状态。18 世纪以来，人类开启了西方工业文明，科学技术取得巨大进步并广泛应用于生产和市场开发领域，大大刺激、提高了人类利用自然、改造自然甚至征服自然的欲望与能力。工业革命一方面加速了人类文明的进程，给人类带来了巨大的物质财富；但另一方面，在商品经济带来的物质利益的驱动下，人们不计后果地向自然攫取最大价值，致使对于自然的破坏性开发远远超出了自然的自我修复能力，人与自然的关系变得越来越疏离、紧张。这一时期，人们用了三百多年的时间将工业经济推向了高峰，颠覆性地改变了自然经济背景下的生产方式，人类也从自然经济状态过渡到了商品经济形态。20 世纪中叶以来，人类社会逐步走到后工业时代，人们开始深刻地反思现代化之痛，深思人与自然共处的关系模式，通过转变传统工业化生产方式，不仅将人才作为第一资源、创新作为第一动力，而且在万物数字化、智能化、网络化等智能革命的驱动下，使数字资源成为人类经济活动的主要资源，从而再一次把自身从向自然界寻求物质财富的狂热追求中解放出来，人类也将从“商品拜物教”的经济状态演进转变为数字经济形态，以数字为载体，一种新型的人与自然共生状态得到构建。

其二，人们的生产活动及其劳动产品价值实现方式，决定人类所处社会的基本经济形态。价值一直是经济学重要的研究对象，它贯穿于人类社会一切经济活动，其实现方式也是不同经济形态的主要区别标志之一。众所周知，原始经济时代，人类顺应自然，向自然获取的自然物品主要用于维持生存与繁衍，其价值集中体现为使用，偶尔有些交换，也是简单的以物易物，这是最原始的自然经济状态，可以形象地描述为“自给不能自足”的经济形态。农业经济时代，由于先进生产工具的使用，人类在对劳动对象——自然的利用过程中，开始改造自然，以期直接获得或通过劳动加工获得物质产品，更好地满足自身生存与发展的需要。不仅如此，农业生产的组织形式也发生了新的变化，少许的剩余开始出现，简单的社会分工相应得以产生。因此，农业时代自然经济的生产方式已经远非原始自然经济，虽然劳动产品价值依然主要体现为满足自身生存和发展的需要，但其交换价值开始出现萌芽，产品经济向商品经济过渡的趋势在农业经济中后期逐渐形成。农业自然经济状态可以形象地描述为“自给可以自足”的经济形态。西方工业革命前后，人类社会走进商品经济时代，经济活动基本形态体现为商品生产，劳动产品转变为商品，人们经济活动以商品交换为目的，不断生产出更多的能够满足市场需要的商品，以占有更大的市场，实现更大价值，获取最大化的利益。因此，商品经济时代，生产的目的已经不完全是满足自身需要，而是满足市场需要，满足获取利益的需要。劳动产品已经转变为商品，其使用价值只能成为一种载体，人们更加注重交换价值，人们之间的关系更多的是建立在商品交换基础上的利益关系。马克思所说的“商品拜物教”“货币拜物教”是其最准确的描述。当然，商品经济出现后，人类文明从此转向了更高层次，转化到另一种境界，这是一个人间奇迹。20世纪末以来，人类社会进入数字经济时代，人类经济活动不仅需要与自然、与商品(服务)发生关系，更重要的是需要面对海洋般的数据资源。在数字经济时代，大数据是人类活动的产物，既是人们从事生产活动的劳动资料，又是人们经济活动制造的劳动对象。如此背景下，人们所生产的商品在遵循一般价值规律的前提下，大数据的价值及其实现形式呈现出复制性、共享性和融合性等特点。在万事万物数字化的社会演变过程中，数字将成为支配人类一切经济活动的战略性基础资源。因此，有人甚至称未来的智能时代将是“数字拜物教”的时代。

其三，人们在劳动生产过程中所结成的主要关系，决定人类所处社会的基本经济形态。人与人之间的经济关系在本质上体现为一定社会的基本经济形态。在原始自然经济形态下，人们多是以群体形式共同从自然界中获取生活资料，共享劳动成果，人与人之间处于平等、协作、共享的经济关系，生产活动主要形式是独立或者群体性的。这并不说明原始自然经济属于人类理想文明状态，而是因为原始生产力水平极度低下，生产关系显现出以维持生存与延续为前提的各种经济联系。在农业自然经济状态下，由于生产工具得到改进，劳动生产效率得到提高，人们生产活动中的组织结构出现新的变化，家庭经济单元、村落经济单元等形式自然形成，更为重要的是，土地雇佣关系成为农业自然经济关系的本质特征。在这样一种经济关系背景下，土地所有者与佃农之间的生产关系就演变为剥削关系。在商品经济状态下，人们的经济活动以商品生产为主线、以工业生产为主轴，形成了完整的生产、流通、分配和消费的商品经济体系，人们在其中的经济关系必然体现出分工协作、竞争或垄断等主要生产特点，商品交换关系引发、诱致利益驱动，从而在生产领域、分配领域等形成一系列公正公平问题，这些问题成为商品经济形态下的主要顽症。在数字经济形态下，由于大数据巨大的融合功能，传统生产与服务的经济范畴得到极大突破，不同经济体之间、经济与社会之间的边界相对模糊化，经济主体大为拓展，社会生产过程逐步趋向机会公平，创新创业必然成为社会经济活动的重要特征。同时，由于数据资源的流动性、相关科学技术公用化以及商业模式创新，数字经济背景下的生产方式将会更加复杂，分配关系可能出现所谓的“陡峭”现象，即极少数人拥有极大财富、大多数人拥有中低水平均等财富的“L”形结构。在这样一种经济背景下，传统的经济发展与治理模式将会发生颠覆性变革。

2. 典型经济形态的理性认知

与基本经济形态的认知相统一，从理论上讲，可以从生产要素的质性演变来辨析典型经济形态及其演进规律。

其一，原始生产要素与农业经济形态。古典经济学认为，生产要素有原始生产要素和中间生产要素之分。土地、劳动属于原始生产要素（或称二元生产要素），而人们利用原始生产要素生产的加工物以及由此衍生的关键要素属于中间生产要素。原始要素具有稳定性，不会因生产方式的变化而消失，只是在不同的经济形态下，其功能作用不同，要素的自身质性与形态有所差异。如果人们把生产要素组合（熊彼特观点）从经济史角度加以形象化描述的话，可以将其抽象为这样一个公式，即“生产要素体系＝土地＋劳动力＋……”。基于此，土地、劳动力毋庸置疑地成为农业生产方式的基本生产要素，正如配第阐释的那样，劳动是财富之父，土地是财富之母。原始生产要素形态下的土地是指包括农民所耕种土地在内的一切与人类经济活动相关的自然资源和自然条件，人类的生产活动基本上都是直接与自然打交道，物质财富基本都是来源于自然界。作为原始生产要素的劳动则主要是指具有简单农业生产劳动技能、体力强壮的劳动者以及简单的劳动工具和劳动条件，特别指劳动者数量。因此，在农业社会生产方式背景下，土地拥有量、人口规模成为经济发展的主要动力和标志，也是各种社会矛盾、经济竞争的根源所在。

其二，资本、人力资源、技术与工业经济形态。人类在走向工业社会的数百年历史过程中，除了广袤的土地、富庶的矿产、庞大的劳动力和无限的商品市场成为重商主义者眼中的金银财宝、资本主义原始积累的源泉外，西方几百年的商品经济活动在工业革命强力驱动下极大地拓展了领域空间，构建起完全不同于农业经济时代的新的生产方式，催生出直到今天依然主要影响世界变局的资本主义制度。西方工业革命之所以产生出如此巨大的社会变革能力，关键之一就是其依赖科学技术极大地提升、改变和拓展了核心生产要素，改变了生产力结构和经济关系，在不断激发、转化原始生产要素性质、能量的基础上，将劳动力要素提升转化为人力资源，将人力资源与科技革命及其应用高度结合，并推动工业经济组织形态的重新组合，构建了与现代经济制度相适应的现代企业制度与经济结构。同时，工业革命还将所有的物质资源、人力资源等转化为一种具有魔力般的基本生产要素——资本。自资本要素出现后，资本主义工业经济便如同魔鬼附体，把人类社会带入一个前所未有的发展阶段，发达的生产力创造了巨大的物质财富，先进的科学技术为人类展现出更加美好的未来，但同时也给人类带来了空前的灾难：通货膨胀、生产停滞、大量失业乃至世界大战。一方面，马克思、恩格斯在1848年发表的《共产党宣言》中指出："资产阶级在它的不到一百年的阶级统治中所创造的生产力，比过去一切世代创造的全部生产力还要多，还要大。自然力的征服，机器的采用，化学在工业和农业中的应用，轮船的行驶，铁路的通行，电报的使用，整个大陆的开垦，河川的通航，仿佛用法术从地下呼唤出来的大量人口——过去哪一个世纪料想到在社会劳动里蕴藏有这样的生产力呢？"[①]另一方面，马克思在《资本论》中又指出，资本家就是资本的人格化，"资本来到世间，从头到脚，每个毛孔都滴着血和肮脏的东西"[②]，"资本是死的劳动，像吸血鬼一样，必须吸收活的劳动，方才活得起来，并且，吸收得愈是多，它的活力就愈是大"[③]。

其三，大数据、人工智能、人才与智能经济形态。2020年4月，中共中央、国务院印发《关于构建更加完善的要素市场化配置体制机制的意见》，从中可以窥见生产要素的重要性和核心要素的基本构成。该意见进一步明确：推进土地要素市场化配置；引导劳动力要素合理畅通有序流动；推进资本要素市场化配置；加快发展技术要素市场；加快培育数据要素市场；加快要素价格市场化改革；健全要素市场运行机制。不难看出，在现代数字经济、智能经济背景下，土地、人力资源、资本、技术等工业经济背景下的生产要素依然是要素体系的重要组成部分，但是其内涵与外延都发生了深刻变化，特别是更加强调了人才和科技创新的要素，加入了数据这一新要素。从科技革命角度分析，数据作为生产要素，必然引出数据、算法、算力这三个核心元素。如果说数据是基础资源的话，那么人工智能就是数据、算法、算力的完美集成。因此，在智能经济时代，以新形式独立出现的核心生产要素，其科学界定应该集中体现为数据与人工智能两个领域。

3. 经济形态认知的基本结论

从人类社会生产方式理论出发，人们可以按照基本经济形态和典型经济形态两种思维方式，得出如下逻辑结论。

其一，在自然经济形态下，人类与自然最为亲近，是大自然养育着人类；人们的生

---

① 马克思，恩格斯.共产党宣言[M].北京：人民出版社，2018：32.

② 马克思恩格斯文集(第5卷)[M].北京：人民出版社，2009：871.

③ 马克思.资本论(第1卷)[M].北京：人民出版社，1963：233.

产方式是自给自足，劳动产品为产品形态，其价值主要体现为满足自身生存延续需要的使用价值，经济关系为简单的劳动分工和土地雇佣关系；基本生产要素构成为原始生产要素，即土地与劳动力，虽然这两项要素随着农业生产力的发展不断提升，但是其基本结构没有发生变化，没有加入革命性改变要素，其典型经济形态为农业经济。

其二，在商品经济形态下，人类对大自然的掠夺性利用，严重地疏远了人与自然的关系，人类从大自然获取的物质利益远远超出了人类历史上的总和，大自然对于人类的惩罚性警示也不断出现；人们生产的目的已经不仅是满足自身需要，而主要为了通过交换实现其商品的价值，劳动产品以商品形态出现，是使用价值与价值的统一体；经济关系建立在以利益为目的的交换关系基础上，社会分工越来越细，土地雇佣关系演变为资本所有者与无产者之间的资本主义雇佣关系；基本生产要素结构在土地、劳动力的基础上，加入了新形式的技术、人力资源和资本等要素，特别是资本的加入极大地改变了经济的形态与性质，其典型经济形态转变为工业经济。

其三，在数字经济形态下，人类再一次亲近自然，人类从自然获取所需物质产品建立在人与自然和谐共生的基础上，人工物质材料成为数字经济背景下新形式的劳动对象，自然界不再是维持人类生存发展的唯一条件；劳动产品已经不仅是商品，数据既是生产要素，也是人们劳动或者其他活动的成果和产品，数据价值的实现形式展现出多样化特征，比如交换、垄断、共享等；人们同时在虚实社会空间中进行交往，原有社会关系以利益关系为主要形式的特点被多样化、微粒化、网络化、模糊化等新特点所弱化，传统的雇佣关系演变为新型雇佣关系、契约关系和协同关系，共生、共治、共建、共享等“共性”关系将成为主要形态；其基本生产要素结构在“原始要素＋人力资源＋技术＋资本”的基础上，加入了新形式的数据、人工智能以及新型商业模式等关键核心要素，其典型经济形态转型为智能经济。

（三）数字经济与智能经济的理性认知

如上所述，数字经济概念由美国学者在20世纪90年代提出，中国则直到2016年后才开始正式使用“互联网＋”和数字经济的概念。智能经济概念由中国学者在20世纪80年代最早提出，但直到2018年才引起人们关注，成为学术研究和国家政策领域的热门话题。在经济活动过程中，数字经济与智能经济是同一概念，很少有人去思考它们之间有没有差异。但是，从近期一些学者和实业家的著述观点来看，他们已经开始关注这两个概念之间的关系。

1. 数字经济与智能经济的典型定义

现有资料显示，有关数字经济概念的系统表述纷繁呈现，而关于智能经济概念的理论表述甚少。这里基于学理背景和官方文件视角，选取四则材料予以阐释。

材　料　一

全球正处于新一轮科技革命和产业变革之中，以互联网、大数据、人工智能等为代表的数字技术向经济社会各领域全面渗透，全球已进入以万物互联、数据驱动、软件定义、平台支撑、智能主导为主要特征的数字经济时代。数字经济正在成为全球经济社会发展的重要引擎。近20年来，在认识和理解数字经济的过程中，不同国家和地区、国际组织提供了诸多见解。其中，G20峰会将数字经济定义为：数字经济是指以使用数字化的知识和信息作为关键生产要素、以现代信息网络作为重要载体、以信息通信技术的有效使用作为效率提升和经济结构优化的重要推动力的一系列经济活动。也可以说，数字经济是以数据资源为重要生产要素，以现代信息网络为主要载体，以信息通信技术融合应用、全要素数字化转型为重要推动力，促进公平与效率更加统一的新经济形态。

——资料来源：中国电子信息产业发展研究院. 2019年中国数字经济发展指数[EB/OL]. (2020-02-03)[2023-07-15]. https://www.docin.com/p-2304554295.html.

材料二

数字经济是继农业经济、工业经济之后的一种新的经济社会发展形态。其中，计算机制造，通信设备制造，电子设备制造，电信、广播电视和卫星传输服务，软件和信息技术服务等行业作为数字经济的基础产业，互联网零售、互联网和相关服务等几乎全部架构于数字化之上的行业，可看作数字经济范畴。其他行业因信息通信技术的应用与向数字化转型带来的产出增加和效率提升，是数字经济的主体部分，在数字经济中所占比重越来越高。数字经济的特征主要体现在以下几个方面：数据成为驱动经济发展的关键生产要素；数字基础设施成为新的基础设施；数字素养成为对劳动者和消费者的新要求；供给和需求的界限日益模糊；人类社会、网络世界和物理世界日益融合；信息技术进步是数字经济发展的不竭动力。

——资料来源：马化腾，孟昭莉，闫德利，等. 数字经济——中国创新增长新动能[M]. 北京：中信出版社，2017：3-11.

材料三

网络化、智能化技术在生产生活中广泛应用，驱动人类社会迈向智能经济新时代。智能经济是以新一代信息技术和智能技术为支撑，以数据为关键生产要素，以智能产业化和产业智能化为路径的新型经济形态。智能经济在催生新需求新业态的同时，通过人机交互方式的变革重构人类的生产方式、生活方式、社会运行及政府治理方式，引领经济社会的创新发展。

何为智能经济？虽然目前还没有对智能经济的内涵进行统一定义，但综合多方观点可知，智能经济是以人工智能为核心驱动力，以5G、云计算、大数据、物联网、混合现实、量子计算、区块链、边缘计算等新一代信息技术和智能技术，通过智能技术产业化和传统产业智能化，推动生产生活方式和社会治理方式智能化变革的经济形态。简言之，智能经济是在数字经济充分发展的基础上，由人工智能等智能技术推动形成和发展的新经济形态。2019年3月19日，习近平总书记主持召开中央全面深化改革委员会第七次会议，会议指出，要构建数据驱动、人机协同、跨界融合、共创分享的智能经济形态。

与其他经济形态相比，智能经济主要呈现出如下特征。一是数据驱动。智能经济是数字经济发展的高级阶段，是由“数据+算力+算法”定义的智能化决策、智能化运行的新经济形态。二是人机协同。人机协同是经济活动中人与智能的和谐状态的体现。三是跨界融合。智能经济是智能技术与各种要素的融合，通过融合将技术实体化、泛在化，推动实现经济社会各个领域的互联互通和兼容发展，促进多种技术的集成应用和多个领域的跨界创新。四是共创分享。共创分享是智能经济中资源、信息、知识等重要生产要素配置的体现，是实现智能经济发展目标的重要保障。通过共创分享，智能经济的生产要素才能在经济活动中自由流通，从而最大程度地发挥出价值。

——资料来源：中国发展研究基金会，百度. 新基建，新机遇：中国智能经济发展白皮书[R/OL]. (2020-12-15)[2022-08-15]. https://www.cdrf.org.cn/jjh/pdf/zhongguozhinengjingjixinfazhan1011.pdf.

材　料　四

智能经济是以新一代信息技术、新一代人工智能技术及其协同创新成果为基础，以数字化、网络化、智能化融合发展为杠杆，以数据驱动、人机协同、跨界融合、共创分享为特征，与经济社会各领域、多元场景深度融合，通过智能化基础设施与基础设施智能化推动新基建，通过智能产业化与产业智能化推动技术进步、效率提升和发展方式变革，培育新动能，开展新治理，提升整体经济的活力、创新力、生产力与控制力，从而形成更广泛的以人工智能为基础设施和创新要素，支撑经济、社会和人高质量发展的新形态、新范式。简言之，智能经济就是以新一代人工智能为基础设施和创新要素，以数字化、网络化、智能化融合发展为杠杆，与经济社会各领域、多元场景深度融合，支撑经济、社会和人高质量发展的新形态、新范式。

——资料来源：李彦宏. 智能经济：高质量发展的新形态[M]. 北京：中信出版社，2020：32.

2. 数字经济与智能经济异同性分析

基于上述代表性定义，数字经济与智能经济在本质上具有同一性，其主要体现在五个方面：第一，数字经济与智能经济都是继农业经济、工业经济、知识经济形态之后的新的经济形态，是现代经济活动的学理与实证定义；第二，数字经济与智能经济都是智能革命驱动演进的产物，数据、人工智能、创新是二者最突出的元素；第三，数据成为数字经济与智能经济共同的最基本的生产要素，由此衍生出来的新科技革命成为新经济发展的根本驱动力量；第四，数字经济与智能经济都标志着生产方式发生颠覆性转变，经济形态转型是经济发生质变的过程；第五，数字经济与智能经济活动以及运行模式必将得到创新性重组，新形态、新范式、新场景、新格局将推动经济理论与经济应用体系的重构。

如果从生产方式变革、生产要素结构演变的视角来看，数字经济与智能经济依然存在一定的差异性，主要体现在三个方面：一是数字经济在逻辑上将数据视为劳动对象，视为万事万物的数字化映像，故而数字经济是相对于自然经济、商品经济而言的经济学范畴，智能经济则将数据视为直接生产要素，并将数据集成的内涵诸如人工智能、算力、算法视为具体经济功能，构建以“算力＋算法＋大数据”人工智能为支柱的经济架构，因而，智能经济是相对于工业经济、知识经济而言的经济学范畴；二是数字经济、智能经济都属于后工业社会主要经济形态，数字经济的历史跨度更大，在逻辑上可以涵盖知识经济、智能经济，但其又具有一定的模糊性，没有智能经济的指向清晰；三是智能经济更加强调人工智能要素的重要性，随着人工智能的科技应用地位越来越凸显，智能经济将会代替数字经济，成为未来经济的主要形态。

3. 对于智能经济的理性认知态度

进入21世纪以来，当人们不再用“知识经济”“信息经济”来表述经济形态之后，各国政府、实业界人士、科技人员、经济理论研究者，对于新经济形态多采用“数字经济”这一新概念表述。当然，至于“数字经济”与“智能经济”的表述，谁更贴近未来经济形态的真实情况，现实中没有必要去分清泾渭，最好交由未来经济演变的趋向来确定。工业经济形态的理论也是在工业革命发生数百年后才确立的。

人类经济活动实践证明，任何一种经济形态背后，一定有一套完整的基本要素体系在发挥支撑作用，充分了解这套要素体系，掌握、应用其功能作用，从而构建起经济理论架构，应该是经济理论界的主要任务。在农业经济形态下，经济中的主要要素是土地和劳动力，以及相伴随的庄园、家庭、土地封建制等，由此而出现的经济理论主要围绕土地、人口而展开，从一定意义上说，一部封建经济史就是一部土地史、人口史；在工业经济形态下，经济中的主要要素不仅涉及土地、矿产、人口，更重要的是资金、技术、市场等资源，并由此而衍生出商品经济体系、市场经济制度、殖民主义以及各种全球性经济资源配置机制，市场经济理论在此阶段达到成熟；由此逻辑推理并结合当下世界性经济形态演进趋势可以断定，在未来智能经济形态下，由于经济中的主要要素演变为大数据、网络、人工智能、超级计算、平台、共享等全新要素，人类经济活动将在彻底改变原有形态的虚实空间展开，在这样一种经济活动的全新背景下，相应的经济理论必然也体现为全新的对象、理念、内容、架构和方法。如果说，现在的经济理论似乎还在向前走，那也是工业经济背景下的理论，是工业经济形态向智能经济形态过渡的勉强支撑。这也是当下经济理论界需要冷静思考的关键所在。[①]

① 杨述明. 智能经济形态的理性认知[J]. 理论与现代化，2020(05)：56-69.

第三章

智能革命与智能经济

席卷世界的新一轮科技革命与产业变革正在不断地冲击着人类生产生活的所有领域，并在与新冠病毒的殊死搏击中一马当先，坚定地捍卫着人类的生命权，维护着人类的地球家园。如果将这一轮新的科技革命放到人类文明的历史长河中去观察，我们不难发现，它已经从工业革命的历史形态转化为智能革命的现实状态。显而易见，升级版的人工智能科技是智能革命的龙头和主线，它将驱动众多学科走向繁荣，引发众多领域技术实现更新换代；更重要的是将引发产业变革风起云涌，带来人们生产生活方式和社会结构的深刻变化，推动人类社会从工业化、信息化社会向智能社会进行历史跨越。[①] 2014 年 6 月 3 日，习近平主席在国际工程科技大会上指出："未来几十年，新一轮科技革命和产业变革将同人类社会发展形成历史性交汇，工程科技进步和创新将成为推动人类社会发展的重要引擎。信息技术成为率先渗透到经济社会生活各领域的先导技术，将促进以物质生产、物质服务为主的经济发展模式向以信息生产、信息服务为主的经济发展模式转变，世界正在进入以信息产业为主导的新经济发展时期。"简而言之，智能革命就是指在后工业时代，以人工智能科技为龙头和主线，以互联网、移动通信、大数据、超级计算、区块链、感知技术、空间地理信息技术等共性技术为支撑，推动所有科学技术全领域、全方位的新一轮变革和升级换代，并全方位地深度引发和驱动新一轮产业变革，从而推动工业经济转型为智能经济、人类社会走向智能社会。智能革命既是 21 世纪的世界新潮流，也是全球科技战、产业战、贸易战、经济战、安全战的主战场，更是世界百年以来面临的时代挑战与历史机遇。

一、智能革命的历史方位

历史经验表明，科技革命总是能够深刻改变世界发展格局。面向未来，从工业革命走到智能革命，这是历史给人类、给世界、给中国提出的一个重大课题。2016 年 5

---

① 国家创新力评估课题组.面向智能社会的国家创新力——智能化大趋势[M].北京：清华大学出版社，2017：序.

月，中共中央、国务院印发《国家创新驱动发展战略纲要》，明确提出我国实施创新驱动发展战略的目标：到2020年进入创新型国家行列；到2030年跻身创新型国家前列；到2050年建成世界科技创新强国。2016年5月30日，习近平总书记在全国科技创新大会、两院院士大会、中国科协第九次全国代表大会上指出："一些国家抓住科技革命的难得机遇，实现了经济实力、科技实力、国防实力迅速增强，综合国力快速提升"，"近代以后，由于国内外各种原因，我国屡次与科技革命失之交臂，从世界强国变为任人欺凌的半殖民地半封建国家，我们的民族经历了一个多世纪列强侵略、战乱不止、社会动荡、人民流离失所的深重苦难。"2018年5月28日，习近平总书记在中国科学院第十九次院士大会、中国工程院第十四次院士大会上指出："科学技术从来没有像今天这样深刻影响着国家前途命运，从来没有像今天这样深刻影响着人民生活福祉。"习近平总书记的一系列重要论断，为我们所面临的新一轮科技革命——智能革命确立了重要的历史方位。

（一）新一轮科技革命是世界性的创新潮流

进入21世纪以来，全球科技创新进入空前密集活跃的时期，新一轮科技革命和产业变革正在重构全球创新版图、重塑全球经济结构。世界正在进入以信息产业为主导的经济发展时期。科学技术是世界性的、时代性的，发展科学技术必须具有全球视野。不拒众流，方为江海。自主创新是开放环境下的创新，绝不能关起门来搞，而是要聚四海之气、借八方之力。要坚持以全球视野谋划和推动科技创新，全方位加强国际科技创新合作，积极主动融入全球科技创新网络，提高国家科技计划对外开放水平，积极参与和主导国际大科学计划和工程，鼓励我国科学家发起和组织国际科技合作计划。要最大限度用好全球创新资源，全面提升我国在全球创新格局中的位势，提高我国在全球科技治理中的影响力和规则制定能力。实践反复告诉我们，关键核心技术是要不来、买不来、讨不来的。只有把关键核心技术掌握在自己手中，才能从根本上保障国家经济安全、国防安全和其他安全。

（二）新一轮科技革命是远非工业革命所堪比的智能革命

以人工智能、量子信息、移动通信、物联网、区块链为代表的新一代信息技术加速突破应用，以合成生物学、基因编辑、脑科学、再生医学等为代表的生命科学领域孕育新的变革，融合机器人、数字化、新材料的先进制造技术正在加速推进制造业向智能化、服务化、绿色化转型，以清洁高效可持续为目标的能源技术加速发展将引发全球能源变革，空间和海洋技术正在拓展人类生存发展新疆域。总之，信息、生命、制造、能源、空间、海洋等的原创突破为前沿技术、颠覆性技术提供了更多创新源泉，学科之间、科学和技术之间、技术之间、自然科学和人文社会科学之间日益呈现交叉融合趋势。我们要把握数字化、网络化、智能化融合发展的契机，以信息化、智能化为杠杆培育新动能。要突出先导性、战略性和支柱性，优先培育和大力发展一批战略性新兴产业集群，构建产业体系新支柱。要推进互联网、大数据、人工智能同实体经济深度融合，做大做强数字经济。要以智能制造为主攻方向推动产业技术变革和优化升级，推动制造业产业模式和企业形态根本性转变，以“鼎新”带动“革故”，以增量带动存量，促进我国产业迈向全球价值链中高端。

（三）新一轮科技革命是中国实现现代化的历史机遇与根本动力

中国要强盛、要复兴，就一定要大力发展科学技术，努力成为世界主要科学中心和创新高地。我们比历史上任何时期都更需要建设世界科技强国！要充分认识创新是第一动力，提供高质量科技供给，着力支撑现代化经济体系建设。当前，我国科技领域仍然存在一些亟待解决的突出问题，特别是同党的十九大提出的新任务新要求相比，我国科技在视野格局、创新能力、资源配置、体制政策等方面存在诸多不适应的地方。我国基础科学研究短板依然突出，企业对基础研究重视不够，重大原创性成果缺乏，底层基础技术、基础工艺能力不足，工业母机、高端芯片、基础软硬件、开发平台、基本算法、基础元器件、基础材料等瓶颈仍然突出，关键核心技术受制于人的局面没有得到根本性改变。我国技术研发聚焦产业发展瓶颈和需求不够，以全球视野谋划科技开放合作还不够，科技成果转化能力不强。我国人才发展体制机制还不完善，激发人才创新创造活力的激励机制还不健全，顶尖人才和团队比较缺乏。我国科技管理体制还不能完全适应建设世界科技强国的需要，科技体制改革许多重大决策落实还没有形成合力，科技创新政策与经济、产业政策的统筹衔接还不够，全社会鼓励创新、包容创新的机制和环境有待优化。要坚持创新在我国现代化建设全局中的核心地位，把科技自立自强作为国家发展的战略支撑，面向世界科技前沿、面向经济主战场、面向国家重大需求、面向人民生命健康，深入实施科教兴国战略、人才强国战略、创新驱动发展战略，完善国家创新体系，加快建设科技强国。

二、智能革命的历史渊源

科技革命是人类科学技术出现的根本性变革，是科学革命和技术革命的统称。一般来讲，科学革命是指人们对客观世界的认识发生质的飞跃，表现为新的科学理论体系的诞生；技术革命是指人类改造客观世界的新飞跃，表现为生产工具和工艺过程方面的重大变革。科学革命是技术革命的基础和出发点，科学革命引起技术的进步；而技术革命是科学革命的结果，先进的技术及其应用成果反过来又为科学研究提供有力的工具。科技革命是人类社会演进发展的必然产物，它既遵循科学技术自身的发展规律，又由经济社会发展规律所决定。一般而言，科技革命史观有两类：一是从人类文明进步视角，认为科学技术历经了农业革命、工业革命和信息革命三大阶段，从而推动人类社会演变转化为农业社会、工业社会和信息社会；二是从西方现代化视角，认为科技革命是16世纪以来的一种历史现象，与产业变革紧密结合，特指近代历史上发生过的三次重大科技革命。18世纪末，蒸汽机的发明和使用引起了第一次科技革命；19世纪末，电力的发现和使用引起了第二次科技革命；第二次世界大战后，先后出现了电脑、新能源、新材料、空间物理、新生命科学等新兴科学技术和成果，引起了第三次科技革命。因此，智能革命显然孕育于工业革命数百年的历史土壤，发端于20世纪中叶信息技术的产生与变革，成形于21世纪人工智能与大数据、互联网的大融合。对新一轮科技革命——智能革命的认知，从逻辑上讲，理当从工业革命谈起。

（一）工业革命源起

现代工业文明始于18世纪的英国，发端于科学技术革命。18世纪初期，以蒸汽机的发明和应用为标志的工业革命推动产业变革，驱动欧洲、北美洲、亚洲以及大洋洲跨入了人类历史上辉煌的工业文明时代。早在1698年，工程师托马斯·塞维利(Thomas Savery)制造出简单的解决煤矿井下水患的抽水蒸汽机；1705年，工程师托马斯·纽科门(Thomas Newcomen)在此基础上设计出有活塞的蒸汽机，并在当时的煤矿产区得到广泛应用；特别是1763年，詹姆斯·瓦特(James Watt)进一步改进蒸汽机，并于1769年注册了他所发明的改进后的新蒸汽机，使蒸汽机达到近代水平，把过去只能用于抽水的机器变为几乎万能的动力机，并广泛地应用于英国的工矿产业。从此，工业产业进入以蒸汽机为主的动力机时代。这是人类历史上划时代的科技革命，是人类社会从农业社会走向工业社会关键的一步，即“从工具到机器”[①]。蒸汽机的问世与进步首先刺激了煤炭和钢铁工业的发展，其中最主要的技术在其后得到多方面突破。1784年，亨利·科特(Henry Cort)发明了搅炼法，终于使生铁能够炼成熟铁，为炼钢工艺奠定了基础；1790年，蒸汽机轧钢技术得到应用；1815年，煤矿安全灯被广泛使用；1856年，亨利·贝塞麦(Henry Bessemer)发明了转炉炼钢法，终于进一步把熟铁炼成了钢，开辟了工业制造业的新道路。仅仅十多年间，科技进步推动技术应用转向产业变革，机械制造业、运输业等行业发展突飞猛进。1794年，亨利·莫兹利(Henry Maudsley)发明了在车床上应用的运动刀架；1817年，理查德·罗伯特(Richard Robert)发明了牛头刨床；1850年，约瑟夫·惠特沃斯(Joseph Whitworth)发明了计量仪器。1807年，美国人罗伯特·富尔顿(Robert Fulton)建造的蒸汽机船终于下了水；1814年，乔治·史蒂芬森(George Stephenson)制造出蒸汽机车，到1825年时，他制造的铁路通车时速达到15英里。与此同时，1798年，法国人尼古拉-路易·罗贝尔(Nicola-Louis Robel)发明了长网造纸机；1812年，德国人柯尼斯(Kornisch)发明了高速印刷机。

（二）工业革命第一次演进

从19世纪下半叶开始，电气逐渐取代蒸汽动力，人类社会进入电气时代，这就是

---

① 童天湘.智能革命论[M].香港：中华书局，1992：17.

第二次工业革命，即“从法拉第到西门子”。自 1753 年本杰明·富兰克林(Benjamin Franklin)发明避雷针后，电学便得以产生。18 世纪时期，一部分科学家对静电的研究，为机械能转换为电能打下了科学基础。1799 年，伏打(Volta)发明了伏打电池，获得了连续电流，并被用于电解水，开创了电流的应用。1820 年，汉斯·克里斯蒂安·奥斯特(Hans Christian Oersted)利用伏打电池发现了电流的电磁效应，创立了电动机的基本原理，把电能与机械能结合起来。到了迈克尔·法拉第(Michael Faraday)那里，机械能与电能的相互转换最终实现。1821 年，法拉第制造了第一台电动机，1831 年又制造了第一台发电机，揭开了电气时代的序幕，为人类后来的火力发电、水力发电开辟了道路。同时，法拉第提出的“第一定律”“第二定律”为电化学工业提供了理论支撑。从更广泛的意义上讲，他对于电、磁、热、光之间联系、转化与应用的研究，为第二次工业革命打下了坚实的理论基础。1867 年，德国的维尔纳·冯·西门子(Werner von Siemens)运用法拉第基础理论，用电磁铁代替永久磁铁制造大型自馈发电机，这种发电机成为新时代能量的象征。法拉第的科学理论与西门子的工业制造高度结合，最终开创了人类历史上崭新的电气时代。

人类社会走到电气时代的历史阶段，可以说，也是人类第一次面临着无所适从的茫然阶段。大制造催生出大工厂、大商业、大金融，并迫使或者诱惑其融为一体而形成高度垄断，左右着一个国家甚或世界的经济命脉，直接对社会构建、政治秩序、文明形态等领域造成巨大冲击，从而在短短不到一百年的时间内爆发两次世界大战以及数不清的地区小规模冲突。在这一历史阶段，无论是经济、政治、社会、文化、科技，还是主权、军事、安全等领域，人类都在尝试着各种博弈与平衡，希望找到能够达成一致和谐的世界秩序和社会秩序。在这一阶段，人类有意无意中发现了“核”，这一东西再一次以远远超出蒸汽时代、电气时代的力度赋予工业巨大能量，从而出现了人类不曾想象的世界现象，诸如：美苏成为世界超级大国，主导两大阵营；原子弹顷刻摧毁了日本的两座城市，几十万鲜活的生命瞬间蒸发；世界陷入核竞赛，大国、小国都希望建立起自己的核保护伞，世界在核的恐惧中自此似乎安宁了下来；等等。当然，核能同时给人类带来了巨大的能源供给，使人类社会得以比较高质量地向前推进。

如果在理论上必须对工业社会作出一种基本判断的话，20 世纪中叶以来，工业化国家的社会形态理应是工业社会相对成熟的标识。遗憾的是，中国自鸦片战争以来，虽然几代人都在为现代化、工业化苦苦追寻与奋斗，但最终还是没有赶上世界现代化、工业化的第二波浪潮。

(三)工业革命第二次演进

20 世纪中叶以降，通信和计算机等信息技术成果伴随全球化、工业化的浪潮，一跃而成为这一时代工业化最为耀眼的明星，人类社会由此进入信息时代。信息时代的萌芽可以追溯至 19 世纪上半叶。早在 1837 年，几乎与法拉第制造第一台发电机同时，在纽约大学的报告厅里，塞缪尔·莫尔斯(Samuel Morse)第一次成功地演示了电报传递。1844 年 5 月 24 日，人类历史上第一个长途电报从华盛顿发到巴尔的摩。

23 年后，亚历山大·格雷厄姆·贝尔（Alexander Graham Bell）再次利用电流原理发明了电话，并于1876 年申请了发明专利。1878 年，贝尔在相距约 300 公里的波士顿和纽约之间进行了首次长途电话实验，并获得了成功，后来就成立了著名的贝尔电话公司。1864 年，英国物理学家詹姆斯·克拉克·麦克斯韦（James Clerk Maxwell）建立了一套电磁理论，预言了电磁波的存在，并断言电磁波与光具有相同的性质，两者都是以光速传播的。1888 年，德国青年物理学家海因里希·鲁道夫·赫兹（Heinrich Rudolf Hertz）用电波环进行了一系列实验，发现了电磁波的存在，用实验证明了麦克斯韦的电磁理论。这个实验轰动了整个科学界，成为近代科学技术史上的一个重要里程碑，推动了无线电的诞生和电子技术的发展。1896 年，意大利人伽利尔摩·马可尼（Guglielmo Marchese Marconi）在前人基础上更进一步，在英国进行 14.4 公里通信试验并取得成功，发明了一套完全不依赖老式线路的无线通信系统，从此世界进入了无线电通信的新时代。①

20 世纪工业革命划时代的突破，毫无疑问首推计算机。电子计算机的诞生，不仅是 20 世纪最大的技术进步，也是人类文明史上的一次飞跃。在人类历史上，只有很少的几项发明（比如人工取火、轮子、瓷器和印刷术）能像计算机一样，让我们对它产生如此之大的依赖。② 事实上，人类从结绳记事开始，就一直在摸索计算的问题。精准计算、便捷计算、快速计算乃至自动计算，一直是不同历史阶段人类对于计算的梦想和追求。近代以来，计算科学技术的创新核心在于电子计算，人们希望在 18 世纪以前的机械计算基础上，在自动计算方面实现突破。20 世纪上半叶，恰逢第一次、第二次世界大战和全球工业化高潮，为了满足快速精准收集、传递、分析战争情报的需要，为了使庞大的工业经济体有序、有效运行，应用当时电磁、通信以及制造业等领域的先进科学技术制造电子计算机，既是时代之需，也具备了现实可能。二战期间，美国决定建造一个“超级大脑”来完成火炮设计、计算的任务。这项任务由美国陆军弹道设计局交给宾夕法尼亚大学摩尔工程学院约翰·威廉·莫奇利（John William Mauchly）博士和他的学生约翰·埃克特（John Eckert）全权负责。莫奇利和埃克特以电子管取代继电器实现了数字开关电路，从而最终实现了计算机“电子化”，并将这一设备取名为“电子数值积分计算器”（Electronic Numerical Integrator and Calculator），简称为 ENIAC。从此，计算机真正进入了电子时代。在 ENIAC 进展过程中的 1944 年，另一名计算机科学家加入进来，这就是后来被尊称为“现代计算机之父”的约翰·冯·诺依曼（John von Neumann）。诺依曼和莫奇利、埃克特合作提出了一套全新的设计方案：EDVAC（Electronic Discrete Variable Automatic Computer），可翻译为“电子离散变量自动计算机”。这一方案被计算机界称之为“冯·诺依曼系统结构”（von Neumann Architecture）。自此，现代计算机的理论基本确立。对于人类社会演进来说，ENIAC 的诞生具有划时代的意义，它标志着人类从此进入真正的

① 房龙. 人类的故事[M]. 夏欣茁，译. 上海：上海译文出版社，2013：422.

② 吴军. 文明之光（第 3 册）[M]. 北京：人民邮电出版社，2017：87.

计算机时代。从结绳记事到算盘的出现，再到计算机的诞生，人类才真正完成了让人脑得以延伸的壮举。

总的来说，从18世纪中叶开始，英国率先步入人类社会的新形态——工业社会，这种社会状态被后人称之为“现代化”。现代化浪潮先后在欧洲、北美洲、亚洲及全球其他地方涌动激荡了两百多年，至今依然风高浪急。在这两百多年的社会演进中，亚当·斯密的古典经济学支撑着整个西方市场经济的运转，西方资本主义世界经济体系逐步确立，虽在其发展过程中，不断有新的经济理论涌入对西方资本主义经济进行拯救式的修正，但是西方工业经济所构建的大厦依然挺立在西方世界。与此同时，随着工业革命摧枯拉朽般地席卷世界每一个角落，工业化社会已经转变成为相对于农业社会的另一种人类活动空间体。作为人类主要栖居地的城市尤其是大都市日趋繁荣，公民素质不断提升，递进式教育结构能够使人类接受各自需要的教育，科学技术得到传承和发展，养老、医疗、失业、安全等社会保障得到整体性的维护，科层官僚管理体制嫁接到政治、社会、经济等各种组织领域……凡此等等，都充分表明，工业社会已经为我们构建了一种新的社会关系和社会时空。当然，这种社会结构依然在科技革命和工业化深化的过程中不断地发生深度演变，最终促成社会形态的飞跃。

（四）信息革命转型演进

进入信息时代一般可称之为第三次工业革命。如果仅就工业社会时空看工业社会演进，这一理论观点在逻辑上是成立的，但如果放到后工业化大历史的跨度，特别是进入21世纪以来科技革命和新经济形态的历史背景下观察，20世纪中叶后相继出现的计算机、互联网、人工智能等催生的信息经济形态，只是工业经济向智能经济过渡的一个重要的历史阶段。

理论界所称的信息时代主要指的是20世纪50年代之后的历史阶段。美国社会学家贝尔将这一时期称为“后工业时代”。何传启认为，之所以这一阶段被视为与传统工业社会有别，主要在于科学技术推动生产力结构发生了突破性变化和提升，极大地改变了经济、产业和社会的结构与形态。具体表现为：其一，电子计算机的发明和应用，提高了数据和信息的处理能力，推动信息革命悄然而至；其二，现代科技飞速发展，知识增长和知识应用速度加快，出现了高技术产业；其三，教育普及和知识传播技术日新月异，酝酿着学习革命；其四，知识劳动者大量增加，白领工人的比例逐步超过蓝领工人；其五，知识对经济增长的贡献率迅速上升，逐步超过其他生产要素贡献的总和；其六，产业结构明显变化，其中知识产业和服务业比例迅速上升，农业比例稳定下降，工业比例开始下降。与此同时，环境保护运动兴起，生态革命发生。这些现象都昭示着一个新时代——知识时代的来临。① 事实上，早在1973年，贝尔就对其称谓的“后工业时代”进行了系统的描述：一是在经济上，由制造业经济转向服务业经济；二是在职业上，专业和科技人员取代企业主而居于社会的主导地位；三是在中轴原理

---

① 何传启.第二次现代化理论：人类发展的世界前沿和科学逻辑[M].北京：科学出版社，2013：14.

上，理论知识居于中心，是社会革新和制定政策的源泉；四是在未来方向上，技术发展是有计划、有节制的，重视技术鉴定；五是在制定决策上，依据新的智能技术。[①] 贝尔提出的后工业社会是对工业社会发展到信息时代的一种时代把握，从其分析研究的社会现象和社会变化状态看，无论是科学技术进步，还是产业变革、社会结构变动，甚或政治秩序、文化思潮、世界格局等方面，都依然在原有工业社会架构中有序地运转，所有变化还处于量变与部分质变之间。尽管在这一阶段，计算机、集成电路、通信等信息领域发生了重大变革，经济结构出现了一系列新现象，甚至人工智能早在20世纪50年代就出现萌芽，互联网也在20世纪末有了迹象，这一切似乎都在酝酿着一场巨大变革，或者说整个世界还在为迎接新一轮人类历史大变革做准备，但这些准备毕竟不是变革本身。所以，如果从诺依曼的ENIAC和1956年达特茅斯会议提出的人工智能创意算起，直到20世纪末甚或21世纪前十年，对这半个多世纪的历史时期最为准确的判断应该是工业革命向智能革命过渡的时期。

学术上对于信息科技革命的定位主要有两种观点。一是第四次工业革命论。这是目前学术界较为普遍认同的观点，在这个领域的著作、文章汗牛充栋，中国、美国、德国、英国、俄罗斯、法国、日本等主要国家的政府基本决策大多以此为依据。持这一观点的学者在事实上把贝尔提出的后工业社会再一次现实化，赋予了当下世界性工业社会发展新的时代特征和未来特征。其工业化的内容显然已经将人工智能、物联网、超级计算、新材料、新能源等科技和产业领域的变革作为其标志，将现代化工业制造作为新工业化的重点领域，工业社会和信息社会的界限模糊起来，在逻辑上可以将其视为第三次工业革命的基本范围，也就是依然视为工业社会的原有概念。第四次工业革命论从表面上看顺应了时代潮流，但是依然沿袭工业革命的理念和思维观察世界变化，没有看到此次科技革命在非传统工业领域带来的变革，没有看到人类社会在全方位的深度改变。二是智能革命论。这一学术观点始于中国社科院研究员童天湘1992年所著的《智能革命论》。童天湘认为，在世界新技术革命以前，人们所进行的只是能量革命。这包括从原始社会的人工造火(第一次能量革命)到近代蒸汽动力发明所开始的第二次能量革命。第二次能量革命创造的成果使人类进入了工业社会，包括蒸汽时代的初级工业社会、电气时代的中级工业社会和原子时代的高级工业社会。工业社会是一种高能结构的社会，高能必然导致熵增即产生污染。如果说，以往工业社会的能量革命造就一个高熵社会，现在的智能革命则借助智能、智慧改变社会的高能结构，走向低熵社会——智能社会。从工业社会走向智能社会，意味着人类从技能圈走向智力圈。这样一来，智能革命、智能社会便标志着人类历史发展的一个大转折——从人类前文明史走向人类后文明史。智能革命导致社会智能化，出现智能社会。与通常意义上的信息社会不同，决定社会发展的关键性因素不是一般的信息和知识，而是新知识和高智力。高智能社会不仅是智能人的社会，也是智能机的社

---

① 丹尼尔·贝尔.后工业社会的来临——对社会预测的一项探索[M].高铦，等，译.南昌：江西人民出版社，2018：6.

会，应该说是人机共生的社会。[①] 很显然，童天湘已经将智能社会看作继工业社会、信息社会之后的另一种社会形态，而且这一社会转型是智能革命的产物。2017 年 4 月，李彦宏在他的《智能革命：迎接人工智能时代的社会、经济与文化变革》一书的“自序”中欢呼：全世界都在为即将到来的人工智能革命感到振奋。人工智能从互联网中汲取力量，终于王者归来，并正在酝酿一场堪比历次技术革命的大变革。智能革命与前几次技术革命有着本质的差异。从蒸汽革命、电气革命到信息革命，都是人自己去学习和改变这个世界，但是在人工智能革命条件下，因为有了深度学习，是人和机器一起学习和改变这个世界。智能革命是对生产生活方式的良性革命，也是对我们思维方式的革命。[②]

对于工业社会深度推进和信息社会阶段性的科学理解，不仅是一个学术话题，更是对世界性现代化潮流的一种精准判断，因而也就构成了各个国家发展战略的理论基础，构成了判断社会形态、经济形态的理论基础。当前，世界大多数国家还远远没有完成工业化任务，包括中国在内的新兴发展中国家正在加速推进工业化，同时又要迎头赶上智能革命的步伐。在这样一种世界格局和社会背景下，任何国家包括发达国家都必须对当下和未来社会形态作出科学、清醒的判断，从而顺应时代潮流，推进社会发展进步。否则，将会出现错位甚至南辕北辙的现象，给本国国民带来灾难性后果。我国新时代现代化建设的基本战略安排以及国家治理现代化的目标导向，从社会文明演进的角度看，既着眼于智能革命、智能社会的前进方向，又兼顾了中国持续实现工业化和农业现代化的客观要求。因而，对于中国未来社会的准确判断，顺应社会演进规律推进社会建设无疑是中国未来必须面对的重大历史考验，也是中国作出一切战略性部署、推进重点领域改革的逻辑出发点。[③]

三、面向 21 世纪的智能革命

无论是第四次工业革命论，还是智能革命论，在逻辑上都指向一个本质观点：21 世纪必将是智能革命的时代。正如童天湘先生所说：21 世纪来临之际，便是智能革命兴起之时，标志着人类文明的伟大转折。这一时代对于我国这样一个发展中大国具有极其特殊的历史意义。2018 年 5 月 28 日，习近平总书记在中国科学院第十九次院士大会、中国工程院第十四次院士大会上指出：“现在，我们迎来了世界新一轮科技革命和产业变革同我国转变发展方式的历史性交汇期，既面临着千载难逢的历史机遇，又面临着差距拉大的严峻挑战。我们必须清醒认识到，有的历史性交汇期可能产生同频共振，有的历史性交汇期也可能擦肩而过。”抓住这一历史机遇，根

---

① 童天湘.智能革命论[M].香港：中华书局，1992：203.

② 李彦宏，等.智能革命——迎接人工智能时代的社会、经济与文化变革[M].北京：中信出版社，2017：自序.

③ 杨述明.人类社会演进的逻辑与趋势：智能社会与工业社会共进[J].理论月刊，2020(09)：46-59.

本在于认知这一历史机遇的本质内涵——智能革命，在于认知智能革命产生、演进与发展的历史过程与必然趋势，在于认知智能革命对于经济社会深度影响的基本特征。

（一）核心共性技术融汇突破，为智能革命提供质变的核心动力

科技发展历史表明，任何一种形态的科技革命首先是核心共性技术的突破，从而引发相关科技领域变化，进而改变产业领域、经济领域乃至人们的生产生活方式。18世纪中叶，作为核心共性技术标志的蒸汽机，引发了工业机械化革命，因而改变、拓展了工业产业结构，人类进入机械化时代；19世纪末，作为核心共性技术标志的内燃机，引发了工业电气化革命，从而推动电力、动力、石油、汽车、铁路、轮船等诸多重工业领域、交通领域的颠覆性改变，人类进入电气化时代；20世纪中叶，作为核心共性技术标志的微电子信息，引发了工业信息化革命，极大地激发了以信息为载体的现代服务业，带动人类进入信息时代。由此推论，从20世纪中叶产生到20世纪末期渐为成熟的计算机、互联网、人工智能乃至21世纪走上舞台的大数据、移动通信、空间地理信息、区块链等核心共性技术，毋庸置疑地成为智能革命的原动力，从而推动人类社会走进智能社会，推动经济形态转变为智能经济。

核心共性技术的本质特征就在于关键基础性、拓展关联性和广泛应用性。关键基础性，主要指在一定经济社会背景下，一种或者一类科学技术发明创造成果支撑众多科技与产业的发展进步，并逐步演变为一个时代的科技与产业的底层结构体系；拓展关联性，主要指这样一种发明创造成果制约着众多科技与产业领域的发展，或者发挥其推动拓展作用；广泛应用性，主要指这种发明创造成果可以转化为众多科技子系列成果，或者本身被产业化，或者能够与产业高度融合而推动相关产业联动发展。纵观自20世纪中叶以来纷繁呈现的科技群像，我们便可以领略其历史进程中的万种风采。这里挑选出计算机、互联网、芯片、大数据、物联网、人工智能、移动通信、空间信息技术、区块链、量子科技、纳米技术等核心共性技术，详细阐述其发展历程，试图为智能革命体系建构探索一条思路。

1. 计算机科学技术的发展与演进

目前的计算机仍然属于冯·诺依曼机，其发展仍处于第四代水平。未来计算机将朝着微型化、巨型化、网络化、多媒体化和智能化等方向发展。微型化是指体积更小、功能更强、可靠性更高、携带更方便、价格更便宜、适用范围更广；巨型化是指运算速度更快、存储容量更大、功能更强，例如巨型计算机；网络化是指现代通信技术与计算机技术相结合，将分布在不同地点的计算机连接起来，在网络软件的支撑下实现软件、硬件、数据资源的共享；多媒体化是指集图形、图像、音频、视频、文字于一体，使信息处理的对象和内容更加接近真实世界；智能化是指让计算机模拟人的感觉、行为、思维过程等，使计算机具有视觉、听觉、语言、推理、思维、学习等能力，成为智能型计

算机。从目前计算机的应用研究趋势看，未来计算机将有可能在光子计算机、生物计算机、量子计算机等方面取得重大的突破。

截至 2019 年，我国先后在天津、深圳、长沙、广州、无锡、济南、郑州等地建成 7 家国家超级计算中心，为创新驱动发展提供了强大的新动能。"天河一号"超级计算机已应用十多年，是世界上连续稳定运行时间最长的超级计算机之一。2021 年 4 月 14 日至 15 日，联合国教科文组织"2021 年 Netexplo 创新论坛"在网上举行，由技术领域全球知名大学组成的"Netexplo 大学网络"历时一年，在全球范围内遴选出了 10 项极具突破性的数字创新技术，这些创新技术对社会具有深远而持久的影响，中国量子计算机"九章"荣列其中。"九章"是由中国科学技术大学潘建伟、陆朝阳等学者研制的 76 个光子的量子计算原型机。实验显示，"九章"对经典数学算法高斯玻色取样的计算速度，比之前世界上最快的超级计算机"富岳"快 100 万亿倍，从而推动全球量子计算前沿研究达到一个新高度，其超强算力在图论、机器学习、量子化学等领域具有潜在应用价值。具体来说，当求解 5 000 万个样本的高斯玻色取样问题时，"九章"需 200 秒，而"富岳"需 6 亿年；当求解 100 亿个样本时，"九章"需 10 小时，"富岳"则需 1 200 亿年。对于"九章"的突破，《科学》杂志审稿人评价称"这是一个最先进的实验和重大成就"[①]。在计算能力快速提升、算法不断演进以及大数据迅猛增长的支撑下，智能化已进入了快速发展的应用时期。每秒钟运算能力为十亿亿次、百亿亿次的超级计算机在"算天""算地""算人"上，通过持续服务于航空航天、气象预报、宇宙演化模拟、抗震分析等科研创新领域，已全面融入我们生产生活的方方面面。超级计算将深刻改变人类社会生活，改变世界，开启一个新的智能时代。

2021 年 4 月，美国商务部长吉娜·雷蒙多(Gina Raimondo)在一份声明中指出，超级计算机在现代武器(包括核武器和超快武器)和国家安全系统的发展中起着决定性作用，随后宣布将中国七个超级计算机实体列入制裁的"黑名单"，分别是：国家超级计算郑州中心、国家超级计算深圳中心、国家超级计算济南中心、国家超级计算无锡中心、新信维微电子有限公司、天津飞腾信息技术公司、上海集成电路技术和产业促进中心。一直以来，中美两国都是超级计算机领域的最主要的竞争者，而近年来，中国在超算领域的实力长期保持着力压美国一头的局面。即便是在美国对中国超算领域的企业进行打压之后，中国在超算领域的综合实力仍保持领先。2013 年 6 月，中国的"天河二号"超级计算机成功夺得全球超算 Top500 强第一名，之后持续多年"霸榜"。2015 年 4 月，美国商务部发布公告，决定禁止向中国四家国家超级计算机构出售"至强"(XEON)芯片。即便如此，2016 年 6 月，由国家超级计算无锡中心研发的采用中国自主研发处理器的超级计算机"神威·太湖之光"成功接棒基于英特尔芯片的"天河二号"，夺下全国第一("天河二号"国内排名第二)，打破了当时最快的超级计算记录，并获得了"世界上最快的超级计算机"的称号。

根据 2020 年 11 月公布的最新全球超级计算机排名，第一名是日本"富岳"超级

---

① 转引自刘霞. 十大数字创新技术出炉，中国"九章"榜上有名[N]. 科技日报，2021-04-19(4).

计算机，峰值每秒运算 44.2 亿亿次；第二名是美国“顶点”超级计算机，峰值每秒运算 14.86 亿亿次；第三名是美国“山脊”超级计算机，峰值每秒运算 9.464 亿亿次；我国的“神威・太湖之光”超级计算机排第四，峰值每秒运算 9.3 亿亿次；第五名也是美国的超级计算机；第六名是我国的“天河二号”超级计算机，峰值每秒运算 6.15 亿亿次。在排名前十的超级计算机中，美国占了 4 台，我国占了 2 台，其他是日本 1 台、德国 1 台、意大利 1 台和沙特 1 台。同时，在该榜单中，我国有 226 台超级计算机上榜，几乎占了世界超算领域的半壁江山；而美国有 113 台，只有我国的一半；日本有 29 台，大约相当于我国的 13%。据英国《新科学家》杂志网站 2022 年 5 月 31 日的报道，国际超算组织宣布，位于美国橡树岭国家实验室的超级计算机“前沿”在 2022 年国际超算 Top500 榜单中拔得头筹，成为现今世界上运行速度最快的超级计算机，算力高达 1.1 百亿亿次/秒(EFLOPS)，也是目前在国际上公告的首台每秒能执行百亿亿次浮点运算的计算机。在世界超算领域，中国、美国、日本、欧洲等国家和地区，超级计算的发展高潮不断演绎，此起彼伏。截至 2022 年 6 月底，我国在用数据中心机架总规模超过 590 万标准机架，服务器规模近 2 000 万台，算力总规模超过 150EFLOPS，位居全球第二位。① 截至 2022 年底，我国存储能力总规模超过 1 000EB，在用数据中心机架总规模超过 650 万标准机架，算力总规模达到 180EFLOPS，稳居全球第二，算力总规模近 5 年年均增速超过 25%。②

2. 互联网构建智能社会的网络结构

互联网的最早称谓“Internet”，音译叫因特网、英特网，是网络与网络之间所串联成的庞大网络，这些网络以一组通用的协议相连，形成逻辑上的单一且巨大的全球化网络。在这个网络中，有交换机、路由器等网络设备，有各种不同的连接链路、种类繁多的服务器，还有数不尽的计算机、终端。互联网始于 1969 年的美国，是人类文明迄今为止所见证的发展最快、竞争最激烈、创新最活跃、参与最普遍、渗透最广泛、影响最深远的技术产业领域，纵观人类历史，尚无其他技术产业可以与之比肩。互联网现已成为全球经济增长的主要驱动力，是智能社会、智能经济最重要的数字基础设施。

中国互联网产业发展正处于新的历史拐点。从整体来看，中国互联网产业发展迅猛，但和领先国家相比仍有差距，离真正成长为全球互联网创新发展的领导力量仍任重道远。从互联网的发展周期看，互联网已经全面进入稳定增长阶段，在资本力量的催化下，业务生态持续创新拓展，“智能”“融合”演化为新时期互联网发展的核心特征，全球互联网正加速迈入智能融合新时代，具备全维感知、自然交互、融合线下、智能服务等核心特质的“新型智能硬件”成为智能融合时代引领竞争和发展的战略业务平台，“智能互联网+”成为全球互联网发展的总体战略方向。“智能互联网+”模式正在深度改变人类社会的方方面面，成为全球产业界抢占的战略制高点。工业和信

① 黄鑫. 算力成新型生产力[N]. 经济日报，2022-08-10(6).

② 沈文敏. 我国存储能力总规模超过 1 000EB[N]. 人民日报，2023-03-24(8).

息化部发布的数据显示，我国工业互联网已应用于45个国民经济大类，产业规模迈过万亿元大关。经过四年多的不懈努力，我国工业互联网从无到有、由大变强，建成网络、平台、安全三大体系，体系化发展位居全球前列。从进企业、入园区到联通更多产业集群，工业互联网在创新发展之路上迈出铿锵步伐，汇聚成产业转型升级的强大势能。①

2022年，美国国际战略研究中心（CSIS）发布《2030年全球网络：发展中经济体和新兴技术》。该报告认为，随着发展中国家在通信系统使用方面的决策，美中在第三方市场的技术竞争势必加剧。谁来设计、建设和运营支撑全球通信、金融和其他日常生活必不可少的功能系统，这一点显得至关重要。在当今世界的大国博弈中，可以说，谁掌握了互联网，谁就把握住了时代主动权，“下一个十年可能是决定性的”。报告还指出，到2030年，全球城市化程度将继续提高，世界上70%的人口将居住在城市，其中亚洲和非洲的人口增长最快。全球网络将更加智能化，物联网将涵盖5 000亿台联网设备。全球网络的运行速度也会更快——网络容量增加125倍，延迟减少200倍。②

2021年2月3日，中国互联网络信息中心（CNNIC）在北京发布第47次《中国互联网络发展状况统计报告》。报告显示，截至2020年12月，我国网民规模已经达到9.89亿，占全球网民总数的五分之一；互联网普及率达70.4%，高于全球平均水平。2020年，面对突如其来的新冠疫情，互联网显示出强大力量，对打赢疫情防控阻击战起到关键作用。疫情期间，全国一体化政务服务平台推出“防疫健康码”，累计申领近9亿人，使用次数超400亿人次，支撑全国绝大部分地区实现“一码通行”。截至2020年12月，我国在线教育、在线医疗用户规模分别为3.42亿、2.15亿，占网民整体的34.6%、21.7%。③ 2021年3月26日，工业和信息化部发布《“双千兆”网络协同发展行动计划（2021—2023年）》，文件提出，用三年时间，基本建成全面覆盖城市地区和有条件乡镇的“双千兆”网络基础设施，实现固定和移动网络普遍具备“千兆到户”能力。具体来说，到2021年底，千兆光纤网络具备覆盖2亿户家庭的能力，万兆无源光网络（10G-PON）及以上端口规模超过500万个，千兆宽带用户突破1 000万户；5G网络基本实现县级以上区域、部分重点乡镇覆盖，新增5G基站超过60万个；建成20个以上千兆城市。到2023年底，千兆光纤网络具备覆盖4亿户家庭的能力，10G-PON及以上端口规模超过1 000万个，千兆宽带用户突破3 000万户；5G网络基本实现乡镇级以上区域和重点行政村覆盖；建成100个千兆城市，打造100个千兆行业虚拟专网标杆工程。届时，增强现实/虚拟现实（AR/VR）、超高清视频等高带宽应用进一步融入生产生活，典型行业千兆应用模式形成示范。千兆光网和5G的核心技术研发和产业竞争力保持国际先进水平，产业链供应链现代化水平稳步提升。④ 2023年2月，国家统

---

① 韩鑫.把工业互联网做大做强[N].人民日报，2022-08-09(5).

② 张佳欣.发展中国家新兴技术应用影响未来网络竞争格局[N].科技日报，2021-04-06(4).

③ 李政葳.第47次《中国互联网络发展状况统计报告》发布[N].光明日报，2021-02-04(9).

④ 王政.我国启动“双千兆”网络计划[N].人民日报，2021-03-27(6).

计局发布的《中华人民共和国2022年国民经济和社会发展统计公报》显示，截至2022年底，我国已建成全球最大的光纤网络，光纤总里程近6 000万公里。全国固定互联网宽带接入用户58 965万户，比上年末增加5 386万户，其中100M速率及以上的宽带接入用户55 380万户，增加5 513万户。蜂窝物联网终端用户18.45亿户，增加4.47亿户。互联网上网人数10.67亿人，其中手机上网人数10.65亿人。互联网普及率为75.6%，其中农村地区互联网普及率为61.9%。全年移动互联网用户接入流量2 618亿GB，比上年增长18.1%。全国电话用户总数186 286万户，其中移动电话用户168 344万户。移动电话普及率为119.2部/百人。近年来，我国IPv6规模部署成效显著。随着IPv6互联网"高速公路"的全面建成，IPv6与5G、人工智能、云计算等新一代信息技术的融合创新不断推进，广泛赋能各行业的数字化转型。IPv6提升着我国互联网的承载能力和服务水平，也为未来网络创造新的发展空间。数据显示，截至2021年12月底，我国IPv6活跃用户数达6.08亿，2022年底突破7亿。

2020年4月20日，国家发展改革委将卫星互联网作为通信网络基础设施的代表之一，纳入新基建信息基础设施的范畴。作为我国信息通信发展的新抓手之一，卫星互联网的集中性布局即将拉开序幕。卫星互联网是基于卫星通信的互联网，通过卫星规模组网，构建具备实时处理信息能力的大卫星系统，主要用来提供宽带互联网接入等通信服务，其覆盖范围广，传输时延达几十毫秒级别，与4G网络相当。同时，在建设周期相近的情况下，卫星互联网相比5G基站部署具有一定的成本优势。卫星轨道资源是有限的，卫星公司需要采取申报的方式向相关机构申请使用资格。目前，国际规则中的轨道资源主要以"先占先得"的方式进行分配，后申报方不能对先申报方的卫星产生不利干扰；申报者还必须在申报资源后的一段时间内发射卫星，启用所申报的资源，否则预定的资源会失效。很明显，卫星互联网的发展必然导致空间轨道资源的竞争加剧。截至2022年5月，包括OneWeb、O3b、SpaceX、Telesat等在内的多家国外企业已推出卫星互联网计划。其中，SpaceX公司拥有目前最多的商业卫星数量，其重点打造的Starlink（星链）计划将在LEO、极低轨分别发射4 425、7 518颗卫星进行组网，已经在轨的卫星数达到482颗。自2017年以来，我国也相继启动了多个卫星星座计划，包括航天科技的鸿雁星座、航天科工的虹云工程、国电高科的天启星座等。预计到2029年，全球近地轨道将部署约5.7万颗低轨卫星，其中美国将占据80%以上的卫星数量，而我国低轨卫星数目将位列第二。①

工业互联网是互联网基础设施关键的应用领域，是高质量发展的重要引擎。工业互联网的本质和核心在于，通过工业互联网平台把设备、生产线、工厂、供应商、产品和客户紧密地连接、融合起来，帮助制造业拉长产业链，形成跨设备、跨系统、跨厂区、跨地区的互联互通，从而提高效率，推动整个制造服务体系智能化，推动制造业融通发展，实现制造业和服务业之间的跨越发展，使工业经济的各种要素资源能够高效共享。工业互联网是新一代信息通信技术与工业经济深度融合所形成的全新产业和

① 刘暾．卫星互联网＋5G构建天地一体化信息网络[N]．中国电子报，2020-06-05(7)．

应用生态，通过对人、机、物的全面连接，对工业数据的全面深度感知、实时传输交换、快速计算处理，实现智能控制、运营优化和生产组织方式变革。工业互联网集关键基础设施、全新产业生态和新型应用模式于一身，具有提升“双链”（产业链、供应链）稳定性、竞争力的显著优势，体现了互联网从消费领域向生产领域拓展的变革力量，是实现创新驱动发展、促进产业转型升级、发展数字经济的重要着力点。从2018年开始，历次政府工作报告均有提及工业互联网。2018年，“发展工业互联网平台”首次写入政府工作报告；2019年明确提出“打造工业互联网平台，拓展‘智能＋’，为制造业转型升级赋能”；2020年提到“发展工业互联网，推进智能制造”；2021年提出要“发展工业互联网，搭建更多共性技术研发平台，提升中小微企业创新能力和专业化水平”；2022年提出要“加快发展工业互联网，培育壮大集成电路、人工智能等数字产业，提升关键软硬件技术创新和供给能力”；2023年指出“支持工业互联网发展，有力促进制造业数字化智能化”。另外，2018年5月31日，工业和信息化部印发《工业互联网发展行动计划（2018—2020年）》；2020年12月22日，工业和信息化部印发《工业互联网创新发展行动计划（2021—2023年）》；2021年通过的《“十四五”规划纲要》提出，在重点行业和区域建设若干国际水准的工业互联网平台和数字化转型促进中心；2022年，工业和信息化部发布《5G全连接工厂建设指南》，推动“5G＋工业互联网”融合应用从典型场景向生产现场系统性建设转变，此举也标志着“5G＋工业互联网”由起步探索阶段迈向深耕细作阶段。

3. 制造业核心竞争力的关键技术：芯片

芯片的英文名字是“chip”，也就是半导体元件产品的统称。芯片是集成电路（IC）的载体，主要由晶圆分割而成。一般来说，用精细工艺做出来的半导体，都是芯片，但是里面并不一定有电路。无论芯片是用在军事上，还是用在民用工业上，芯片都是所有电器的最核心部分。世界芯片市场主要由美国控制，美国大概占了90％的市场份额，也就是说，全球的芯片主要是由英特尔（Intel）、英伟达（Nvidia）这样的美国公司来生产和供货，这两家公司合计瓜分了全球90％左右的市场份额，大约分别是75％和15％。还有一些互联网公司也开始研发芯片，例如谷歌的Pixel 3系列安全芯片。最近几年，中国的公司也开始加速研发和生产芯片，最厉害的应该是华为和中兴这样的大公司，还有寒武纪、商汤科技和依图科技等公司。其中，华为的麒麟芯片（主要由华为海思公司负责）年销售额达到了500亿元，其他公司在芯片上的研发和生产情况比较一般，很少有较成熟的产品或技术面世。芯片研发是一个技术密集型的领域，需要大量的优质工程师，相对而言，中国的人才优势还有待发挥。在美国，大约有85万人从事芯片相关的工作，而中国只有5万多人从事芯片相关工作。现在中国的目标就是力争成为世界第二大芯片研发和生产的国家，而这需要一个复杂和漫长的人才培养过程。

半导体技术是数字时代的一项基础性技术。大数据、人工智能、自动驾驶和5G等新技术要渗透到社会的各个角落，仅依靠算法和软件还远远不够。如果缺乏性能卓越的半导体,就难以造出低能耗、高效率地处理庞大数据和复杂计算的硬件,数字驱动经济发展将是纸上谈兵。相对于美国而言,中国的芯片研制水平依然有较大的差距,但是,中国在芯片方面是最具市场潜力的国家,这也是世界同业者的共识,只要中国政策举措得当,未来的竞争主动权必将掌握在中国手中。2022 年,德国《商报》发表题为《芯片之争,中国绝非无能为力》的评论文章。文章指出,中国是世界上最大的芯片市场,而美国希望通过切断芯片供应让中国陷入停滞,迫使中国屈服,这"并不能很好地发挥作用"。因为在芯片之争中,中国绝非像美国一些所谓的"战略家"认为的那样无能为力。①

2021 年 4 月 12 日,美国总统约瑟夫·拜登(Joseph Biden)在一场与大企业高管讨论全球芯片短缺问题的会议上表示,在为半导体行业提供资金的立法方面,他得到了两党支持。拜登说:"今天我收到了一封 23 名两党参议员和 42 名两党众议员联署的来信,他们都支持美国芯片计划。"作为半导体复兴计划的一部分,拜登将敦促国会在半导体制造和研究上投资 500 亿美元,旨在让制造业重新成为美国经济增长的引擎和高薪岗位来源。美国在全球芯片制造中的比重从 1990 年至今不断萎缩,且仍有下降趋势,而按照业内分析,美国的芯片需求将显著增加,亚洲国家和地区在芯片研发方面有超越美国的势头,白宫为此感到担忧。美国波士顿咨询公司的一项分析得出结论:美国半导体制造的成本比中国高 50%。参加此次峰会的 19 家大企业包括通用汽车、福特汽车、美国电话电报公司、美国美敦力、戴尔、英特尔、荷兰恩智浦半导体公司、韩国三星电子、韩国美光和台积电等。② 在半导体峰会上,美国半导体行业协会(SIA)总裁约翰·诺伊弗(John Neuffer)对此表达了担忧:"1990 年,美国生产的半导体占世界的 37%,如今只有 12%。此次半导体峰会是一次绝佳的机会,让我们能够一起讨论有效解决这一问题的长期方案。"SIA 称,美国半导体公司销售额占全球芯片销售总额的 47%,但产量仅占全球产量的 12%。这是由于美国企业将大部分制造业务外包给了海外公司。因此,如何大力发展美国本土制造,成为美国政府关注的重点。③

2021 年 4 月 19 日,在清华大学建校 110 周年之际,习近平总书记专程考察了清华大学,提出了建设世界一流大学的要求。2021 年 4 月 22 日,在清华大学举行的集成电路学院成立仪式上,清华大学党委书记陈旭说:"学校成立集成电路学院是贯彻落实总书记重要讲话精神、服务国家战略的坚决行动,也是加强集成电路学科建设、奋力迈向世界一流大学前列的关键部署,彰显学校坚持国家至上、矢志勇挑重担的精神风貌和价值追求。"清华大学成立集成电路学院,就是要集中精锐力量投向关键核心技术主战场,加快培养国家急需的高层次创新人才,勇于攻克"卡脖子"的关键核心技术,为实现集成电路学科国际领跑、支撑我国集成电路事业自主创新发展作出关键

---

① 张佳欣. 德媒:芯片之争,中国绝非无能为力[N]. 科技日报,2021-04-09(4).

② 沈从. 美国图谋芯片本土化制造[N]. 中国电子报,2021-04-16(8).

③ 华凌. 面向国家重大战略需求,清华大学集成电路学院成立[N]. 科技日报,2021-04-23(2).

贡献。[1]

4. 大数据构建起智能时代的数字世界

2015 年 9 月，国务院发布《促进大数据发展行动纲要》。纲要指出，大数据是以容量大、类型多、存取速度快、应用价值高为主要特征的数据集合，正快速发展为对数量巨大、来源分散、格式多样的数据进行采集、存储和关联分析，从中发现新知识、创造新价值、提升新能力的新一代信息技术和服务业态。大数据技术起源于 2000 年前后互联网的高速发展。伴随着时代背景下数据特征的不断演变以及数据价值释放需求的不断增加，大数据技术已逐步演进成针对大数据的多重数据特征，围绕数据存储、处理、计算的基础技术，同配套的数据治理、数据分析应用、数据安全流通等助力数据价值释放的周边技术组合起来形成的整套技术生态。如今，大数据技术已经发展成为覆盖面庞大的技术体系。[2] 数据将人与人、人与世界连接起来，构成一张繁密的网络，每个人都在影响世界，而每个人也在被他人影响。我们每天都在用数据书写自己浩瀚的“生活史”。与传统意义上“数字记录”的定义不同，这种数据是有“生命”的。这种记录不是客观、绝对的数字测量，也不是一板一眼的历史写作。它更像是我们身体的一种自然延伸：倾听我们的声音，拓宽我们的视力，加深我们的记忆，甚至组成一个以数据形式存在的“我”。如果说智能手机已成为人类的“新器官”，那么数据就是这个“新器官”所接收到的“第六感”，处理这种“第六感”的“新大脑”正是冉冉升起的人工智能。[3] 大数据的特征主要体现为以下五个方面。一是量级大。相对于传统数据的存储方式而言，大数据不是同一个量级上的大小之分，而是几何量级上的差距。二是大数据的呈现多维度。大数据可以对一个事物进行多方位的描述，从而更准确。三是处理非结构化数据的能力。结构化数据中最基本的数字、符号等可以用固定的字段、长短和逻辑结构保存在数据库中，并用数据表的形式向人类展示。但是，互联网时代产生了大量非结构化数据，对于图片、视频、音频等内容来说，它们的数据增长量很快，据推测将占到未来新生数据总量的 90%。非结构化数据的数量远超结构化数据，蕴含巨大能量，应用前景广阔。四是大数据作为生生不息的“流”，具有时间性。它过去了就不再回来，就像人无法两次踏进同一条河流。这一方面是因为数据量巨大，无法全部存储；另一方面，大数据和人类生生不息的行动有关，瞬息万变。百度公司曾经提出了“时空数据”的概念，可以说，地图就是时空大数据之母，如百度地图等。五是大数据的“大”表现为无尽的重复。这也是最重要的一点。对于语音识别来说，正因为人们重复讲述同样的语句，机器反复接收同样的语句，机器通过反复识别这些人类语音的细微差别，才能全面掌握人类语音。也正因为人们周而复始的各种活动，

---

① 华凌. 面向国家重大战略需求，清华大学集成电路学院成立[N]. 科技日报，2021-04-23(2).

② 中国信息通信研究院. 大数据白皮书(2020 年)[EB/OL]. (2020-12-31)[2023-03-15]. http://www.100ec.cn/detail--6581622.html.

③ 李彦宏，等. 智能革命——迎接人工智能时代的社会、经济与文化变革[M]. 北京：中信出版社，2017:4,73-74.

系统才能捕捉城市运动的规律。“重复”的数学意义是“穷举”。以往人类无法通过穷举法来把握一件事情的规律，只能采取“取样”来估计，或者通过观察用简单明了的函数来代表事物规律，但大数据让穷举法这种“笨办法”变得可能了。[①]

为全面、准确评估世界各国的国家数字竞争力差异与影响因素，2019 年 6 月 15 日，腾讯研究院联合中国人民大学统计学院指数研究团队，重磅发布历时一年的研究成果《国家数字竞争力指数研究报告(2019)》。该报告以国家竞争优势理论为基础，提出了由数字基础设施、数字资源共享、数字资源使用、数字安全保障、数字经济发展、数字服务民生、数字国际贸易、数字驱动创新、数字服务管理、数字市场环境等十个要素构成的国家数字竞争力理论模型，对比分析了 139 个国家 2000 年至 2018 年数字竞争力发展状况。该报告显示，以全球数字竞争力直接排名来看，2018 年美国以 86.37 分位列第一，中国以 81.42 分紧随其后，韩国、新加坡、日本分别位列第三至五名，英国、德国、瑞典、法国、挪威分别位列第六至十名。自 20 世纪 90 年代以来，美国紧抓数字革命的机遇，创造了多年的经济繁荣，欧洲、日本等地区和国家也紧跟美国脚步积极推进数字革命，产生了巨大的成效。美国在 18 年中曾有 15 年均在数字竞争力榜单中排在第一名，新加坡在 2007 年、2009 年、2010 年超越美国，短暂夺得第一名宝座。中国从 2017 年(78.30 分)的位列全球第八上升至 2018 年的第二，并且连续两年成为前十名中唯一的发展中国家。从中美两国对比来看，美国在数字安全保障等要素上实力出众，中国则在数字国际贸易要素上有突出表现。中美两国在数字资源共享、数字资源使用及数字经济发展等要素上保持齐平，但是在数字基础设施和数字市场环境要素上，中国处于劣势，与美国差距较大。随着数字化技术日益向经济社会渗透，未来国家竞争力越来越体现为各国对数字资源的配置和利用能力。数字竞争力赋予了国家竞争力新的内涵，是未来核心竞争力所在。[②] 2020 年 9 月，德国柏林欧洲高等商学院(ESCP)欧洲数字竞争力中心发布了各国 2020 年数字竞争力上升情况报告。该报告根据世界经济论坛全球竞争力报告中的数据，分析并比较了过去 3 年来全球各国在数字竞争力方面所发生的变化。研究者将一个国家的数字竞争力简化定义为同等权重的十个方面，包括资金的可利用性、开办企业的成本、开办企业的时间、雇用外国劳工的容易程度、毕业生技能、活跃人群中的数字技能、对创业风险的态度、劳动力多元化、移动宽带订阅和拥护颠覆性想法的公司，然后通过查阅《全球竞争力报告》，分析 2017—2019 年间各国在上述十个方面的排名的绝对累积变化，直观地比较了 140 个国家/地区的数字竞争力的变化情况。ESCP 的研究表明，尽管美国通常被认为是数字化领先的国家，但在过去三年中，它并不是充满活力的数字推动者，其数字竞争力的十个方面排名累计后退了 33 位。与此相反，中国则显著受益于数字化的进步，数字竞争力的十个方面在过去三年里排名累计上升了 52 位。研究认

---

① 李彦宏，等.智能革命——迎接人工智能时代的社会、经济与文化变革[M].北京：中信出版社，2017：73-74.

② 腾讯研究院.国家数字竞争力指数研究报告(2019)[R/OL].(2019-06-19)[2022-04-15]. https://www.logclub.com/articleInfo/NzkxNy1jNzc5ODZmMA==? dc=0.

为，数字竞争力的领先者有一个共同点，即都结合了对数字化和企业家精神的长期愿景，有全面、快速实施的计划。①

2017年12月8日，十九届中央政治局就实施国家大数据战略进行第二次集体学习。习近平总书记在主持学习时强调，大数据发展日新月异，我们应该审时度势、精心谋划、超前布局、力争主动，深入了解大数据发展现状和趋势及其对经济社会发展的影响，分析我国大数据发展取得的成绩和存在的问题，推动实施国家大数据战略，加快完善数字基础设施，推进数据资源整合和开放共享，保障数据安全，加快建设数字中国，更好服务我国经济社会发展和人民生活改善。大数据是信息化发展的新阶段。随着信息技术和人类生产生活交汇融合，互联网快速普及，全球数据呈现爆发增长、海量集聚的特点，对经济发展、社会治理、国家管理、人民生活都产生了重大影响。

当今时代，大数据已成为国家基础性战略资源，正日益对全球生产、流通、分配、消费活动以及经济运行机制、社会生活方式和国家治理能力产生重要影响。同时，大数据还是推动经济转型发展的新动力，重塑国家竞争优势的新机遇，提升政府治理能力的新途径。世界各国都把推进经济数字化作为实现创新发展的重要动能，在前沿技术研发、数据开放共享、隐私安全保护、人才培养等方面做了前瞻性布局。在全球范围内，运用大数据推动经济发展、完善社会治理、提升政府服务和监管能力正成为趋势，有关发达国家相继制定实施大数据战略性文件，大力推动大数据发展和应用。中国将发挥市场在资源配置中的决定性作用，加强顶层设计和统筹协调，大力推动政府信息系统和公共数据互联开放共享，加快政府信息平台整合，消除信息孤岛，推进数据资源向社会开放，增强政府公信力，引导社会发展，服务公众企业，加大大数据关键技术研发、产业发展和人才培养力度，着力推进数据汇集和发掘，深化大数据在各行业创新应用，促进大数据产业健康发展，科学规范利用大数据，切实保障数据安全，加快建设数据强国。

2021年3月颁布的《“十四五”规划纲要》专题用一篇部署“加快数字化发展 建设数字中国”。其中明确提出：“充分发挥海量数据和丰富应用场景优势，促进数字技术与实体经济深度融合，赋能传统产业转型升级，催生新产业新业态新模式，壮大经济发展新引擎”，“实施‘上云用数赋智’行动，推动数据赋能全产业链协同转型。在重点行业和区域建设若干国际水准的工业互联网平台和数字化转型促进中心，深化研发设计、生产制造、经营管理、市场服务等环节的数字化应用，培育发展个性定制、柔性制造等新模式，加快产业园区数字化改造。深入推进服务业数字化转型，培育众包设计、智慧物流、新零售等新增长点。加快发展智慧农业，推进农业生产经营和管理服务数字化改造”，“适应数字技术全面融入社会交往和日常生活新趋势，促进公共服务和社会运行方式创新，构筑全民畅享的数字生活”，“坚持放管并重，促进发展与规范管理相统一，构建数字规则体系，营造开放、健康、安全的数字生态。”在未来的经济、社会、政治、文化、教育消费、生态、安全、法治等各个领域，数据将成为人们经济社会

① 李山.数字竞争力此消彼长，数字化转型不进则退[N].科技日报，2020-09-11(2).

行动的基本范式。

5. 万物互联重塑人类社会的链接方式

万物互联核心技术就是物联网，它是通过射频识别(RFID)、感知感应系统、空间定位系统、移动通信系统、云计算、激光扫描器等信息传感设备，按约定的协议，把任何物品与互联网相连接，进行信息交换和通信，以实现对物品的智能化识别、定位、跟踪、监控和管理的网络体系。一般来说，物联网经历了三个发展阶段。第一阶段：物联网连接大规模建立阶段。越来越多的设备在放入通信模块后通过移动网络、Wi-Fi、蓝牙、RFID、ZigBee 等连接技术连接入网。在这一阶段，网络基础设施建设、连接建设及管理、终端智能化是核心。第二阶段：大量连接入网的设备状态被感知，产生海量数据，形成了物联网大数据。在这一阶段，传感器、计量器等器件进一步智能化，多样化的数据被感知和采集，汇集到云平台进行存储、分类处理和分析。该阶段的主要投资机会在 AEP 平台、云存储、云计算、数据分析等。第三阶段：人工智能对物联网产生的数据进行智能分析，物联网行业应用及服务将体现出其核心价值。在该阶段，物联网数据将发挥出最大价值。从技术角度来看，标准的物联网系统可以大致分为四个层面：感知识别层、网络构建层、管理服务层、综合应用层。智慧城市、数字政府等平台建设主要基于这一架构。

中国通信研究院发布的《物联网白皮书(2020 年)》显示，全球物联网仍保持高速增长，物联网领域仍具有巨大的发展空间。根据全球移动通信商协会(GSMA)发布的《2020 年移动经济》(*The Mobile Economy 2020*)报告，我国当前物联网连接数全球占比高达 30%，预计到 2025 年，我国物联网连接数将达到 80.1 亿，年复合增长率达 14.1%；全球物联网总连接规模将达到 246 亿，年复合增长率高达 13%；全球物联网的收入将增长到 1.1 万亿美元(约人民币 7.7 万亿元)，年复合增长率高达 21.4%。[①] 据工业和信息化部有关消息，截至 2022 年底，我国移动物联网用户连接数达 18.45 亿户，比 2021 年底净增 4.47 亿户，占全球总数的 70%；我国移动网络的终端连接总数已达 35.28 亿户，其中代表“物”连接数的移动物联网终端用户数较移动电话用户数高 1.61 亿户，占移动网终端连接数的比重达 52.3%。我国已经初步形成窄带物联网(NB-IoT)、4G 和 5G 多网协同发展的格局，网络覆盖能力持续提升。其中，窄带物联网规模全球最大，实现了全国主要城市乡镇以上区域连续覆盖；4G 网络实现全国城乡普遍覆盖；5G 网络已覆盖全部的县城城区。移动物联网终端应用于公共服务、车联网、智慧零售、智慧家居等领域的规模分别达 4.96 亿、3.75 亿、2.5 亿和 1.92 亿户，行业应用正不断向智能制造、智慧农业、智能交通、智能物流以及消费者物联网等领域拓展。[②] “十四五”时期，中国将面向重点场景实现移动物联网网络深度覆盖，形

---

① 中国信息通信研究院：物联网白皮书(2020 年)[R/OL].(2020-12-10)[2022-05-15]. http://www.caict.ac.cn/kxyj/qwfb/bps/202012/P020201215379753410419.pdf.

② 王政. 我国移动物联网连接数占全球 70%[N]. 人民日报，2023-01-30(1).

成固移融合、宽窄结合的基础网络，加快移动物联网技术与千行百业的协同融合，推动经济发展提质增效、社会服务智能高效、百姓生活方便快捷。

全球物联网正处于高速发展的关键期，从核心技术支撑和关键特征来看，物联网规模化会经历三个发展期。一是爆发前期。从2016年物联网专有网络出现、巨头纷纷入局物联网，到2020年5G网络加快部署、巨头拓展物联网生态、行业规模化连接出现显著效果、物联网与新技术融合初显成效，物联网具备了较强的产业能量和市场预期，但受限于成熟的产业探索需要时间培育、供给侧和需求侧的平衡需要不断磨合、供给侧的互补需要合作共赢等因素，物联网必将长期处于爆发前夜。二是爆发期。经过长期的产业和市场培育，供给侧与需求侧基本实现平衡，更多的行业边界开始模糊化，横向数据流范围增大，数据价值在产业收益中的占比明显增大，物联网部署实施要素逐步完善，高价值应用不断开花，物联网基础设施实现局部整合。三是全面爆发期。需求侧成为拉动物联网的主力，物联网应用需求与基础设施实现解捆绑，泛在、可定义、统一化基础设施建立，积木式物联网应用搭建模式普及，基础设施与应用循环迭代，剧本持续升级能力。当前，物联网产业仍处在爆发前期向爆发期的过渡阶段，爆发前期仍将持续数年。①

6. 人工智能跃居新一轮科技革命与产业变革的主导地位

我们正在见证的是一个计算机和数字化崛起的时代，这是人类历史大潮中持久的、必经的一个过程，而人工智能是将大潮推向下一个高点的动力。它将开辟一个新时代，给我们的产业、技术等经济社会各个层面带来持久、长远的革命性影响。说到底，这一次人工智能革命将让我们人类整体用完全不同于以往的方式往前走，书写崭新的历史。人工智能是引领这一轮科技革命和产业变革的战略性技术，溢出带动性很强，“头雁”效应明显。在移动互联网、大数据、超级计算、传感网、脑科学等新理论、新技术的驱动下，人工智能加速发展，呈现出深度学习、跨界融合、人机协同、群智开放、自主操控等新特征，正在对经济发展、社会进步、国际政治经济格局演变等方面产生重大而深远的影响。

人工智能（Artificial Intelligence，AI）出现的历史早于互联网，与计算机产生的历史相伴，大致经历了六个演进阶段。第一，起步发展期（20世纪50年代至60年代初期）。自从“图灵测试”以及达特茅斯会议提出人工智能概念后，人工智能领域相继取得了一批令人瞩目的研究成果，掀起人工智能发展的第一个高潮，有人称之为“黄金时期”。第二，反思发展期（20世纪60年代初期至70年代初期）。在这一时期，人工智能发展初期的突破性进展大大提升了人们对人工智能的期望，人们开始尝试更具挑战性的任务，并提出了一些不切实际的研发目标。其后，接二连三的失败和预期目标的落空，使人工智能的发展走入低谷。第三，应用发展期（20世纪70年代初期至

① 中国信息通信研究院：物联网白皮书（2020年）[R/OL].（2020-12-10）[2022-05-15]. http://www.caict.ac.cn/kxyj/qwfb/bps/202012/P020201215379753410419.pdf.

80年代中期)。20世纪70年代出现的专家系统模拟人类专家的知识和经验解决特定领域的问题,实现了人工智能从理论研究走向实际应用、从一般推理策略探讨转向运用专门知识的重大突破。专家系统在医疗、化学、地质等领域取得成功,推动人工智能走入应用发展的新高潮。第四,低迷发展期(20世纪80年代中期至90年代中期)。随着人工智能的应用规模不断扩大,专家系统存在的应用领域狭窄、缺乏常识性知识、知识获取困难、推理方法单一、缺乏分布式功能、难以与现有数据库兼容等问题逐渐暴露出来。第五,稳步发展期(20世纪90年代中期至2010年)。在这一时期,网络技术特别是互联网技术的发展,加速了人工智能的创新研究,促使人工智能技术进一步走向实用化。1997年,国际商业机器公司(IBM)的超级计算机"深蓝"战胜了国际象棋世界冠军加里·基莫维奇·卡斯帕罗夫(Гарри Кимович Каспаров);2008年,IBM提出"智慧地球"的概念。以上都是这一时期的标志性事件。第六,蓬勃发展期(2011年至今)。随着大数据、云计算、互联网、物联网、移动通信、空间地理信息等信息技术的发展,泛在感知数据和图形处理器等计算平台推动以深度神经网络为代表的人工智能技术飞速发展,大幅跨越了科学与应用之间的"技术鸿沟",图像分类、语音识别、知识问答、人机对弈、无人驾驶等人工智能技术实现了从"不能用、不好用"到"可以用、广泛用"的技术突破,计算机深度学习迎来爆发式增长的新高潮。

2017年7月,国务院印发《新一代人工智能发展规划》(以下简称《人工智能规划》),明确指出如下几点。

(1)经过六十多年的演进,特别是在移动互联网、大数据、超级计算、传感网、脑科学等新理论新技术以及经济社会发展强烈需求的共同驱动下,人工智能加速发展,呈现出深度学习、跨界融合、人机协同、群智开放、自主操控等新特征。大数据驱动知识学习、跨媒体协同处理、人机协同增强智能、群体集成智能、自主智能系统成为人工智能的发展重点,受脑科学研究成果启发的类脑智能蓄势待发,芯片化硬件化平台化趋势更加明显,人工智能发展进入新阶段。

(2)人工智能是引领未来的战略性技术,世界主要发达国家把发展人工智能作为提升国家竞争力、维护国家安全的重大战略,加紧出台规划和政策,围绕核心技术、顶尖人才、标准规范等强化部署,力图在新一轮国际科技竞争中掌握主导权。人工智能成为国际竞争的新焦点。

(3)人工智能作为新一轮产业变革的核心驱动力,将进一步释放历次科技革命和产业变革积蓄的巨大能量,并创造新的强大引擎,重构生产、分配、交换、消费等经济活动各环节,形成从宏观到微观各领域的智能化新需求,催生新技术、新产品、新产业、新业态、新模式,引发经济结构重大变革,深刻改变人类生产生活方式和思维模式,实现社会生产力的整体跃升。人工智能成为经济发展的新引擎。

(4)人工智能在教育、医疗、养老、环境保护、城市运行、司法服务等领域广泛应用,将极大提高公共服务精准化水平,全面提升人民生活品质。人工智能带来社会建设的新机遇。

《人工智能规划》进一步明确我国人工智能发展分三步走的战略目标:第一步,到

2020 年人工智能总体技术和应用与世界先进水平同步，人工智能产业成为新的重要经济增长点，人工智能技术应用成为改善民生的新途径；第二步，到 2025 年人工智能基础理论实现重大突破，部分技术与应用达到世界领先水平，人工智能成为带动我国产业升级和经济转型的主要动力，智能社会建设取得积极进展；第三步，到 2030 年人工智能理论、技术与应用总体达到世界领先水平，成为世界主要人工智能创新中心，智能经济、智能社会取得明显成效，为跻身创新型国家前列和经济强国奠定重要基础。为加快发展先进制造业，推动人工智能和实体经济深度融合，落实"中国制造 2025"和《人工智能规划》部署，工业和信息化部于 2017 年 12 月印发《促进新一代人工智能产业发展三年行动计划(2018—2020)》，进一步明确了新一代人工智能发展的具体目标、发展重点、关键领域、推进路径、保障措施等。

2018 年 10 月 31 日，十九届中央政治局就人工智能发展现状和趋势举行第九次集体学习。习近平总书记在主持学习时强调，加快发展新一代人工智能是我们赢得全球科技竞争主动权的重要战略抓手，是推动我国科技跨越发展、产业优化升级、生产力整体跃升的重要战略资源。我国经济已由高速增长阶段转向高质量发展阶段，正处在转变发展方式、优化经济结构、转换增长动力的攻关期，迫切需要新一代人工智能等重大创新添薪续力。要深刻认识加快发展新一代人工智能的重大意义，加强领导，做好规划，明确任务，夯实基础，促进其同经济社会发展深度融合，推动我国新一代人工智能健康发展。人工智能具有多学科综合、高度复杂的特征。我们必须加强研判，统筹谋划，协同创新，稳步推进，把增强原创能力作为重点，以关键核心技术为主攻方向，夯实新一代人工智能发展的基础。2020 年 3 月 19 日，中央全面深化改革委员会第七次会议审议通过了《关于促进人工智能和实体经济深度融合的指导意见》。不难看出，人工智能与实体经济深度融合是促进我国经济高质量发展的核心驱动力，是促进产业变革及新旧动能转换的重大战略。作为新一轮科技革命的重要代表，人工智能正由技术研发走向行业应用，形成从宏观到微观各领域智能化新实践，逐步渗透到制造、交通、医疗、金融、零售、金融等多个行业。人工智能发展催生出新技术、新产品、新产业、新业态、新模式，为产业变革带来新动力，为新阶段经济发展注入新动能。凭借高融合性、强赋能性，人工智能有望成为中国经济实现供给侧与需求侧协同改革的重要引擎，助推中国经济实现由高速发展向高质量发展跃迁。[①]

2020 年 10 月 22 日，中国科学技术发展战略研究院联合国内外十余家机构在浦江创新论坛发布《中国新一代人工智能发展报告 2020》(中英文版)。根据报告数据，2019 年，中国共发表人工智能论文 2.87 万篇，比上年增长 12.4%，在人工智能领域各顶级国际会议上的活跃度和影响力不断提升。在全球近五年前 100 篇人工智能论文高被引论文中，中国产出占 21 篇，居第二位。在自动机器学习、神经网络可解释性方法、异构融合类脑计算等领域都涌现了一批具有国际影响力的创新性成果。中国

---

① 华夏幸福产业研究院.《关于促进人工智能和实体经济深度融合的指导意见》解读[EB/OL].(2020-01-09)[2022-08-15]. http://news.21csp.com.cn/c16/202001/11392413.html.

人工智能专利申请量在2019年超过3万件，比上年增长52.4%。报告分析认为，中国人工智能区域发展与国家区域战略高度协同、相互促进，区域要素汇聚加速人工智能产业引领。京津冀、长三角和粤港澳大湾区已成为我国人工智能发展的三大区域性引擎，三大区域人工智能企业总数占全国的83%，成渝城市群、长江中游城市群也展现出人工智能发展的区域活力，产业集聚区初显区域引领和协同作用。2019年，中国人工智能学科和专业建设持续推进，180所高校获批新增人工智能本科专业，北京大学等11所高校新成立了人工智能学院或研究院。据报告观察，2019年，美国、德国、日本、韩国、俄罗斯等国均强化人工智能发展战略迭代，对其国家人工智能战略进行了更新，以更好迎接快速发展的人工智能科技创新和经济社会发展新形势。人工智能对科技、产业和社会变革的巨大潜力也得到全球更多国家认同，16个国家新发布了国家人工智能发展战略或计划，另外，至少还有18个国家正在筹备制定其人工智能发展计划。

长期以来，中国积极推进与各国在人工智能领域的合作，以更加开放的姿态推动人工智能发展。中国人工智能国际合作论文数量持续增长，中美两国处于全球人工智能科研合作网络和产业投资网络的中心，在全球人工智能合作网络中发挥了积极作用。2021年4月8日，人工智能全球最具影响力学者——AI2000榜单揭晓。榜单显示，在上榜学者的国家分布中，美国占有绝对优势，达1 159人次，占比57.95%；中国在学者规模上位列第二，为225人次，占比11.25%。在AI2000榜单上榜学者的机构分布中，前十大机构分别为谷歌、微软、麻省理工学院、斯坦福大学、卡耐基-梅隆大学、脸书(Facebook)、加州大学伯克利分校、华盛顿大学、清华大学和康奈尔大学。清华大学是上榜的唯一国内机构。通过对AI2000国家研究热度的趋势分析，可以发现当前热度前十的国家分别是中国、美国、德国、英国、加拿大、日本、法国、意大利、澳大利亚、韩国。从全局热度来看，美国早期就有着领先优势并一直保持着最高的热度，中国的研究热度近年来赶超美国。①

7. 移动通信助力实现世界万物互联智联

移动通信是进行无线通信的现代化技术，是电子计算机、移动互联网与人工智能发展的重要成果之一。它是沟通移动用户、固定用户、物与物之间的覆盖范围包括陆海空领域的移动通信方式。移动通信以1986年第一代通信技术(1G)的发明为开端，经过三十多年的爆发式增长，快速地走过了第一、二、三、四代技术的发展历程，目前，已经迈入了第五代(5G)。1G到4G解决了人与人连接的问题，5G则开启了万物互联的时代。同4G相比，5G传输速率提高了10～100倍，峰值速率达到10Gbps，时延低至1毫秒，能够实现每平方公里100万的海量连接。这分别对应着三大技术场景，即增强移动宽带、大规模移动通信、高可靠和低时延。5G技术有望在超高宽带个人消费、车联网、远程控制、工业互联网和城市智能体等领域率先得到应用。

① 操秀英. 2021年人工智能全球最具影响力学者榜单发布[N]. 科技日报，2021-04-12(6).

中国最早上马移动通信是在 20 世纪 80 年代中叶，至今已经走过三十多年的历程。三十多年来，中国移动通信行业取得了令世界震惊的成就，第五代技术已经达到了世界领先地位，并于 2019 年 6 月正式投入商用。5G 的技术性能目标主要是高数据速率、减少延迟、节省能源、降低成本、提高系统容量和大规模设备连接，其应用将给人们的生活带来颠覆性的变革。根据预测，2030 年，我国 5G 间接拉动的 GDP 数额将增长到 3.6 万亿元。[①] 经过多年努力，我国 5G 网络建设稳步推进，网络基础设施更加坚实，多网协同格局初步建立。工业和信息化部最新统计显示，截至 2022 年底，我国移动通信基站总数达 1 083 万个，全年净增 87 万个，成为全球首个基于独立组网模式规模建设 5G 网络的国家。我国已经初步形成窄带物联网（NB-IoT）、4G 和 5G 多网协同发展的格局，网络覆盖能力持续提升。其中，窄带物联网规模全球最大，实现了全国主要城市乡镇以上区域连续覆盖；4G 网络实现全国城乡普遍覆盖；5G 网络已覆盖全部的县城城区。[②] 同时，我国 5G 实现了"上山入地"的愿景。在海拔 8 848 米高的珠峰之巅，建成 5G 基站，实时传送登山队登顶的超高清画面；在 530 米深的地下煤矿，也有 5G 信号，为无人挖掘铺路搭桥。2023 年 2 月 27 日至 3 月 2 日，由全球移动通信系统协会主办的 2023 世界移动通信大会在西班牙巴塞罗那举行。全球移动通信系统协会首席执行官约翰·霍夫曼（John Hoffman）对《科技日报》记者表示："中国已建成全球规模最大、技术领先的 5G 网络基础设施，拥有全球数量最多的 5G 用户。"[③]据权威媒体消息，2020 年 6 月，3GPP 在深圳召开第八十三届全体会议，华为创始人任正非获 79 国支持，当选全球 5G 标准协会主席。任正非当选意味着华为登上 5G 技术链、价值链的高端，华为作为 5G 技术的原创研发者，将在全球标准建设方面拥有更多的话语权，其核心技术将主导全球的 5G 技术发展。

2021 年 1 月 20 日 0 时 25 分，我国在西昌卫星发射中心用长征三号乙运载火箭，成功将天通一号 03 星发射升空。在为中国航天发射带来 2021 年开门红的同时，这一盛事也标志着我国首个卫星移动通信系统建设取得重要进展。天通一号 03 星是中国航天科技集团五院通信与导航总体部自主研制的第三颗移动通信卫星。它在轨交付后，将与天通一号 01 星、02 星组网运行，并与 5G 融合发展，为我国及周边、中东、非洲等相关地区，以及太平洋、印度洋大部分海域用户，提供全天候、全天时、稳定可靠的话音、短消息和数据等移动通信服务。[④]

2020 年之后，随着 5G 网络规模化商用，全球针对 6G 研发的战略布局已全面展开。芬兰发布了 6G 白皮书——《面向 6G 泛在无线智能的驱动与主要研究挑战》，对 6G 的愿景和技术应用进行了系统性展望。韩国提出"引领 6G 商业化"的目标，计划到 2028 年实现全球第一个 6G 商用。日本发布 B5G 推进战略，目标是 2025 年完成

---

① 刘坤. 适度超前发展 5G，将怎么做——访中国信息通信研究院副院长王志勤[N]. 光明日报，2021-01-28(10).

② 王政. 我国移动物联网连接数占全球 70%[N]. 人民日报，2023-01-30(1).

③ 颜欢，许海林. 中国技术助力全球可持续发展[N]. 人民日报，2023-03-03(17).

④ 付毅飞. 天通一号 03 星发射，我首个卫星移动通信系统建设取得重要进展[J]. 科技日报，2021-01-21(3).

6G 基础技术研究,2030 年实现商用。美国也从 2018 年开始研究 6G,前期研究成果有 6G 芯片。中国在《"十四五"规划纲要》中明确提出,要"前瞻布局 6G 网络技术储备",并先后成立了国家 6G 技术研发推进工作组和总体专家组、IMT-2030(6G)推进组,推进 6G 各项工作的开展。

6G 时代将搭建一个"空天地"一体化的信息网络,其中空间卫星网络至关重要,而空间低轨轨道和频率资源又相对有限,因此,"十四五"期间,我国应加快布局低轨卫星的全球互联组网,并全面梳理"空天地"一体化网络和业务,提炼出核心关键技术和需要的产品,进行技术攻关。科学家预测,按照十年一代的更新速度,预计到 2030 年左右,6G 可以投入商用。2021 年 4 月 16 日,美国总统拜登和日本首相菅义伟在华盛顿会晤后发布的一份声明显示,两国同意共同投资 45 亿美元,美国已承诺为此提供 25 亿美元,日本承诺提供 20 亿美元,集中投资于安全网络和先进信息通信技术的研究、开发、测试和部署,开发被称为 6G 或"超越 5G"的下一代通信技术,并在空天海地一体化通信特别是卫星互联网通信方面开展研究实践。① 5G 混战硝烟未散,6G 大战将要登场,这对于我国同样又是一场严峻的挑战。

2021 年 4 月 26 日,中国卫星网络集团有限公司成立大会在北京举行,国务委员王勇出席并讲话。他强调,组建中国卫星网络集团有限公司,是立足国家战略全局、顺应科技产业变革大势的重大举措。要坚持以习近平新时代中国特色社会主义思想为指导,认真落实党中央、国务院决策部署,牢牢把准公司定位和发展方向,扎实做好公司组建发展各项工作,加快推动我国卫星互联网事业高质量发展,在立足新发展阶段、贯彻新发展理念、构建新发展格局中展现更大担当作为。2023 年 3 月,在 2023 全球 6G 技术大会上,中国移动通过《6G 网络架构技术白皮书》提出并系统阐述了 6G 网络"三体四层五面"的架构总体设计,为 6G 体系化创新提供了有力的支撑。面向未来,6G 将成为沟通物理世界和数字世界的桥梁,将和人工智能、大数据、云计算、泛在感知等新一代信息技术加速融合,构建空天地一体的全球无缝立体覆盖,最终实现网络无所不达、智能无所不及。②

8. 注视地理空间变化的"千里眼":空间信息技术

解决与地球空间信息有关的数据获取、存储、传输、管理、分析与应用等问题的信息系统,在应用方面包括空间信息管理系统和服务系统。空间信息技术(Spatial Information Technology,SIT)是 20 世纪 60 年代兴起的一门新兴技术,70 年代中期以后在我国得到迅速发展。空间信息技术的内容主要涵盖地理信息系统(Geographic Information System,GIS)、遥感技术(Remote Sensing,RS)、全球定位系统(Global Positioning System,GPS)和数字地球技术(Digital Earth,DE),同时,结合计算机技术、人工智能、通信技术等新科技,进行空间数据的采集、量测、分析、存储、

① 刘晶. 发展 6G 正当其时[N]. 中国电子版,2022-05-31(7).

② 刘艳. 新型网络架构为 6G 体系化创新提供支撑[N]. 科技日报,2023-03-27(2).

管理、显示、传播和应用等。其中，联合国卫星导航委员会已认定的供应商有四大定位系统：美国的导航系统(Global Positioning System，GPS)、欧洲的伽利略定位系统(Galileo Positioning System)、俄罗斯的格洛纳斯系统(Global Navigation Satellite System，GLONASS)以及中国的北斗系统(BeiDou Navigation Satellite System，BDS)。

北斗卫星导航系统是中国着眼于国家安全和经济社会发展需要，自主建设、独立运行的卫星导航系统，是为全球用户提供全天候、全天时、高精度的定位、导航和授时服务的国家重要空间基础设施，是中国自行研制的全球卫星导航系统。北斗系统秉持“中国的北斗、世界的北斗、一流的北斗”发展理念，在全球范围内实现广泛应用，赋能各行各业，融入基础设施，进入大众应用领域，深刻改变着人们的生产生活方式，成为经济社会发展的时空基石，为卫星导航系统更好服务全球、造福人类贡献了中国智慧和中国力量。

北斗卫星导航系统由空间段、地面段和用户段三部分组成，可在全球范围内全天候、全天时为各类用户提供高精度、高可靠的定位、导航、授时服务。北斗工程从20世纪90年代开始启动。1994年，北斗一号系统工程立项；2003年，北斗一号系统建成，我国成为继美、俄之后第三个拥有自主卫星导航系统的国家；2004年，北斗二号卫星工程立项；2009年12月，北斗三号立项；2012年，成功建成国际上首个混合星座区域卫星导航系统，北斗卫星导航系统正式提供区域服务，北斗系统成为国际卫星导航系统四大服务商之一；2018年12月27日，北斗三号基本系统正式向“一带一路”国家和地区及全球提供基本导航服务；2019年12月底，全球系统核心星座部署完成；2020年6月23日，在西昌卫星发射中心用长征三号乙运载火箭将第55颗(最后一颗)北斗三号组网卫星成功送入预定轨道。至此，北斗三号全球卫星导航系统星座部署全面完成。这意味着，中国北斗正式走出中国，走向世界，将为全球用户提供基本导航(定位、测速、授时)、全球短报文通信、国际搜救等服务。

北斗系统的发展经历了从区域到全球的跨越，服务定位精度、系统稳定性、功能全面性不断提升，已成为国家重要的空间基础设施，全面支撑了国家安全和经济社会发展的需要。[①] 2022年5月18日，中国卫星导航定位协会在北京发布的《2022中国卫星导航与位置服务产业发展白皮书》显示，2021年，我国卫星导航与位置服务产业总体产值达到4 690亿元，较2020年增长16.29%。我国卫星导航与位置服务产业以技术体系创新和应用模式创新为主线，积极推动“北斗＋”融合创新和“＋北斗”时空应用发展，在推进传统基础设施和新型基础设施建设，打造系统完备、高效实用、智能绿色、安全可靠的现代化基础设施体系，打造智能交通、智慧能源、智慧农业及水利、智能制造、智慧教育等数字化应用场景等方面，已发挥出重要的时空赋能作用，为我国数字经济的发展赋予强大的生命力。

---

① 张蕾，王斯敏.“中国北斗”这样一路走来[N].光明日报，2020-07-03(7).

9. 占据创新制高点的新兴领域：区块链

2019年10月24日，十九届中央政治局就区块链技术发展现状和趋势进行第十八次集体学习。习近平总书记在主持学习时强调，区块链技术的集成应用在新的技术革新和产业变革中起着重要作用。我们要把区块链作为核心技术自主创新的重要突破口，明确主攻方向，加大投入力度，着力攻克一批关键核心技术，加快推动区块链技术和产业创新发展。区块链技术应用已延伸到数字金融、物联网、智能制造、供应链管理、数字资产交易等多个领域。目前，全球主要国家都在加快布局区块链技术发展。我国在区块链领域拥有良好基础，要加快推动区块链技术和产业创新发展，积极推进区块链和经济社会融合发展。

区块链是分布式数据存储、点对点传输、共识机制、加密算法等计算机技术的新型应用模式。它本质上是一个去中心化的数据库，是一串使用密码学方法相关联产生的数据块，每一个数据块中包含了一批次比特币网络交易的信息，用于验证其信息的有效性(防伪)和生成下一个区块。区块链起源于比特币，2008年11月1日，一位自称中本聪(Satoshi Nakamoto)的人发表了《比特币：一种点对点的电子现金系统》一文，第一次提出了"区块链"的概念。在随后的几年中，区块链作为所有交易的公共账簿，成为比特币这种电子货币的核心组成部分。通过利用点对点网络和分布式时间戳服务器，区块链数据库能够进行自主管理，为比特币而发明的区块链使它成为第一个解决重复消费问题的数字货币。区块链分公有区块链、联合(行业)区块链和私有区块链三大类型，主要有去中心化、开放性、独立性、安全性、匿名性等特征。我国要抓住区块链技术融合、功能拓展、产业细分的契机，发挥区块链在促进数据共享、优化业务流程、降低运营成本、提升协同效率、建设可信体系等方面的作用，促进我国数字经济的发展。

第一，区块链是奠定我国数字经济发展基础的关键技术。数字经济的价值在于将传统的固化于"点"的价值转变为"链网"价值，这意味着在数字世界实现价值传递非常重要。互联网可以做到信息互通却无法传递价值，而区块链能够对数据的所有权进行确权，解决了物理世界物品唯一性和数字世界中复制边际成本为零的矛盾，实现了从物理世界物品到数字世界的唯一映射问题，基于此，价值得以顺利传递和转移。基于数字资产的可信流转，区块链技术未来将从以信用为核心的产业渗透扩张开来，形成覆盖各类产业的"区块链+"新业态，实现对于数字经济的全方位赋能。

第二，区块链是促进产业生态融合创新的重要纽带。经济数字化转型，不仅是将各类经济主体活动迁移到数字世界，其本质在于通过数字世界实现不同主体间数据的连接和共享，从而打通物理世界隔阂，创建互联互通的经济体系。如果没有分布式共识技术，经济的数字化转型很可能只能局限在有限个体的有限内部，导致数字化的价值无法充分释放。区块链将为产业链上下游等各类主体间进行生产协同、信息共享、资源整合、柔性管理提供保障，从而促成经济数字化转型中最大限度的合作与共创，逐步实现分布式的、无边界的资源配置模式和生产方式，带动经济发展降本增效，并极大促进跨界创新的产生。

第三，区块链是打造可信数字化商业模式的坚强保障。商业和公共服务的数字化转型正在为我国居民提供更加便利的数字生活体验和数字服务体系，然而在迅猛发展的消费互联网背后，依然存在着很多亟待解决的问题和危机。区块链技术可追溯、不易篡改的特征，将大大降低商业模式创新过程中产生的各类风险，消除居民数字化生活中存在的安全隐患；同时基于其信任体系保障，生活数字化转型的领域和场景不断扩大，将为民众创造更多数字化生活福利。

第四，区块链是实现数字经济高效治理的底层基座。复杂多样的经济活动与商业模式创新，以及新冠疫情等不确定性事件的发生，对政府的协调、决策和应急响应能力提出了重大挑战。区块链的分布式共识技术特点有利于促使治理相关方进行数据共享和流通，将分散且滞后的信息系统化、实时化，进而全面提升政府的管理、服务、统筹协调能力，不仅实现"一网通办"，更能够联合多方力量增强政府在各领域的精益管理能力。同时，基于区块链智能合约可以实现多人同时报送、多方全局确认的新模式，有利于建立公开透明、参与度高的社会监管体系，增强民众对于政府治理的信任度和美誉度，提升政府公信力。

第五，区块链是引领我国数字技术突破创新的重要力量。区块链研究是信息科学领域的新兴交叉课题，当前我国在这一新赛道处于国际领先位置，有充分资格争取该领域的规则制定权。区块链技术完全有基础、也有能力成为中国科技自立自强的重要支撑，在我国发力原始创新智能革命的浪潮中成为实现超越式发展的重要支柱力量。[①]

区块链作为重要的新型基础设施，必将支撑起政务、民生、金融、产业、供应链、社会治理等诸多领域的全面变革。区块链产业的发展必须通过与实体经济深度融合，推动产业实现转型升级、提质增效。区块链和产业深度融合的过程，也是"链改"的过程。在融入经济社会发展的过程中，区块链将沿着思维逻辑、资产形态、组织方式和技术框架四个层次演进，进而为经济和社会发展赋能。2020 年 4 月，《中共中央 国务院关于构建更加完善的要素市场化配置体制机制的意见》出台，其中，数据要素市场化是最大的增量突破，也是我国经济体制改革的重要领域。这些都反映了我国在全球亟须深化数字经济发展的大背景下，从数字经济大国转变为数字经济强国的坚定决心。而区块链正是通过解决数据的确权、定价、流通，从而成为实现这一目标的重要工具。区块链的可追溯性使得数据从采集、交易、流通到计算分析的每一步记录都可以留存在区块链上，通过技术信任（可以叠加中心化信任）最终实现数据确权，从而破解数据要素的一系列难题。区块链在数据的确权、定价、交易、安全共享、隐私保护等方面具有无可替代的作用，将成为数字经济的基础设施。2020 年，全国共有 23 个省（自治区、直辖市）将区块链写入政府工作报告，并制定了区块链产业发展规划。同时，政府部门、金融机构、科技巨头、创业公司等纷纷推出了区块链平台和项目，涉及

① 杨树，杨光，梁才. 大力发展区块链技术，做好数字经济"新基建"[N]. 科技日报，2022-02-22(8).

政务、金融、贸易、物流、知识产权、社交、消费、农业、制造业等多个领域。[①]

人类社会由工业社会进入智能社会,经济形态也由商品经济转型为数字经济。作为人类货币形式发展的必然产物,数字货币正向我们走来,我们正处于数字货币发展的时代风口之上,这既是一种机遇,也蕴藏着风险。区块链技术作为数字货币的基座和核心技术,已经引起了各界的广泛关注。数字货币是电子货币形式的替代货币,是一种基于节点网络和数字加密算法的虚拟货币。数字货币的核心特征体现为三个方面:由于来自某些开放的算法,数字货币没有发行主体,没有任何人或机构能够控制它的发行;由于算法解的数量确定,故数字货币的总量固定,这从根本上消除了虚拟货币滥发导致通货膨胀的可能;由于交易过程需要网络中的各个节点的认可,数字货币的交易过程足够安全。2019 年 6 月 18 日,由全球社交网络巨头脸书主导的数字货币 Libra 测试网在 GitHub 开源上线,并发布白皮书。Libra 是以区块链为基础、有真实的资产担保、有独立的协会治理的全球货币,货币单位为 Libra(已更名为 Diem)。Libra 的出现引发了全球的关注与讨论,在定位上,它是全球性的数字货币。随着世界货币向数字化转型,牙买加体系基本上结束,新的世界货币体系正在重建,全球"货币战争"进入新的阶段。这种私人数字货币(即非官方数字货币)的出现,不但引发了国际金融组织的密切关注,而且刺激许多国家的中央银行加快官方数字货币的设计进程。其原因在于:各国中央银行担心,一旦 Libra(Diem)成为一种超主权货币,将影响或架空本国的货币发行权和金融监管权,乃至对本国金融体系形成风险冲击。[②]

作为在数字货币探索上全球领先的国家之一,在未来,中国将继续扩大数字人民币项目试点范围。我国数字人民币的设计主要是用于国内零售的支付,但在条件成熟、市场有需求的情况下,利用数字人民币进行跨境交易也是可以实现的。在前期,中国人民银行数字货币研究所与香港金融管理局就数字人民币在内地和香港地区的跨境使用进行了技术测试,这是一次数字人民币试点的常规性研发测试工作。在国内,数字人民币正在多个地区试用。总体上来讲,参与机构和参与地区的反应是正面的、积极的。目前,中国通过推出央行数字货币已经构建起了新的中心化的数字货币场景,也在逐渐创造新的数字货币生态,在世界范围内已经建立起了先发优势。一是中国社会已经习惯了"二维码支付"这种数字化支付方式,很容易适应央行数字货币的使用模式;二是中国具有举国体制的优势,能够充分进行顶层设计,通过"发红包"的方式循序渐进地带动各方进入数字货币的使用场景,这是其他国家所不具备的条件。在未来,中国可以通过数字货币在国际贸易、国际投资领域创造新形态,届时,人民币实现国际化就会水到渠成。

2020 年 4 月 17 日,中国人民银行数字货币研究所正式宣布,数字人民币研发工作正稳妥推进,并先行在深圳、苏州、雄安新区、成都及未来的冬奥场景进行内部封闭

---

① 吴桐.建立完善稳健的基础设施,加速区块链于产业深入融合[N].中国电子报,2021-01-22(3).

② 何德旭,苗文龙.怎么看数字货币的本质和作用[N].经济日报,2021-03-15(10).

试点测试。在2021年3月20日举办的中国发展高层论坛上，中国人民银行数字货币研究所专家表示，在可预见的将来，纸币、电子支付和数字人民币将同时共存。2022年3月，中国人民银行召开数字人民币研发试点工作座谈会，会议要求，按照“十四五”规划部署，坚持稳中求进工作总基调，各负其责、通力协作，稳妥推进数字人民币研发试点。有序扩大试点范围，在现有试点地区基础上增加天津市、重庆市、广东省广州市、福建省福州市和厦门市、浙江省承办亚运会的6个城市作为试点地区，北京市和河北省张家口市在2022年北京冬奥会、冬残奥会场景试点结束后转为试点地区。坚持“双层运营”架构，充分发挥指定运营机构的优势作用，加大试点应用和生态体系建设力度。加强安全和风险防控体系建设，完善相关法规制度和标准体系，深化理论问题研究，不断夯实数字人民币研发试点基础。① 中国人民银行的数据显示，近年来，我国已先后选择15个省份的部分地区开展数字人民币试点，并综合评估确定了10家指定运营机构。截至2022年8月底，试点地区累计交易笔数3.6亿笔、金额1 000.4亿元，支持数字人民币的商户门店数量超过560万个。数字人民币在批发零售、餐饮文旅、教育医疗、公共服务等领域已形成一大批涵盖线上线下、可复制可推广的应用模式。②

10. 决定未来的前沿科技：量子科技

2020年10月16日，十九届中央政治局就量子科技研究和应用前景举行第二十四次集体学习。习近平总书记在主持学习时强调，要充分认识推动量子科技发展的重要性和紧迫性，加强量子科技发展战略谋划和系统布局，把握大趋势，下好先手棋。量子力学是人类探究微观世界的重大成果。量子科技发展具有重大科学意义和战略价值，是一项对传统技术体系产生冲击、进行重构的重大颠覆性技术创新，将引领新一轮科技革命和产业变革方向。

早在20世纪80年代，美国著名物理学家理查德·菲利普·费曼(Richard Philips Feynman)提出了按照量子力学规律工作的计算机的概念，这被认为是最早的量子计算机的构想，此后科技界就没有停止过探索。近年来，量子计算机领域频频传来重要进展：美国霍尼韦尔公司表示已研发出64量子体积的量子计算机，性能是上一代的两倍；2020年底，中国科学技术大学潘建伟教授等人成功构建76个光子的量子计算机“九章”；2021年2月初，我国本源量子计算公司负责开发的中国首款量子计算机操作系统“本源司南”正式发布……从某种意义上说，我国在量子计算领域稳居第一梯队。作为“未来100年内最重要的计算机技术”“第四次工业革命的引擎”，量子计算对于很多人来说，就像是属于未来的黑科技，代表着人类技术水平在想象力所及范围之内的巅峰。世界各国纷纷布局量子计算，在取得不同成就后证实，量子计算

① 吴秋余. 数字人民币试点范围再次扩大[N]. 人民日报，2022-04-03(4).

② 吴秋余. 数字人民币累计交易金额超千亿元[N]. 人民日报，2022-10-21(2).

虽然一直“停在未来”，但“未来可期”。[①]

我国在量子通信领域一直保持着领先者的地位。2001 年，潘建伟回到中国科学技术大学，在中科院、国家自然科学基金委和科技部等主管部门的经费支持下，开始筹建实验室，组建研究团队。2011 年，量子科学实验卫星正式立项；2013 年，“京沪干线”立项。量子保密通信在中国的发展如火如荼。2016 年 8 月 16 日，“墨子号”量子科学实验卫星发射成功。随后，“墨子号”量子卫星在国际上率先实现了千公里级星地双向量子纠缠分发、星地高速量子密钥分发、地星量子隐形传态三大科学目标，标志着我国在量子通信领域跻身国际领先地位。潘建伟团队在量子通信领域已经代表中国实现了由“跟跑”向“并跑”和“领跑”的跨越。2017 年 9 月 29 日，世界首条远距离量子保密通信骨干网线“京沪干线”正式开通。“京沪干线”正在为探索量子通信干线业务运营模式进行技术验证，已在金融、电力等领域初步开展了应用示范并为量子通信的标准制定积累了宝贵经验。2019 年 1 月，美国科学促进会宣布，潘建伟领衔的“墨子号”量子科学实验卫星科研团队被授予 2018 年度克利夫兰奖。这是克利夫兰奖设立 90 余年来，中国科学家在本土完成的科研成果首次获得这一荣誉。

2021 年 1 月 7 日，中国科学技术大学潘建伟及其同事陈宇翱、彭承志等与中国科学院上海技术物理研究所王建宇研究组、济南量子技术研究院及中国有线电视网络有限公司合作，在国际学术期刊《自然》杂志上发表了题为《跨越 4 600 公里的天地一体化量子通信网络》的论文，证明了广域量子保密通信技术在实际应用中的条件已初步成熟。同日，中国科学技术大学宣布，中国科研团队成功实现了跨越 4 600 公里的星地量子密钥分发，此举标志着我国已成功构建出天地一体化广域量子通信网络，这也是全球首个星地量子通信网，为未来实现覆盖全球的量子保密通信网络奠定了科学与技术基础。[②] 2022 年 1 月 17 日，中国科学技术大学郭光灿院士团队，韩正甫教授及其合作者王双、银振强、何德勇、陈巍等于《自然 · 光子学》在线发表重要成果：实现 833 公里光纤量子密钥分发，将安全传输距离世界纪录提升了 200 余公里。相比于国内外其他研究团队的工作，该成果不仅将光纤量子密钥分发距离从 500 多公里大幅提升至 833 公里，而且将安全码率提升了 50～1 000 倍，为实现千公里量级陆基广域量子保密通信网络迈出重要一步。[③] 2023 年 3 月，《中国电子报》报道，北京量子信息科学研究院袁之良团队首创量子密钥分发开放式新架构，采用光频梳技术，成功实现 615 公里光纤量子通信。该架构在确保量子通信安全性的同时，能大幅降低系统建设成本，为我国建设多节点广域量子网络奠定基础。[④] 2023 年 3 月 14 日，记者从中国科学技术大学获悉，该校潘建伟院士、徐飞虎教授等与中科院上海微系统与信息技术研究所等单位的科研人员合作，通过发展高保真度集成光子学量子态调控、高计数率超导单光子探测等关键技术，首次在国际上实现百兆比特率的实时量子密钥

---

① 吴长峰.比超级计算机快百万亿倍，仅是量子计算“星辰大海”的第一步[N].科技日报，2021-02-25(5).

② 常河，丁一鸣.我国构建全球首个星地量子通信网[N].光明日报，2021-01-08(1).

③ 常河，桂运安.833 公里！我国光纤量子密钥分发距离创世界纪录[N].光明日报，2022-01-20(8).

④ 张漫子.我国科学家首创开放式新架构实现 615 公里光纤量子通信[N].中国电子报，2023-03-10(1).

分发(QKD),实验结果将此前的成码率纪录提升了一个数量级。[①]

11.构建新世界的基本材料科技:纳米技术

纳米技术也称毫微技术,它是应用单个原子、分子制造物质的科学技术,主要研究领域是结构尺寸在1～100纳米范围内材料的性质和应用。纳米材料是指在三维空间中至少有一维处于纳米尺度范围(1～100纳米)或由它们作为基本单元构成的材料,大约相当于10～100个原子紧密排列在一起的尺度。在纳米尺度范围内,一个分子片段接着分子片段,甚至是一个原子接着一个原子,纳米技术不仅将重建物理世界,也将重建我们的身体和大脑。[②] 纳米技术具有增强人类行为的潜力,可以助力人类实现对资源、能源和食物的可持续索取,可以保护人们免受未知的细菌和病毒的侵害,甚至是(通过为全人类创造幸福生活)消除破坏和平的缘由。同时,纳米科学技术是以许多现代先进科学技术为基础的跨领域科学技术,它是动态科学和混沌物理、智能量子、量子力学、介观物理、分子生物学等现代科学以及计算机、微电子和扫描隧道显微镜、核分析等现代技术结合的产物。在发展过程中,纳米科学技术又催生了一系列新的科学技术,例如纳米物理学、纳米生物学、纳米化学、纳米电子学、纳米加工技术和纳米计量学等。用纳米材料制作的器材重量更轻、硬度更强、寿命更长、维修费更低、设计更方便。利用纳米材料还可以制作出特定性质的材料或自然界不存在的材料,制作出生物材料和仿生材料。纳米技术与信息技术、生物技术共同构成当今世界高新技术的三大支柱,纳米技术已被公认为是最重要、发展最快的前沿领域之一。它汇聚了现代多个学科领域在纳米尺度的焦点科学问题,孕育着新一轮科技革命的曙光和原始创新的机遇。同时,纳米科学与技术对我们的生产、生活也将产生巨大的影响,"纳米+"的效应正在渗透到千家万户,纳米平台作用正在塑造现代产业结构的全新链条。

当前,人们所了解的纳米产业一般包括纳米材料、纳米生物医药、纳米制造、纳米化工等传统产业,或者认为只是诸如此类的行业才较广泛地应用了纳米技术成果。随着纳米科学与技术的深入发展,纳米技术本身所具备的"纳米+"的属性,使其日益渗透到经济社会的方方面面,主要集中在材料和制备、微电子和计算机技术、医学与健康、航天和航空、环境和能源、生物技术和农产品等领域。总体看来,当前的纳米科技产业除了涵盖纳米材料、纳米器件、微纳加工和纳米检测四大核心环节构成的产业链条以外,还涉及越来越多的产业领域和技术成果。纳米技术的突破以及纳米科技产业的蓬勃发展,正在对传统产业结构的改造升级与战略性新兴产业的培育发展产生广泛而深远的影响。

2019年8月17日,第八届中国国际纳米科学技术会议在北京召开。会上发布了《纳米科学与技术:现状与展望2019》白皮书。白皮书显示,从研究机构规模及影响方

---

① 吴长锋.我国实现百兆比特率量子密钥分发[N].科技日报,2023-03-15(1).

② 雷·库兹韦尔.奇点临近[M].李庆诚,董振华,田源,译.北京:机械工业出版社,2011:136.

面看，在全球排名前十的机构中，中国囊括了其中六席，中国科学院包括其下属的研究所和国家重点实验室在内，纳米相关研究的分数式计量排名第一，远远领先于前十大机构中的其他机构，紧随其后的是美国斯坦福大学和德国马普学会；从科学技术研究方面看，从 2012 年到 2018 年，自然指数中的纳米论文总数从约 6 900 篇增加到 10 500 篇左右，年复合增长率为 7.3%，增长速度明显高于自然指数中所有原始研究论文的整体增长水平。其中生命科学领域的纳米论文从 2012 年的约 610 篇增加到 2018 年的 1 560 篇左右，翻了一倍有余，在物理、化学、材料、生命四大研究领域中增速最快，材料科学领域的纳米论文增速位居第二。中国、美国、日本、德国、韩国、英国、法国、澳大利亚等八个纳米科学研究大国在 1990 年到 2018 年间的纳米科学出版物的增长情况显示，八个国家的纳米科学论文发表数量均呈现增长态势，其中以中国的增长最为明显；从产业化应用方面看，纳米材料和纳米技术的应用规模正在不断壮大。在美国专利商标局和欧洲专利局注册的所有商标中，2017 年的纳米技术专利数占全部专利数的 2.5%左右，全球纳米技术市场规模在 2016 年达到 392 亿美元，2016—2021 年的年复合增长率为 18%。预计到 2024 年，纳米技术对世界经济的贡献将超过 1 250亿美元。①

进入 21 世纪，我国纳米材料产业进入稳定健康的发展阶段，各种涉及纳米材料的相关产业法规、标准陆续出台，纳米行业从业者的外部环境逐渐变好，竞争更加有序。我国纳米材料行业的主要应用领域分布在传统工业、电子信息产业、环保产业、能源、化工、建筑、机械制造、机器人制造、电子设备制造、航天航空、国防、生命科学（含生物医学、药学以及人类健康等）等重要领域。我国纳米新材料产业总产值已由 2010 年的 0.65 万亿元增至 2015 年的近 2 万亿元，再增至 2019 年的 5 万亿元。2022 年 4 月，国家发展改革委批复同意《粤港澳大湾区打造纳米产业创新高地建设方案》，并相应成立粤港澳大湾区国家纳米科技创新研究院，推动粤港澳大湾区加快建成纳米技术创新及应用示范区和国际一流的纳米产业创新高地。7 月初，粤港澳大湾区国家纳米科技创新基地开园暨纳米产业联盟启动活动在广州举行，50 多家粤港澳大湾区纳米产业链上下游企业、科研院所共同发起粤港澳大湾区纳米产业创新联盟。2022 年下半年，研究院已引进 5 个院士项目团队，孵化出 5G 滤波器、无机纳米防火材料、基于稀土发光材料的交流 LED 技术、全息混合显示技术纳米光学器件等 30 多个项目，成功孵化 12 家高科技企业，申请国际和国内专利 230 项，形成近千人的研发团队，构建起纳米科技创新全链条。②

（二）重大关键科技领域发生颠覆性变革，汇聚智能革命的强大合力

智能革命推动人类社会走进 21 世纪，展现出与 18—20 世纪工业革命不同的景

---

① 丁佳．纳米科技 中国“雄起”——纳米科学与技术 2019 白皮书发布[EB/OL]．(2019-08-18)[2022-07-15]．https://news.sciencenet.cn/htmlnews/2019/8/429478.shtm.

② 叶青．大湾区纳米产业联盟成立 50 家企业、院所共建良性生态圈[N]．科技日报，2022-07-12(7)．

象，那就是科学技术革命在核心共性科技的推动下，几乎是在全方位地同时发生着颠覆性变革，其中与人类社会经济活动直接关联的，诸如新材料、新能源、新生命科学、航空航天、深海技术等关键领域及其应用都展现出全新的形态与功能，从而汇聚成新时代智能革命的强大驱动力。

1. 新材料技术奠定现代制造业技术底盘

新材料是支撑现代制造业的物质基础，也是我国七大战略性新兴产业之一。在新一轮科技革命和产业变革驱动下，新材料技术不断取得新突破，新材料和新物质结构不断涌现，全球新材料产业保持快速增长态势。2017 年 6 月 22 日，习近平总书记在山西考察时强调："新材料产业是战略性、基础性产业，也是高技术竞争的关键领域，我们要奋起直追、迎头赶上。"与发达国家相比，我国新材料产业起步较晚、基础薄弱。经过不懈努力，我国在体系建设、产业规模、技术进步、集群效应等方面取得了较大进步，已成为名副其实的材料大国。特别是近年来，我国新材料产业发展势头十分强劲，涌现出不少产值过百亿、具有核心竞争力、创新能力强的特大型企业，形成了一批产业配套齐全的新材料产业集群，还有众多中小型新材料企业发展起来，我国新材料产业已经走上了自主创新、科学发展、合作共赢的快车道。与其他产业一样，提升新材料的产业基础能力也正当其时。为推动新材料产业高质量发展，支撑制造强国战略实施，2017 年 12 月，中国工程院正式启动"'新材料强国 2035'战略研究"重大咨询项目，旨在对我国新材料产业发展进行顶层设计，强化基础创新，突破关键核心技术，补齐新材料的短板，完善新材料产业链配套。新材料已经成为国家竞争力的关键领域和核心技术。

我们今天所说的"新材料"，一般指 20 世纪 80 年代以来全球高新技术和新兴产业快速发展催生的新一代材料。根据我国发展需求，新材料可分为先进基础材料、关键战略材料和前沿新材料。先进基础材料是在传统的钢铁、水泥、玻璃等材料基础上新发展的材料。比如，超级钢通过创新工艺让钢的内部结构发生变化，从而实现超长寿命服役，这对航空航天、轻型汽车、高速列车等结构材料的更新换代意义重大。目前，我国在该领域是领跑者。关键战略材料如心脏支架，体积虽小但材料科技含量高，要同时具有自适应血管弹性、抗内膜增生、体内无毒降解、可携带血栓药物等功能。前沿新材料是指正在研发的材料。比如，目前最薄、最坚硬、导电性和导热性最好的材料石墨烯，已在传感器、新能源电池以及海水淡化等领域表现出强劲的发展势头。我国在石墨烯领域的专利数和产业化程度在国际上处于领先地位。[①] 同时必须看到，中国虽然是材料大国，在一些领域走在世界前列，但目前还不是材料强国。2018 年，全国新材料产值约为 3.64 万亿元，2020 年已接近 4 万亿元，材料领域论文发文量以及专利数量均位居世界第一，但支撑保障能力不够，研究产业基础能力也不足。目前，我国新材料产业受制于人的问题非常突出。244 种关键的新材料中，有 13

---

① 李元元. 新材料——现代化强国的重要物质基础[N]. 人民日报，2022-06-07(20).

种处于国际领先位置，39 种属于国际先进，但和国际差距很大的还有 101 种，存在巨大差距的还有 23 种，而且很难在短期内追赶上。

现阶段，全球高端材料的技术壁垒日趋呈现，材料的垄断性也越来越强，如美国铝业掌握了飞机专用金属材料 80%的专利，美国杜邦则控制了芳纶纤维 90%的产能。放眼全球，美国制定了一系列的高温合金计划，日本在新材料领域也进行了高温超导、纳米、功能化等十大尖端新材料的产业规划，俄罗斯、欧盟等国家和地区都在发展相关产业。我国国家重大战略需求也依赖关键材料技术及产业的突破，包括无线宽带通信技术工程、移动互联网工程、云计算与大数据工程、物联网及智慧城市等。所需的传感材料发展呈现出低维化、功能化、复合化、材料器件应用的一体化等特征，但传感材料已成为上述领域重要的限制性环节。此外，我国集成电路中低端通用芯片对外依存度为 80%，高端芯片对外依存度为 90%。因此，我国必须努力将新材料核心技术掌握在自己手里，就像高铁的相关核心技术那样。

稀土材料是我国的战略优势资源，精制导武器、静音潜艇、雷达、微波通信、电子战系统等，均离不开稀土材料。卫星、飞船、先进战机以及所有的新能源汽车、机器人等，也需要稀土的支持。汽车上的 100 多种零部件用的都是稀土材料，包括发光、储氢、催化、永磁等。尤其是永磁伺服小电机，汽车上就用了几十个这种电机，一个面部表情机器人也需要 24 个小电机。目前，我国双相复合永磁材料的研发已经处于全球前列。磁动力是重要的新型动力体系，轨道交通中的 1 000 千瓦永磁同步大电机已经研发成功，这些都是稀土材料领域的重点。① 稀土已经成为中国与美国等主导国家之间博弈的又一战场。

石墨烯是目前世界上已知的最薄、最坚硬、导电性和导热性最好的材料，被称为“会改变世界的材料”。2016 年 8 月，《自然 · 纳米技术》杂志发表了北京大学和香港理工大学科学家的最新研究成果，这项突破性成果通过调整、改进制备方法，将石墨烯薄膜的生产速度提高了 150 倍，为石墨烯的大规模应用奠定了基础。石墨烯奇特的二维单原子层纳米结构不但赋予其高比表面积和大径厚比的优点，而且将优异的电子传输速率、超导的导热系数和优秀的力学性能集于一身，使其成为风靡全球的超级材料。我国的石墨烯研究与产业化起步稍晚于欧美国家，但后劲十足、整体发展迅速，目前我国石墨烯技术发明专利和公开发表科技论文总量稳居世界首位，其中专利受理数量占世界总量的 46%，科技论文占世界总量的 1/3，大幅领先于其他国家和地区。同时，据统计，2015 年，我国石墨烯粉体和薄膜的年均生产能力已分别达到 400 吨和 11 万平方米。我国已经成为世界石墨烯研究和产业化非常重要的技术大国，正在向石墨烯研发强国迈进。我国石墨烯矿储量占世界总量的 75%，石墨是我国少有的具有国际竞争优势的矿产之一。石墨烯制备和应用技术的成熟和产业化将为我国传统材料产业的结构优化和升级提供绝佳的机会。②

---

① 黄思维. 干勇院士：中国先进材料发展战略[J]. 高科技与产业化，2020(11)：16.

② 中国科学技术协会. 新科技知识干部读本(上)[M]. 北京：科学普及出版社，2016：11.

2. 能源革命驱动国家新能源结构战略转型

2014 年 6 月 13 日,习近平总书记主持召开中央财经领导小组第六次会议,研究我国能源安全战略。在会上,习近平总书记提出推动能源消费、能源供给、能源技术和能源体制四个方面的革命以及全方位加强国际合作。“四个革命、一个合作”是新时代能源安全国家战略的核心,是我国能源现代化建设的总方向,必须大力构建现代能源消费体系,全面建设现代化能源供给体系,加快培育现代能源科技创新体系,深入构建现代能源治理体系,持续打造现代能源国际合作体系。

2016 年 4 月 22 日,《巴黎协议》在纽约联合国总部开放签署,175 个国家签署了协定。《巴黎协议》的生效,对世界上最大的发展中国家——中国的能源转型发展形成前所未有的压力。作为全球第一大能源消费国、高碳能源结构的国家,我们必须加快从“相对强度排放”过渡到“碳排放总量达峰”,再到“碳排放总量绝对减排”的发展步伐。2020 年 12 月 12 日,习近平主席在气候雄心峰会上宣布:“到 2030 年,中国单位国内生产总值二氧化碳排放将比 2005 年下降 65%以上,非化石能源占一次能源消费比重将达到 25%左右,森林蓄积量将比 2005 年增加 60 亿立方米,风电、太阳能发电总装机容量将达到 12 亿千瓦以上。”2021 年 3 月,我国在《“十四五”规划纲要》中提出:“落实 2030 年应对气候变化国家自主贡献目标,制定 2030 年前碳排放达峰行动方案。完善能源消费总量和强度双控制度,重点控制化石能源消费。实施以碳强度控制为主、碳排放总量控制为辅的制度,支持有条件的地方和重点行业、重点企业率先达到碳排放峰值。推动能源清洁低碳安全高效利用,深入推进工业、建筑、交通等领域低碳转型。”2021 年 4 月 22 日,习近平主席以视频方式出席领导人气候峰会,并发表题为《共同构建人与自然生命共同体》的重要讲话,重申中国“力争 2030 年前实现碳达峰、2060 年前实现碳中和”的目标。这是中国基于推动构建人类命运共同体和实现可持续发展作出的重大战略决策。中国承诺的实现从碳达峰到碳中和的时间,远远短于发达国家所用时间,需要中国付出艰苦努力。中国将碳达峰、碳中和纳入生态文明建设整体布局,正在制定碳达峰行动计划,广泛深入开展碳达峰行动,支持有条件的地方和重点行业、重点企业率先达峰。中国将严控煤电项目,“十四五”时期严控煤炭消费增长、“十五五”时期逐步减少。此外,中国已决定接受《〈蒙特利尔议定书〉基加利修正案》,加强非二氧化碳温室气体管控,还将启动全国碳市场上线交易。

能源不仅关乎人类的生存环境问题,也是一个国家经济社会发展最为基础、关键的生产要素之一,是国民经济发展的血液。能源的生产、使用和效益在很大程度上影响了经济社会的发展模式与效率。近年来,中国能源发展取得显著成就。能源供应保障能力不断增强,能源节约和消费结构优化成效显著,能源科技水平快速提升,能源与生态环境友好性明显改善,能源治理机制持续完善。2020 年 12 月,国务院新闻办公室发布的《新时代的中国能源发展》白皮书显示,2019 年底,中国可再生能源发电总装机容量达到 7.9 亿千瓦,约占全球可再生能源发电总装机容量的 30%,其中风电和光伏发电分别为 2.1 亿千瓦和 2.04 亿千瓦。我国已形成较为完备的可再生能源技术产业体系，技术装备水平大幅提升。2020 年底，全国可再生能源发电装机总规模达到 9.3 亿千瓦，占总装机比重达到 42.4%，开发利用规模稳居世界第一；可再生能源发电装机规模较 2012 年增长 14.6 个百分点，其中，水电 3.7 亿千瓦、风电 2.8 亿千瓦、光伏发电 2.5 亿千瓦、生物质发电 2 952 万千瓦，分别连续 16 年、11 年、6 年和 3 年稳居全球首位。另外，我国可再生能源利用水平持续提升。2020 年，全国可再生能源发电量达到 2.2 万亿千瓦时，占全社会用电量的 29.5%，较 2012 年增长 9.5 个百分点，有力支撑我国非化石能源占一次能源消费比重达 15.9%的目标，如期实现 2020 年非化石能源消费占比达到 15%的庄严承诺。现在全国发电装机的 40%左右、发电量的 30%左右是可再生能源，全部可再生能源装机居世界第一位。[①] 国家能源局统计数据显示，2021 年，全国可再生能源发电装机规模历史性突破 10 亿千瓦，比 2015 年底实现翻番，占全国发电总装机容量的比重达到 43.5%。新能源年发电量首次突破 1 万亿千瓦时大关，继续保持领先优势。2022 年，我国可再生能源发展实现新突破，全国可再生能源新增装机 1.52 亿千瓦，占全国新增发电装机的 76.2%，已成为我国电力新增装机的主体；全国可再生能源发电量为 2.7 万亿千瓦时，占全国发电量的 31.3%和全国新增发电量的 81%，已成为我国新增发电量的主体；全国主要流域水能利用率为 98.7%，风电平均利用率为 96.8%，光伏发电平均利用率为 98.3%，持续保持高利用率水平。在世界可再生能源发展史上，从未有一个国家达到过和中国一样的高度。[②]

2022 年 5 月 14 日，国务院办公厅转发国家发展改革委、国家能源局《关于促进新时代新能源高质量发展的实施方案》。该实施方案旨在锚定到 2030 年我国风电、太阳能发电总装机容量达到 12 亿千瓦以上的目标，加快构建清洁低碳、安全高效的能源体系。具体来说，该实施方案从创新新能源开发利用模式、加快构建适应新能源占比逐渐提高的新型电力系统、支持引导新能源产业健康有序发展等 7 方面提出 21 项具体政策举措，提出切实可行和具备操作性的政策措施，为新能源又好又快发展保驾护航。[③]

3. 新生命科学推动新一轮生物产业变革

雷·库兹韦尔(Ray Kurzweil)曾预测，21 世纪的前半叶将被描绘成三种重叠进行的革命(GNR)，即基因技术(G)、纳米技术(N)和机器人技术(R)。这将预示着第五纪元的到来——奇点的开端。其中，基因技术是破解生命密码的钥匙，是 21 世纪新生命科学及其所推动的生物产业的核心动力。2016 年 3 月，英国合成生物学领导理事会发布《英国合成生物学战略计划 2016》，提出到 2030 年，实现英国合成生物学

① 瞿剑. 我可再生能源技术产业体系完备，开发利用规模稳居世界第一[N]. 科技日报，2021-03-31(3).

② 详见国家能源局官网。

③ 丁怡婷. 针对新能源发展难点堵点，7 方面 21 项政策举措出台——推动新能源实现高质量发展[N]. 人民日报，2022-05-31(14).

100 亿欧元的市场，并在未来开拓更广阔的全球市场。美国、日本等发达国家都早已部署本国的合成生物学发展战略，合成生物学已经成为各国争抢的科技高地。合成生物学指取材于自然界中已有的生物部件，经过适当重组和重构，得到具有可控形状和特征的生命体，也就是人为地、可控地改造或者创造生命。具体来说，就是把具有某个功能的几个基因当作一个生物零件，把完成某个任务所需要的生物零件组装起来，构建一个新的细胞。因此，简单地讲，合成生物学就是“源于自然，高于自然”。进入 21 世纪后，合成生物学取得了突破性进展，其巨大的科学价值和产业前景越来越凸显。2010 年，克雷格·文特尔(J. Craig Venter)等人将人工合成基因导入事先去掉基因组的丝状支原体中，重组的丝状支原体具有人工设计的特点并且可以正常生长，预示着首个合成生物的诞生。从此，包括中国科学家在内的世界各国科学家攻克了合成生物学领域的众多难题，并推动各种各类的“生物工厂”如雨后春笋般发展。[①]

2016 年 6 月，全球 25 名基因研究领域的顶级科学家联名在《科学》杂志宣布，将启动“人类基因组编写计划”，目标是在十年内合成一个完整的人类基因组。基因组常被称为“天书”。1990—2003 年，美、英、法、德、日、中六国科学家共同实施了这一计划，推动了基因测序技术的发展，掌握了阅读“天书”的能力。而“基因剪刀”的出现，使得科学家可以编写“生命天书”。该技术能够精准地改造生物基因组 DNA，它利用序列特异核酸酶可在基因组任何位置对 DNA 双链进行定向切割，进而激活细胞自身的修复机制，实现对基因组的定点突变、替换和插入等改造。该技术能在不改变目标生物基因组整体稳定性的基础上，实现单一或多个性状的精准改良。2016 年，由中国科学院遗传与发育生物学研究所科学家主要参与研发的“植物基因精准编辑技术”被《麻省理工评论》评为对未来产业将产生重大影响的十大技术突破之一。目前，我国在基因编辑技术及其成果转化和产业应用发展方面，总体处于世界第一方阵，部分领域处于世界前列。[②]

早在 2016 年 10 月，中共中央、国务院就专门颁布了《“健康中国 2030”规划纲要》。纲要明确提出：“以提高人民健康水平为核心，以体制机制改革创新为动力，以普及健康生活、优化健康服务、完善健康保障、建设健康环境、发展健康产业为重点，把健康融入所有政策，加快转变健康领域发展方式，全方位、全周期维护和保障人民健康，大幅提高健康水平”，“建立起体系完整、结构优化的健康产业体系，形成一批具有较强创新能力和国际竞争力的大型企业，成为国民经济支柱性产业”，“积极促进健康与养老、旅游、互联网、健身休闲、食品融合，催生健康新产业、新业态、新模式。发展基于互联网的健康服务，鼓励发展健康体检、咨询等健康服务，促进个性化健康管理服务发展，培育一批有特色的健康管理服务产业，探索推进可穿戴设备、智能健康电子产品和健康医疗移动应用服务等发展。”2021 年 3 月，《“十四五”规划纲要》把“全面推进健康中国建设”作为专章部署，明确提出：“推动生物技术和信息技术融合创

---

① 中国科学技术协会. 新科技知识干部读本(中)[M]. 北京：科学普及出版社，2016：11.

② 中国科学技术协会. 新科技知识干部读本(中)[M]. 北京：科学普及出版社，2016：11.

新，加快发展生物医药、生物育种、生物材料、生物能源等产业，做大做强生物经济。”2022年5月，国家发展改革委印发《“十四五”生物经济发展规划》。该规划提出，当前，生命科学已成为前沿科学研究活跃领域，生物技术成为促进未来发展的有效力量。生物经济以生命科学和生物技术的发展进步为动力，以保护开发利用生物资源为基础，以广泛深度融合医药、健康、农业、林业、能源、环保、材料等产业为特征，正在勾勒人类社会未来发展的美好蓝图。“十四五”时期是我国开启全面建设社会主义现代化国家新征程、向第二个百年奋斗目标进军的第一个五年，也是生物技术加速演进、生命健康需求快速增长、生物产业迅猛发展的重要机遇期。

（三）科技变革全方位深度融入经济社会转型，拓展智能革命应用场景

在历史上，任何科技革命最终都推动着人类社会的大变革，促进人类文明的大进步，引起社会形态和结构的大变化。机械化替代、增强、延伸了人类的体力劳动，信息化大大增强、替代并延伸了人类的感知能力和简单脑力，而智能化在此基础上进一步增强了人类的智力。毋庸讳言，工业化、信息化都促进了劳动方式的转变和劳动力结构的变革，智能革命引发的产业结构、生产方式的变革，必将带来社会组织结构的变革。未来二十年将是智能化迅猛发展、智能社会加快形成的关键时期。智能社会的到来无疑将形成企业、国家竞争新的分水岭，围绕抢占制高点竞争的大幕已在跨国企业和各主要国家之间全面拉开。① 进入21世纪以来，新一轮科技进步之所以被称为智能革命，不仅在于科学技术各领域不断加速发展，取得新的突破，导致新技术群的建立和科学技术的更新换代，更重要的意义在于引发经济社会各个领域的巨大变革。

事实上，随着智能机器人、物联网、云计算、人机交互、智能材料、智能能源、脑科学与类脑智能以及新生命科学等科学技术研究与应用的整体性、系统性不断取得突破，智能社会正在以超乎人们想象的速度向我们走来，并在许多领域深度地改变着我们所处的经济社会结构和状态。可以预测，未来三十年内进行的科技和产业变革不同于以往几次基于某一项或几项技术的突破而发生的技术革命，而是多学科重大科学问题实现多点突破，各学科竞相领跑，尖端技术融合汇聚，不断创造新技术、新产品、新业态和新模式，并由此推动人类社会不断地由量变转向质变。在智能革命的推动下，创新驱动、开放共享、结构优化、绿色发展、以人为本的新型经济形态逐步形成，并形成从技术多点突破逐步促使人类的生活、生产和社会运行模式发生重大变革，进而促进技术和产业发生重大变革的模式。如果我们从与之相适应的国家治理顶层设计的战略角度观察，就可以发现，智能社会既传承工业社会、信息社会的基因，又呈现出鲜明的新时代新特色。智能社会是万物互联的时代。在这样一个社会，人、物、数据和秩序由互联网紧密地联系在一起，实现人类社会人与人、人与物以及物与物之间

---

① 国家创新力评估课题组.面向智能社会的国家创新力——智能化大趋势[M].北京：清华大学出版社，2017：序.

的互联，感知无处不在，连接无处不在，数据无处不在，计算无处不在，与人类相关的所有行为都将在有意和无意之间留下完整的记录，社会的生产工具、生产方式和生活方式将在不断地学习、演化和习惯养成中得到重构。智能社会是融实在社会与虚拟社会于一体的时代。也就是说，此次科技革命与先前工业革命的逻辑起点和路径完全不同，它一开始便全方位地触动经济变革与产业变革，一开始便渗透到人们生活的方方面面，并对人类社会运行方式产生颠覆性影响。如此看来，所谓智能社会，实质上从一系列颠覆性科技变革与经济社会各方面结合在一起，便开始了它的历史演变进程。①

四、智能革命驱动智能经济变革演进

如同农业革命驱动农业经济演进、工业革命驱动工业经济演进一样，智能革命必然驱动智能经济产生、发展与演进，这是人类社会演进的基本规律。同样，智能革命从一开始便与产业变革同时同体融合演变。智能革命以数字化、网络化、智能化等核心技术为工具和动力，转化提升传统生产要素，植入新的核心生产要素，改变既有生产组织形式和传统制度结构，创新发展模式和路径，改变、拓展、重构产业链，重建全球一体化、产业链集群化、组织网络化、科技产业化、产业科技化等新型组织形态和制度体系，改变经济社会整体发展的生态环境，从而驱动人类社会经济活动向智能经济时代迈进。

（一）植入、转化与提升核心生产要素

如前文所述，如果我们从生产要素结构变化的视角来判断经济形态演变及其规律的话，就不难发现，每一次科技革命驱动产业变革的关节点都在于新的核心要素的植入、既有要素的转化升级。在农业经济时代，以土地、劳动力为基本生产要素，社会发展动力在于这些原始要素的内在变革与提升，只有当它孕育、发展、演进到新的科技革命——工业革命之后，新的生产要素便被不断地植入其中，从而驱使人类社会经济形态转型为工业经济形态。在工业经济时代的三百多年间，先进的生产要素——资本、技术（熊彼特创新）随着工业经济的不断演进变化，深深地植入人类的一切经济活动，改变着经济演变的质量与趋势。与此同时，由于新的核心要素融入，既有的生产要素在经济发展需求的驱动下有所改变，土地资源不断被资本化，劳动力资源不断被改造、提升为人力资源，因而给原有生产要素链条带来一种新的生产要素——知识（舒尔茨人力资本）。到20世纪末期，当工业经济走向其巅峰——后工业社会时代时，其所锻造形成的生产要素链条便由五个关键点链接而成，即“土地＋资本＋技术＋人力资源＋知识（信息与智能）”。这一链条从此也就可以用来描述贯穿于机械时代、电气时代、信息时代的工业革命与工业经济融合发展的历史轨迹。

---

① 杨述明.人类社会的前进方向：智能社会[J].江汉论坛，2020(06)：38-51.

历史走进21世纪，特别是在21世纪第二个十年，智能经济已经鲜明地成为人类经济社会运行的主要形态，智能革命的不断发力使得这种趋势越来越明显。深刻理解这种历史性变化，仍然需要联系工业经济背景，从生产要素结构的变化来把握。2020年4月，中共中央、国务院专门印发了《关于构建更加完善的要素市场化配置体制机制的意见》，确立了土地、劳动、资本、技术和数据五个要素领域的改革方向，从基本经济制度层面界定了智能经济时代生产要素的基本结构及其变化趋势。我们可以从如下几个方面进行理解。

第一，在智能经济时代，生产要素不再局限于工业经济背景下的范围。随着智能革命的不断深化，数据作为一种强大的核心生产要素植入到一切经济活动之中，必然对资源配置、生产过程和分配制度体系等产生根本影响。数据是数字经济时代的核心竞争要素，在全球经济中的作用日益凸显，正在成为改变国际竞争格局的新变量。

第二，在智能经济时代，由于智能革命强大的内化功能，工业经济背景下的所有生产要素，如土地、劳动、资本、技术等同样得到极大的转化和提升。尤其是其数字化、网络化、智能化功能的深度泛在发力，使得所有生产资源的形态、功能都将被重新改写与组合，创新元素融入一切经济社会变动之中。数据要素的植入不仅是要素结构量的变化，而且是要素结构质的重组。这就像在化合物溶液中再一次滴入活力极强的新元素一样，得到的将是一种新的化合物。

第三，在智能经济时代，数据要素植入并非终点状态，其他若干新要素进入成为必然趋势，有的学者已经将人工智能视为一种强劲的生产要素。同时，随着智能革命不断取得颠覆性进展，所有智能经济背景下的生产要素及其组合都将处于不确定性状态，对于智能经济的未来发展演进，人类现有的认知可能才只是开始。

（二）创新组合方式与构建新制度体系

毋庸置疑，智能革命是人类历史上改变经济组织结构、社会组织结构、制度结构最为深刻、广泛的科技革命。目前，智能革命初显的特征主要体现在五个方面。

1. 智能革命将颠覆传统的企业组织制度架构

在智能经济背景下，市场主体——企业将以复合体形态出现，不论其规模大小或者从事何种行业。其主要特点为：一是按照“形散神不散”的理念逻辑不断拓展、延伸肢体，架构体系趋于扁平化、网络化、虚拟化甚至微粒化，达到一定成熟度便必然出现“去硬中心化”的趋势；二是协同、共治、共享等“共性机制”成为搭建企业组织制度架构的核心理念，无论何种产业，链条化、集群化、跨界跨域等开放模式将得到更多应用，企业与产业、生态成为有机整体，竞争与合作在此背景下得以充分体现，就像大鱼、小鱼、各种海生物都在同一片海洋共生，各自按照自己的食物链生存繁衍；三是企业原有组织制度架构逐步消解，新形式的雇佣关系、管理关系、协作关系逐步产生并发生变革，人机共治的机制将发挥重要作用，区块链、人工智能等技术必然在企业治理中扮演关键角色，企业内部生产、协作、分配等环节都将得到重置。

2. 智能革命将颠覆经济制度体系基础

在整体经济呈现网络化、数字化、全球化特征的背景下，政府的经济功能相比工业经济时代显得更为重要，不仅仅局限于所谓宏观调控、资源配置等领域，更重要的是集中于以法治为中轴的制度体系构建，尤其是相对于智能经济条件下产生的新的经济形态而言。这些制度、标准并非传统工业经济理念逻辑的简单延伸，而应充分体现市场经济、智能经济的原则，确保工业经济形态逐步转型为智能经济。

3. 智能革命将颠覆经济与社会的组合关系

智能经济最为重要的特征之一，就是传统的经济与社会之间的界限模糊化，经济社会化、社会经济化成为智能时代的重要特征。因此，智能革命与工业革命最突出的区别，就是它在与产业高度融合发展的同时，几乎全方位同时推进人类社会从工业社会走向智能社会，全方位深度地改变着人们生产生活的方方面面。

4. 智能革命将颠覆资源配置方式

在传统工业经济背景下，市场在资源配置中发挥着基础性、决定性作用，政府发挥着重要作用。资源配置体制机制的构建和具体模式的选择，常常取决于市场与政府博弈的过程。这种配置资源的架构模式对于智能经济背景下的经济运行同样适用，并在智能经济演进过程中依然扮演着十分重要的角色。但是，由于社会经济网络化、数字化、智能化的驱动作用，经济社会融合演进的趋势越来越明显，经济与社会运行机制逐步走向一体化，因此，与市场机制、政府功能相协同的社会运行机制同样在资源配置中发挥着重要作用。特别是在具有经济性功能的社会领域，诸如医疗健康、全民教育、智慧城市等领域，这一特点将会越来越凸显。

5. 智能革命将颠覆分配关系

在智能经济背景下，人类被物化生产资料束缚的情况将得到极大改善。同时，生产资料所有制形式也将发生改变，人们对于物质资料的所有逐步让位于对于数据、知识、信息、智力的所有，人们之间的生产关系将大为转变。以资本、劳动、技术和制度为主要生产要素的经济模式下的分配关系，必然与以数据、知识、智力、创新为主要生产要素的智能经济模式下的分配关系相协同，除了可能出现的分配巨大差异问题外，更重要的是分配制度与方式都将发生根本性变化。[①] 2020 年 4 月，中共中央、国务院印发的《关于构建更加完善的要素市场化配置体制机制的意见》明确指出，健全生产要素由市场评价贡献、按贡献决定报酬的机制。着重保护劳动所得，增加劳动者特别是一线劳动者劳动报酬，提高劳动报酬在初次分配中的比重。全面贯彻落实以增加知识价值为导向的收入分配政策，充分尊重科研、技术、管理人才，充分体现技术、知

---

① 杨述明.智能经济形态的理性认知[J].理论与现代化，2020(05)：56-69.

识、管理、数据等要素的价值。由此可见,数据要素植入分配制度体系,必将带来分配制度的重大改变。

(三)改变经济活动生态

智能经济作为现代化经济体系的标志性经济形态,其所涉及的产业链条更长、产业领域更宽泛、产业融合更深入。因此,特别需要注重产业生态环境打造,有针对性地谋划、统筹资源配置和管理机制。智能经济发展不仅涉及多行业、多领域的技术变革和产业变革,还将对人口、就业、安全、教育、文化、生态以及科学技术等社会各个领域产生深层次影响。因此,对于智能经济发展的经济社会生态环境的认知显得格外重要。中国无疑需要在这场深度变革中抓住技术机遇,在实现智能技术产业化和传统产业智能化的基础上,从经济生态视角注重经济社会等领域全面、综合施策,从而为经济的高质量发展提供支撑。

1. 强化智能经济基础科学储备

充分发挥市场机制作用,以需求为导向,鼓励企业成为技术方向选择、关键技术攻关、资源配置和推广应用的主体,行业主管部门应从政策、规划、公共资源与服务等方面加强引导、协调和支持,营造能够激发创新活力的发展环境。在智能经济的基础研究方面,政府应加大支持力度,建设开放共享的开源软硬件基础平台、基础数据与安全检测平台等,为人工智能持续发展与深度应用提供强大科学储备。

2. 激发智能产业发展活力

充分发挥政府引导作用,积极推进智能经济在市政管理、公共安全、医疗健康、减灾救灾、社会保障、文化教育、交通运输、能源管理、社区服务等领域的应用,推进智能经济机制与经济社会各个领域拓展、延伸、融合,构建经济社会智能化、数字化、网络化发展态势。在制造业、农业、能源等领域加快推进装备智能化升级,全面提升企业研发、生产、管理和服务的智能化水平。

3. 激发市场创新活力

推动以行业龙头企业为主体,联合高校、科研机构、人工智能企业共同建立智能经济融合创新中心,聚焦于智能经济在行业应用中的共性技术的研发与推广。创新智能经济投融资模式。建立财政引导资金、金融资本、民间资本和社会资本相结合的多渠道融资模式。同时,还要加强知识产权保护。

4. 培育智能经济领域消费市场

从供需两端发力,构建需求引导、市场主导的智能经济市场消费体系。加大智能产品研发和服务创新力度,加快智能产品、服务供给体系质量提升和标准体系建设,积极拓展智能新产品、新业态、新模式。

5. 构建科学合理的开放共享机制

以政府部门为重点，大力推动数据开放、共享机制建设和实施，推进国家就业、社保、地理、环境、生态、交通数据的开放共享，支撑智能经济与政府服务的融合，提升政务服务水平。稳步推进教育、医疗、能源、公共安全等领域数据的内部整合、共享与对外开放，制定数据资源清单和开放计划，支持相关企事业单位联合智能经济企业围绕应用场景开展智能经济服务，鼓励优质机构智能经济服务能力和资源向地方开放。

6. 完善智能经济人才培养体系

结合实体经济发展需求，按照“智能＋X”的人才培养模式，加快探索跨学校、跨院系、跨学科、跨专业的智能经济人才交叉培养和产教融合新机制。鼓励高校、职业院校和企业合作，加强职业技能人才实践培养，积极培育智能经济技术和应用创新型人才。鼓励高校、科研院所智能经济专家到企业从事科研和科技成果转化活动。依托社会化教育资源，开展智能经济知识普及和教育培训，提高社会整体认知和应用水平。

7. 推动数字基础设施建设

提升传统基础设施的智能化水平，形成适应智能经济、智能社会和国防建设需要的基础设施体系。加快推动以信息传输为核心的数字化、网络化、智能化基础设施，向集感知、传输、存储、计算、处理于一体的数字基础设施转变，增强低时延、高通量的传输能力。加强具有自主知识产权的智能化基础设施建设，加快构建包括深度学习框架和开源平台在内的人工智能自主安全可控生态链。

第四章

智能经济形态的理性认知

人类社会进入21世纪，迈过了智能社会的门槛，人类几乎所有的活动都将被置换到另一个新的时空。作为人类活动最为重要的领域——经济活动，毫无疑问地成为首先受到影响而发生改变的对象，从而也就成为人们观察新社会形态的“前哨”。事实上，人类对于经济社会发展的观察、认知，总是落后于社会变化的客观现实。从经济形态的认知过程看，人类从理论上能够较好地解释不同时代的经济运行规律，这些大多都是滞后于经济变化事实的“阐述性”理论，“发明性”理论显得弥足珍贵。当前，对于世界和中国所面临的种种经济问题，既有的经济理论无法提供足够的阐释、说明与指导。这说明，我们中的大多数人还是在用工业社会时代的经济理论思维来观察、研究智能社会时代的经济事实。理论是用来帮助人们认识世界和改造世界的，当根据理论认识改造世界无法获得成功时，需要改变的是理论本身。[①] 基于此，从社会经济演进的视角，对于智能经济当下所展现出来的一系列复杂现象进行归纳、梳理和分析，在既有理论体系基础上力求找到一些带有规律性的认识，是时代赋予经济理论以及经济学者的重要使命。

一、不同视角的智能经济

人类社会在新一轮科技革命浪潮涌动中奔向21世纪，对这一波新科技革命，大多数学者称之为“第四次工业革命”，也有学者称之为“智能革命”。这场本质上不同于以往工业革命的新科技革命，已经完全打破了人们先前对于社会形态和经济形态的判断，学术理论界所准备的工业时代、工业经济以及知识时代、知识经济等理论界定，似乎难以阐释和解决现实中所面临的大部分问题。因此，人们不断地在经济实践中观察、总结与摸索，不断地提出一系列新的经济概念，诸如网络经济、平台经济、数字经济、智能经济等。21世纪头二十年的经济发展实践证明，数字经济、智能经济已经成为理论界和社会实业界两种主要的表述方式。本节基于以下五个逻辑视角，导

---

① 韩寒，史薇薇.求索人类社会繁荣之路——林毅夫谈新结构经济学[N].光明日报，2021-05-01(6).

出智能经济新形态之说。

(一)经济转型视角

在人类文明的进步过程中,科学技术进步推动着社会变革,而最先感知到社会变革并最终成为某一种社会形态标志的,往往又是新的经济形态。具体来说,人类从农业社会走到工业社会,再过渡到信息社会,它们的主要标识分别是农业经济、工业经济和知识经济。这是人类自己用脚步度量出来的,现在可以肯定地、清晰地表述它们的一切。那么,人类社会未来的经济形态又将是什么样子呢? 毫无疑问,应该就是智能经济、数字经济。不管现在或者将来人类会用哪种概念去表述,本质都是确定的。这里暗含两个观点:一是未来智能社会的经济形态是智能经济、数字经济;二是知识经济(信息经济)只是工业经济向智能经济过渡的形态,或者说是智能经济的"萌芽"。关于这一观点,黄觉雏等学者认为,人类社会生产方式分别经历劳动密集型、资本密集型、知识密集型和智能密集型四种形态,其中,知识密集型生产方式可以定义为:以知识或者新技术为核心的组合其他生产力要素谋求规模效益的生产方式。智能密集型生产方式可以定义为:以智能为核心的组合其他生产力要素谋求规模效益的生产方式。智能是指智慧和能力创新或某种特殊才能的综合表现,人们常把智能与知识混为一谈,这是由于智能与知识的密切联系妨碍了人们对两者之间本质区别的认识,即有无创新。[①] 黄觉雏提出智能经济观点之后,三十多年的经济社会发展历史告诉我们,知识不等于智能,知识或信息只是智能的前提,智能是知识的转化与提升。从经济社会历史变迁角度而言,知识与智能已经不是可以用来比较的对等的两个范畴。虽然当时相对于知识经济所提出的智能经济不可能与眼下的智能经济相提并论,但是可以确定的是,智能经济必然是工业经济、知识经济发展转化而来的新经济形态。

(二)经济工具视角

这里"经济工具"的概念,不是对经济学意义上"经济学工具"的理解借鉴。它来自两个经济学假说:其一,如果我们把作为生产力主要标志的生产工具,从"生产工具"的意义上提升而转化为"经济工具"的话,那么锄头、犁等就成为农业经济的一种标识,机器、电力等就成为工业经济的一种标识;其二,如果我们把作为第一资源的数据从"核心生产要素"的意义上还原而转化为"数据信息"的话,那么数据、互联网、人工智能、区块链等就可能成为智能经济或者数字经济的一种标识,数据、互联网、人工智能也就体现出它们的基本含义——"智能经济工具"。此时,数据也同样有着类似锄头、机器的历史地位。基于对经济工具的理解,我们可以对智能时代种种经济形态进行综合分析、分类筛选、提炼归纳。我们首先可以排除纯粹从工具意义上而提出的经济概念,例如共享经济、网络经济、平台经济等。从一定意义上讲,这些经济形态是智能经济在某一领域或者某种条件下的具体表述,无法完整表达智能时代经济的基

---

① 黄觉雏,穆家海,黄悦.人类经济总体发展的模型与规律[J].社会科学探索,1991(02):52-56.

本形态意义。如此展开逻辑推理，当前作为主流观点而呈现出来的只有“数字经济”“智能经济”两种表述。如果非要在理论上将它们说个明明白白，从现实经济社会运行状态看，不仅有很大难度，而且也没有太大必要。最好的办法还是交给未来作答。

（三）经济功能视角

智能革命不同于以往工业革命的主要特点，在于科学技术在全方位得到突破，并深度地影响经济社会的方方面面。因此，新一轮科技创新所产生的各种科学技术成果以及新型商业运行模式，从一开始便与经济社会紧密相连，并发挥着改变其形态的重要功能。因而，进入 21 世纪以来，仅经济领域就出现了诸如网络经济、平台经济、共享经济、电子商务、虚拟经济、无人经济、无接触经济等经济新形态，甚至还延伸到“夜经济”“宅经济”等微观形态。虽然这些经济新形态都应该归纳在智能经济、数字经济框架下，但它们同样具有自身产生的历史、演进路径与方向。这里仅列举共享经济和平台经济，运用实例分析其特点和规律。

1. 共享经济

共享经济的基本结构包括一个由第三方创建的、以信息技术为基础的市场平台，这个第三方可以是商业机构、社会组织或者政府。在工业社会向信息社会转换的过程中，共享经济成为不同于传统工业的新型经济组织方式，通过互联网把原来时空隔离的供需连接起来，各种资源被网络化，实现生产品价值和消费价值的共享。共享经济的本质在于整合线下的闲散物品或服务者，让产品或服务以较低的价格水平提供。对于供给方来说，在特定时间内通过线上线下让渡物品的使用权或提供服务，来获得一定的利益回报；对需求方而言，不直接拥有物品的所有权，而是通过线上线下租、借等共享的方式使用物品。共享经济具有五个基本要素，即闲置资源、使用权、线上线下连接、信息、流动性。共享经济的关键在于如何在技术和制度方面做出合适安排，实现这些要素线上线下的最优匹配，实现零边际成本。

共享经济主要有五个特点：一是线上线下架构鲜明，有一个平台、一张网、一套体系，并在平台上聚集了大量的供方和需方，以前所未有的时间和空间尺度进行匹配交易，大幅度提高了资源配置效率；二是大多数交易采取所有权和使用权分离的形态，权属关系处于虚拟或者流动状态，实现所有权权益、受益权权益共同分享；三是供求双方线上线下相互对接、匹配、组合的互动性、可能性、灵活性比以往任何形式都提升了若干个数量级；四是消费者在链路上也是生产者，其积极性、创造性空前增强，特别有利于社会创新创业；五是模糊了经济领域、经济主体、经济与社会领域空间等可能范围界限，在法律、经济、伦理等方位内都可以寻找它的生存与发展空间。我国共享经济规模持续扩大，质量不断提升，创新创造活跃，为经济转型发展和扩大就业注入了强劲动力，在一些领域引领了世界潮流。共享经济的发展过程就是去中介化和再中介化的过程。所谓去中介化，就是共享经济的出现，打破了劳动者对商业组织的依附，他们可以直接向最终用户提供服务或产品；所谓再中介化，就是个体服务者虽然脱离商业组织,但为了更广泛地接触需求方,他们接入互联网的共享经济平台。

共享经济正在成为一种新型的、弹性就业的经济社会形态,它不仅成为人们自主择业的重要选择,同时也为社会特定群体提供了广泛的创业机会。共享经济已经成为反映就业形势和经济走势的一个风向标。同时,共享经济规范发展成为各方共识,政府对共享经济综合运用行政、法律、技术等手段进行监管,监管之严、范围之广前所未有。目前,共享经济发展的制度环境得到逐步改善,规范化、制度化和法治化的监管框架逐步建立完善,平台企业合规化水平明显提高,备受公众关注的安全保障和应急管理体系建设取得积极进展,平台主体责任进一步强化,平台的潜在风险得到进一步控制和化解,人们对共享经济新业态的信心得到进一步提升,这些都为共享经济在长期内更快更好发展奠定了坚实的基础。

2. 平台经济

平台经济以智能技术为支撑,以数字平台为基础,聚合数量众多且非结构性的资源,连接具有相互依赖关系的多方,促进彼此互动与交易,形成健壮的、多样化的数字平台生态系统,这些有着内在联系与互动的数字平台生态系统的集合与整体便构成平台经济。其中,平台、平台企业、平台经济、平台生态系统等定义既有区别又一脉相承,目前尚未取得较为统一的说法。从低到高,平台经济包含四个层面的含义:数字平台、数字平台企业、数字平台生态系统和平台经济。其中,平台是引擎,平台企业是主体,平台生态系统是载体,平台生态系统的集合与整体构成平台经济。平台是一种虚拟或真实的交易场所。平台本身不生产产品,但可以促成双方或多方供求之间的交易,通过收取恰当的费用或赚取差价而获得收益。平台在本质上就是市场的具象化。从经济理论角度看,平台经济在一定程度上改变了市场机制的功能形式,即市场从看不见的手,变成了实实在在的、有利益诉求的手。平台经济是生产力新的组织方式,是经济发展新动能,对优化资源配置,促进跨界融通发展,推动大众创业、万众创新,推动产业升级,拓展消费市场,尤其是增加就业,都有重要作用。

中国是世界上平台经济较发达的国家,规模仅次于美国。近年来,无论从全国整体看还是从不同领域、不同地区看,平台经济在稳定经济增长、促进产业升级、创造就业机会等方面,都发挥了重要作用,成为经济发展新动能的重要组成部分。据测算,我国平台经济规模已经占 GDP 的 10%左右。平台经济已经深深地融入工业、零售、交通、物流、能源、金融、农业等诸多领域。早在 2018 年底,我国金融互联网平台用户总数超过 10 亿,成为全球第一。[①] 可以预测,中国平台经济在未来具有巨大的发展潜能,主要有如下几点原因:一是中国的互联网市场广大,网民数量位居世界第一,已经超过 10 亿人,这将衍生出广阔的商品和服务市场,为平台经济发展提供肥沃的土壤;二是中国的互联网企业众多,阿里、腾讯、百度、滴滴等大型平台公司开始布局国外市场,也有一些企业专营跨境电商业务,拉动中国平台经济快速发展;三是中国在人工

① 赵昌文.高度重视平台经济健康发展[N].学习时报,2019-08-14(1).

智能、大数据、云计算等技术领域发展较快，有力地支撑了平台经济较好发展。因此，中国要持续深化“放管服”改革，围绕更大激发市场活力，聚焦平台经济发展面临的突出问题，遵循规律、顺势而为，加大政策引导、支持和保障力度，创新监管理念和方式，落实和完善包容审慎监管要求，推动建立健全适应平台经济发展特点的新型监管机制，着力营造公平竞争的市场环境。

2021 年 12 月 24 日，国家发展改革委等九部门联合发布《关于推动平台经济规范健康持续发展的若干意见》（以下简称《意见》）。《意见》指出，要从构筑国家竞争新优势的战略高度出发，坚持发展和规范并重，坚持“两个毫不动摇”，遵循市场规律，着眼长远、兼顾当前，补齐短板、强化弱项，适应平台经济发展规律，建立健全规则制度，优化平台经济发展环境。针对平台经济在发展过程中遇到的突出问题，《意见》强调，要营造鼓励创新、促进公平竞争、规范有序的市场环境。《意见》还从健全完善规则制度的角度出发，提出修订《反垄断法》，完善数据安全法、个人信息保护法配套规则，制定出台禁止网络不正当竞争行为的规定，完善跨境数据流动“分级分类＋负面清单”监管制度，厘清平台责任边界，强化超大型互联网平台责任等，正是要以法治促规范，为平台经济持续健康发展保驾护航。在“技术创新”和“模式创新”等方面，《意见》对平台企业的发展能力提出了诸多要求，从构筑国家竞争新优势的战略高度，对平台企业参与全球竞争、提升全球化发展水平提出了新期待。[①]

（四）经济动力视角

有学者认为，智能经济是使用“数据＋算法＋算力”的决策机构去应对不确定性的一种经济形态。在智能经济中，产品、个体、组织、产业、世界都将完成微粒化的解构和智能化的重组。[②] 其关键点在于，由“数据”“算法”“算力”这些看似技术性的东西魔术般地构成经济决策机制，这种机制可用于解构原有世界、社会、经济形态，去重组、营运、推动经济演进。这里又引出智能经济的一种新表述——算法定义经济。它是指以算法为核心、以信息（包括知识和数据）为资源、以网络为基础平台，依靠强大的计算能力而构建的一种新经济形态。在其中，数据是主要资源、平台是基础、算力是支撑，算法则决定数据（信息）增长的秩序，贯穿经济系统的所有组成部分和流程，并支持和控制整个系统中的各种经济活动与经济关系，决定经济系统秩序。把这两种相联系的分析综合起来，我们将得出一个结论，那就是，智能经济是以大数据、互联网、物联网、云计算等新一代信息技术为基础，以人工智能技术为支撑，以智能产业化和产业智能化为核心，以科学技术、产业产品、商业模式等全面创新为动力，以经济、产业、社会各领域为应用对象的创新经济形态。

（五）经济理论视角

进入 21 世纪以来，诸多学者希望从经济学理论角度关注智能经济问题。2018 年

---

① 刘艳．平台经济健康发展需“监管＋创新”两翼助力[N]．科技日报，2022-02-22(5)．

② 姜奇平．智能经济有什么不同[J]．互联网周刊，2019(02)：6．

5 月,《蒙格斯报告二:智能社会的经济学思考》从理论视角对智能经济作了较为系统的思考。一是智能革命(报告称之为"智能化")引发经济形态变化,这种变化在带来财富增长、效率提高的同时,也会加剧社会财富向资本与高端人才聚集,大量非高端产业人群受到就业冲击。智能革命引发经济结构调整,在国与国之间、国内各部门之间造成财富分化的"二元结构",导致全球范围性失业恐慌和两极分化,使得经济社会治理将面临新挑战,传统经济学将陷入困境。二是从生产力视角看,智能革命对于提高生产力、改变生产关系以及分配关系都将产生实质影响。智能革命必然使市场的有效性与生产效率得到史无前例的提升,将带来难以想象的财富。在智能经济时代,生产资料不再仅仅局限于厂房、机器、土地等传统形态,而是更依赖于数据,更依赖于对数据的处理和认知,以及转化为产品、推向市场的能力,比如计算能力、智能化能力、网络化能力等,人类被物化生产资料束缚的情况将得到极大改善。同时,以资本、劳动、技术和制度为主要生产要素的经济模式下的分配关系,必然让位于以数据、知识、智力、创新为主要生产要素的智能经济模式下的分配关系,除了可能出现的分配巨大差异问题外,分配制度与方式都将发生根本性变化。三是智能经济形态下的经济学困境,主要体现在持续破解新经济形态下公平与效率的关系问题,破解新旧"二元结构"的困境问题,破解传统经济与智能经济转型接轨问题,破解智能经济背景下新失业、新伦理、新模式、新时空、新科技等一系列不确定性和高风险问题。《蒙格斯报告二:智能社会的经济学思考》在实质上从完整的经济学理论视角对于智能经济作了系统思考,虽然从当前的经济事实来看,该报告有不少缺陷,但是它告诉了我们一个重要的道理,那就是智能经济形态已经从传统经济形态中脱胎换骨了。

同时,国内有学者从马克思主义政治经济学视角,提出在智能经济形态下,政治经济学面临的八大新课题。一是以智能为基础的创新型经济,推动劳动价值论升级到 3.0 版。马克思主义政治经济学认为,复杂劳动是倍加的或自乘的简单劳动。如果说,知识价值是普通劳动价值的"平方"的话,那么,智能价值就是劳动价值的"立方"。从劳动价值论到知识价值论,再到智能价值论,都不是对马克思的劳动价值论的简单否定,而应该是它的继承与升华。二是人工智能技术成为推动社会经济发展的最重要的战略资源与杠杆。划分经济时代的标志不是看它生产什么,而是看它用什么生产,"手推磨产生的是封建主的社会,蒸汽磨产生的是工业资本家的社会"[①],那么,"智能磨"产生的肯定是一个全新的智能经济时代。三是人工智能革命带来的劳动生产力的提升,伴随的可能是"不平等"的加剧。当资本有机构成提高,工人被机器排挤,资本对雇佣劳动的剥削和奴役将得到强化,其中的决定性因素是资本主义私有制。智能机器人如果大面积替代人类,那些中低端的劳动者在失去了工作岗位后,如果不能迅速适应新的工作岗位的要求,将可能酿成社会悲剧。四是智能产业成为迅速崛起的战略产业。各个发达国家都在扶植和推动智能产业的发展。面对美国的"再工业化"、德国的"工业 4.0",中国及时推出了"中国制造 2025"规划。政府正确的

---

① 马克思恩格斯文集(第 1 卷)[M].北京:人民出版社,2009:602.

产业政策绝对不可缺少。五是困扰发展的资源与环境问题逐渐被破解。罗马俱乐部1972年发表的《增长的极限》报告提出了抑制增长的人口爆炸、粮食生产的限制、不可再生资源的消耗、工业化及环境污染等五个基本问题，以及日益加剧的气候变化问题，这些问题都将在智能经济发展的同时得出新的解决方案。六是人工智能技术具有强大的渗透功能，它无所不在，甚至无所不能。它使智能经济的外部经济性与边际收益递增成为定局。虚拟现实技术和模拟试验效果的提高，改变了微观经济主体原有的运行规律，也改变了宏观经济运行周期。七是组织结构碎片化、弹性化，催生新业态发展。企业碎片化、边界开放，虚拟企业崛起并将渐成主流，新型规模经济将成为主流。八是经济调节机制发生重大变化。人工智能技术创新成为第四只经济调节之手，如何使这只手与亚当·斯密所说的看不见的手、信息这个第二只看不见的手以及政府的调节之手相互配合，以推动经济健康发展，越来越成为经济学界必须面对的重大课题。①

二、智能经济及其本质特征

2019年3月19日，习近平总书记主持召开中央全面深化改革委员会第七次会议，会议提出，要构建数据驱动、人机协同、跨界融合、共创分享的智能经济形态。何为智能经济？虽然目前还没有对智能经济的内涵进行统一定义，但综合多方观点，可以初步对其作出如下定义：智能经济是新一轮科学技术革命——智能革命推动发展形成、工业经济高度发展演进的新经济形态。智能经济以人工智能为核心驱动力，以大数据为关键生产要素，以5G、云计算、大数据、物联网、虚拟现实、量子计算、区块链、边缘计算等新一代信息技术、智能技术及其协同创新为支撑，通过智能技术产业化和传统产业智能化，以及网络化、数字化、智能化技术在生产生活中广泛深度应用，在催生新需求、新供给、新业态的同时，通过人机交互、科技与产业融合方式的变革，在万物互联、万物感知、万物智能化、万物数字化、万物有灵社会演变趋势下，重构人类的生产方式、生活方式、社会运行及治理方式，从而引领经济社会的创新发展，驱动人类社会迈向智能经济新时代。李彦宏也认为，智能经济是以新一代信息技术、新一代人工智能技术及其协同创新成果为基础，以数字化、网络化、智能化融合发展为杠杆，以数据驱动、人机协同、跨界融合、共创分享为特征，与经济社会各领域、多元场景深度融合，通过智能化基础设施与基础设施智能化推动新基建，通过智能产业化与产业智能化推动技术进步、效率提升和发展方式变革，培育新动能，开展新治理，提升整体经济的活力、创新力、生产力与控制力，从而形成更广泛的以人工智能为基础设施

① 纪玉山.探索智能经济发展新规律，开拓当代马克思主义政治经济学新境界[J].社会科学辑刊，2017(03)：16-18.

和创新要素，支撑经济、社会和人高质量发展的新形态、新范式。[①]

与工业经济形态相比，智能经济主要呈现出四个特征。一是数据驱动。智能经济是由"数据＋算力＋算法"定义的智能化决策、智能化运行的新经济形态。二是人机协同。人机协同是经济活动中人与智能和谐状态的体现。三是跨界融合。智能经济是智能技术与各种要素的融合，通过融合将技术实体化、泛在化，推动实现经济社会各个领域的互联互通和兼容发展，促进多种技术的集成应用和多个领域的跨界创新。四是共创分享。共创分享是智能经济中资源、信息、知识等重要生产要素配置的体现，是满足智能经济发展目标的重要保障。通过共创分享，智能经济的生产要素才能在经济活动中自由地流通，从而最大程度地发挥出价值。[②] 很显然，以上四种特征只是对智能经济运行的现象描述，如果从生产要素、发展动力、经济结构、历史演变等视角出发，可以窥见其多个方面的本质特征。

（一）生产要素新结构驱动生产方式深度变革

相对于工业经济而言，在智能经济时代，数据成为第一资源，是一切经济社会活动的基本要素。数据是资源与财富的主要内容，谁拥有了大数据，谁就拥有了资源与财富，或者说就拥有了获取资源与财富的前提。按照马克思主义生产方式理论，大数据驱动生产要素变革主要体现在生产力、生产关系两个方面。

首先，推动社会生产力发生质的飞跃。一是劳动对象的性质发生了根本变化。在智能经济时代，工业经济时代的劳动对象，诸如土地资源、空间资源、自然资源等物质形态的劳动对象依然存在，依然是经济增长的重要物质前提，我们不能简单地对其加以"过时化"的理念定位，特别是在中国依然是农业大国、依然需要推进工业化的这种背景下，需要冷静地认识到这一问题。同时，更要认识到，智能经济最突出的特点之一，就是面向智能的劳动对象。智能经济的基础和开发对象已经不完全是物质资料，而是更重要的大数据、虚拟空间、网络、新规则、新标准、新关系等，其发现、建立、构思、创意、创新等成为劳动对象的主要内容，即使是依然处于比较落后状态的某些经济领域，也同样面对着对劳动对象的类似认识与把握。二是劳动工具体系发生了根本变化。与工业经济时代以机器为主导的劳动工具体系不同的是，在智能经济时代，虽然机器体系依然发挥着重要功能，但智能劳动工具体系最主要的特点是智能化、数字化、网络化，计算机、云计算、机器人、人工智能、互联网、物联网、区块链等都成为智能经济的主要劳动工具，它们不仅独立地驱动智能经济，还同时改造、提升传统经济工具。三是科学技术被赋予了新的内涵。科学技术是第一生产力，这是人类社会演进的基本规律。人类从农业社会到工业社会再到智能社会，科学技术进步引发的生产方式变革同时被称为农业革命、工业革命和智能革命。工业革命和智能革

---

① 李彦宏.智能经济：高质量发展的新形态[M].北京：中信出版社，2020：32.

② 百度.来了！《新基建，新机遇：中国智能经济发展白皮书》完整版正式发布[EB/OL].(2020-12-15)[2022-08-15].https://baijiahao.baidu.com/s?id=1686143761443109982.

命最主要的区别在于：智能革命表现为以超级计算、云计算、互联网、物联网、人工智能、空间信息技术、新材料、新能源、新生命科学等与人类社会经济紧密相关的主要科学领域的全面突破性进步，并从一开始就深度地与经济、产业、社会融合发展，影响和改变着人类的生产、生活、生存方式。同时，以应用为取向的技术领域、工程领域取得突破性进展，使得先进的科学技术转化为社会应用成为现实。因此，在智能经济形态下，社会生产力必然得到极大提升，科学技术的特殊地位和作用将超越历史上任何一种社会形态。

其次，驱动社会生产关系展现出新形态。不同的生产力水平决定不同的生产关系，智能经济形态下的生产力决定智能经济形态下的生产关系。这里可以选取三个基本点加以阐释。一是经济的“共享”性质使得所有制形式变得模糊。在智能经济形态下，由于互联网巨大的功能作用，加上大数据作为第一资源的基础支撑作用，在万物智联、万物感知、万物智能化、万物数字化背景下，共建、共治、共享必然成为人类社会的主流形态。传统的所有制形式虽然还保留着基本形态，诸如公有制、非公有制的区分，涉及所有权、使用权、收益权等标识性符号，但是，以资源、资产收益为主要驱动目标必然表现为共赢共享的取向，由此人们不会在意其底色的所有制形式。当然，这样一种理解主要限于经济学思考，更多的是以经济驱动力和经济运行效率为出发点。二是经济资源划分领域出现模糊化。对于一切有形和无形的资源资产，不论其属性，只要具有受益、共享、数字化等特点，都可以参与经济运行。如此一来，很难再有社会领域、经济领域、文化领域等认知界限，在智能经济统领下，一切皆具有经济资源属性。由此可以推理，在智能经济背景下，经济与社会的界限模糊了，经济行为与社会行动、社会设置与经济主体等，在一定背景下可以互动、转化、共生。三是智能经济将导致新的不平等关系。在生产过程中，人们的地位可能由其所处的价值链位置决定，处于高端位置就会掌控价值链核心，主导价值链走向，获得高端甚至是垄断价值，产生“价值峭壁”现象。不仅限于微观经济，在宏观经济甚至是全球经济层面，都将可能面临这一挑战。

（二）经济增长驱动力发生颠覆性变化

在工业经济形态下，经济增长主要驱动力体现在四个方面。一是物质资源消耗。以认识自然、改造自然、征服自然为路径，从自然界攫取大量物质财富，依赖自然界各种能源资源支撑庞大机器运转的时代，导致人类与自然之间的无情博弈，人类招致自然强烈的报复。二是人力资源消耗。纵观工业社会发展的全过程，我们不难发现，从最初的英国“羊吃人”运动，到北美洲黑奴贩卖的丑恶历史，再到遍布全世界的劳动密集型模式，整个的工业文明史应该就是劳动力集聚发挥作用的历史。这一现象虽然到了20世纪70年代后，在自动化推动下有所缓解，但是作为工业经济重要形态之一的劳动密集型模式，依然在世界工业经济大家庭中占据重要地位，至今还有一定的生命力。三是依靠制度创新驱动。毋庸置疑，在工业社会两百多年的历史长河中，西方世界尤其是实现工业化的主要国家创造、积累了促进经济发展与社会进步的优良制度，包括法治体系、治理体系、经济运行体系、世界经济合作体系和企业治理体系等，这些制度成为支撑以工业化为方向的整体国民经济和世界经济有序运行的重要基础。这一系列制度在未来相当长的时期内，依然将发挥重要作用。四是科学技术革命。工业革命推动工业经济发展，从蒸汽机到电力能源，从通信发明到飞行器，再到自动化，工业经济每前进一步，背后都有新技术的支撑。当然，如果用现在的观点看，这一系列的科技发明与创造都还是处在工业化阶段中的一个个量的节点，还不足以推动经济社会出现质的飞跃。

在智能经济形态下，经济增长主要驱动力体现在以下几个方面。

一是新一轮科学技术创新——智能革命成为核心驱动力量。智能革命与以往的科技革命不同，更加直接、快捷地引发产业变革，加速现有技术体系的更新换代，生产方式、商业模式发生革命性改变，新业态大量涌现，竞争力重新洗牌……例如，万物互联成为智能化的核心基础设施；以传感器等为核心的物联网与以光纤通信、无线技术等为基础的互联网融合发展，构成新的社会化互联基础设施；智能制造将使各类制造企业全面升级，工业互联网有效整合全球制造业资源，构成一个全球制造、全球消费、随时制造、随时消费的制造业生态系统，致使生产与管理方式、生产效率、个性化特征、质量保证、绿色生产程度都发生惊人变化；智能能源网链接全球数以亿计的能源设施组件互动运转，实现能源的分布式生产与共享，重构能源的生产与消费方式；智能交通网成为融合汽车、通信、交通和物联网四大领域的跨界基础设施，人们的出行与经济活动更加便捷、高效、安全、绿色，同时车联网应需而生，无人车船以及各种飞行器将会改变交通运输的基本形态。① 凡此种种，可以看出，新一轮智能革命相对于以往工业革命，的确是颠覆性的，对于智能经济来说同样是颠覆性的改变。

二是创新人才资源成为关键力量。人才在任何社会状态下都是重要的力量，这是人类社会的本质特征。但是，从智能经济视角去看人才，又会发现许多新特征。比如，在智能经济条件下，人才资源对于经济活动的价值作用比工业社会显得更为突出、更为关键，从一定意义上讲，它对于智能经济的运行效能起着决定性作用；创新人才则成为智能社会创新发展的中坚力量，成为现代化经济体系建设与发展的重要要素。人才资源结构发生根本变化，与智能革命相关的计算机、人工智能、通信技术、科技信息技术、新材料等方面的核心技术性人才，与智能革命相关联的现代物理学、新生命科学、空间物理信息学、量子力学、新材料学、新能源学等基础研究领域的科学家，与智能革命相关的社会科学研究人才，以及与智能革命相关的工程技术性人才等，都将是支撑智能经济体系运行的坚定的科学技术基石。

三是新商业业态成为主要依托力量。经济运行模式创新、商业模式创新是智能经济重要的驱动力，也是其主要依托力量。

四是转型的智能社会成为基础支撑力量。智能经济是智能社会在经济领域的主

---

① 国家创新力评估课题组. 面向智能社会的国家创新力——智能化大趋势[M]. 北京：清华大学出版社，2017：序.

要形态。它作为智能社会的重要组成部分，毫无疑问必须以智能社会有效、有序运转为前提和基础。因此，顺应社会演进规律，构建科学有序的智能社会形态，则是智能经济体系建立与运转的基础性支撑。

（三）商业运行模式发生颠覆性变化

1. 融合协同成为基本商业运行模式

新一轮科技革命和产业变革迅速兴起，快速崛起的新动能正在重塑经济增长格局，融通创新成为世界科技创新和产业发展的大势所趋。相比传统的技术创新与经济形态，融合协同的特点更为凸显。

一是更强调产业链条的开放性、系统性。在传统工业经济时代，产业链体现为资源的生产、交换、消费等环节构成的封闭链条，即使在市场机制推动下，链条可能会出现多重交织，或者通过拓展行业、空间而得到延伸，但是以产品为导引的产业链必然固化，甚或以加长、加粗产业链作为目标。而在智能经济形态下，由于大数据、互联网、物联网、云计算、人工智能、区块链等新经济工具的作用，产业界限、技术界限、市场界限、空间界限甚至虚实界限都趋于模糊与融合。所谓产业链条的系统性，是指以大经济平台为支撑，整合线上线下所有资源而构成某一产业领域，一种产品的生产已经不再重复生产、交换、消费等封闭环节，多是端对端、点对点，或者是个性化定制。各种企业可能就在这样一种开放、系统的链条环境中，由市场机制和算法机制来进行分工，一切经济活动基本可以实现需求主导或者通过创造消费来推动。

二是更强调资源、利益分享的动态性。大数据、物联网、人工智能、区块链等新兴技术带来前所未有的海量数据，数据产生和交换的速度之快前所未有，数据流动对创新的作用显著提升。由于这样一种资源出现，人类社会的经济财富与传统工业经济不可同日而语。同时，互联网、物联网又将社会推进到网络社会，几乎所有自然人、法人、非法人组织等社会主体都有可能成为经济主体，几乎所有有形、无形的财产与资源都有可能参与经济活动，并获得相应的利益。这一切，都将发生在平台经济、共享经济等新经济模式的经济活动中。所以，在智能经济背景下，资源、财富都可以参与、共享经济活动，从而实现经济利益的社会共享。

三是更强调风险共担、利益共享的多元性。新业态下，市场与技术之间的关系由市场需求拉动技术进步，转变为由技术创新推动市场兴起。这种变化增加了创新环境的不确定性，更需要多元主体的风险共担。由于新一轮科技来势迅猛，许多新技术在人们还不熟悉的情况下就深度融入社会经济活动，再加上智能经济在本质上就是全球经济，所以由科技进步而带来的风险、经济自身转型而带来的风险以及经济全球化而带来的风险一起交织、同时出现。在智能经济融合协调发展的背景下，风险共担、利益共享的机制构建成为必然。

2. 网络企业成为商业基本平台

在智能经济时代，随着互联网、物联网、人工智能、超级计算、区块链、工业互联网等新科技革命成果与产业高度融合，网络企业的最主要形态为平台经济。平台作为一种新的组织形态，既可以看作企业，也可以看作市场；既不完全等同于企业，也不完全等同于市场，而是一种兼具传统企业组织和市场功能的第三种形态；既具有经济形态功能，同时也具有社会组织形态功能。平台经济因此而充分展示其产业融合、社会协同功能，不仅使各种传统产业迅速得到改造提升，既有的商业模式发生颠覆性改变，而且经济时空被高度集成压缩，社会分工越来越精细，智能化渗透经济社会每一个细胞，生产效率极大提升，经济成本微粒型分化摊薄。在万物数字化、网络化、智能化的时代，传统的经济介质和经济事实被虚拟化、数字化，诸如数字货币、电子支付、电商营运等。作为智能经济背景下组织创新的平台经济，对人类社会生产方式和生活方式的影响是持久、深刻和巨大的。在生产制造领域，以工业互联网为代表的平台经济，通过数字化、网络化、智能化技术极大地提升了传统生产制造过程的质量和效率，促进了智能制造和智能服务的一体化；在零售、出行、物流、金融、能源等领域，各类平台更是极大地突破了传统组织模式的既有边界，在产业融合和资源共享中实现了降低成本、提高效率、节约资源等目标。这一切既是智能革命带来的影响，也是智能革命向更高水平迈进的推动力量。平台经济作为智能经济的重要组成部分，其健康持续发展必将助力我国的产业升级、现代化经济体系建设和高质量发展。

3. 企业组织形态和交易方式发生深刻变革

传统工业经济背景下的企业组织多是建立在科层官僚体制基础上，后又经历了企业治理“现代化”改造。20 世纪 90 年代后，在“世界是平的”和“社会扁平化”理念影响下，企业组织再一次发生变革，出现网络化态势。但是，这一切并没有出现质的变革。进入 21 世纪以来，由于平台经济兴起、云计算中心出现、物联网活跃以及信息基础设施建设的支撑，再加上智能社会所出现的微粒化、原子化、虚拟化等融合冲击，智能经济背景下的企业形态逐渐出现个性化、分散化、去中心化、社会化、共治化等特征。企业组织结构逐渐出现层级消减、功能外化、营运无人化、空间不确定以及企业生命周期变化不定等特征，企业内部管理模式逐步向现代治理模式转变，社会化特征显得越来越重要。在企业营运模式转型过程中，经济交易方式的变化更为深刻，传统的交易模式在智能经济背景下已经基本不复存在，去中心化、网络化、端对端、个性化、社会化等纷繁杂陈的交易模式不断翻新。总而言之，在智能经济背景下，企业组织架构变得更加扁平化、网络化、智能化、分权化和个性化。企业组织碎片化、边界开放，企业从垂直命令与控制型的科层组织向以专家、智能技术为核心的分散型、网络型组织转化。一种矩阵式组织结构应运而生，促使小微经济、跨界合作渐成主流。这种趋势将催生大规模、深度横向一体化的商业形态。

（四）经济工具功能作用凸显

经济工具是指一定经济形态运行所应用的经济技术手段。这里有两点需要说明：一是经济工具概念特指生产工具经济功能化，而不是泛指所谓调控手段、市场手段等人为经济规范体系；二是构成经济工具的条件一定是相对于经济活动而言的，这种条件支撑某种经济形态发挥着关键作用，而非一般技术手段。据此，本章选取当前七种经济工具作为智能经济的考察研究对象。

1. 计算构成智能经济基本功能

一是数据资源的产生。第二次世界大战以来，计算机技术应用领域飞速拓展，巨、大、中、小型计算机层出不穷，对武器研制、航空航天、气象预报、石油勘探等国家战略领域起到支撑作用，对经济社会重要领域发展起着推动作用。其中最重要的功能作用在于，不仅解决了人工不可能完成的计算工程，更是在此过程中推动信息实现数据化方向的转变，使信息转化为数据、知识转化为智能，为智能社会、智能经济新形态出现起到了源启作用。

二是算法与算力的支撑。算法是人类通过计算机工具对于社会运行、经济运行等获得的全面的认识和应对，换句话说，就是人类必将一改过去认识世界、改造世界的方式，而演变成为通过算法去完成这一切任务。所以，从这一意义上讲，计算机的功能已经远非机器的外形意义了。要想发现和挖掘出数据中的价值，只能求助于大数据处理算法。而完成这样的算法功能又必须具有巨大的计算能力。所以说，计算机算力同样具有重大意义。没有算法与算力，数据积累得再多也只是一堆数据而已，只有将算法和算力结合起来，数据中隐含的有用价值才能被发现，数据才能成为重要资源的“金矿”。①

三是混合计算在科技经济领域的应用。从技术工具角度看，在云计算基础上涌现出雾计算、边缘计算等多种形式的“混合计算”趋势，这种混合计算在智能经济运行中发挥着重要作用。当前，从消费端到生产端，从设备到数据本身，万物互联市场已呈现出爆发式增长态势。而大数据和物联网技术对数据处理能力的要求很高，这就需要充分挖掘综合算力。混合计算就是试图利用5G的万物互联能力，综合利用云计算、雾计算、边缘计算等计算方式，实现高效协同计算。混合计算的技术平台可以部署在消费级各类应用、智慧城市级各类应用、农业溯源区块链的各类应用，再到未来最具增长潜力的工业互联网各类应用。②

四是超级计算巨大的开发潜能。超级计算无疑已经成为世界上各主要国家在算法、算力上激烈竞争的主要领域，因为超级计算是现代科技和经济社会发展的重要支柱，超级计算机是支撑国家安全和经济高速发展的国之重器。进入21世纪以来，我国“天河”“神威”等系列超级计算机一直处于世界前列。正因为具有如此强大的基础设施支撑，我国智能经济才能在很短时间内表现出强劲的势头。

2. 互联网改变经济世界一切联系形态

2019年是世界互联网诞生50周年，也是中国全功能接入互联网25周年。世界

---

① 徐恪，李沁. 算法统治世界——智能经济的隐形秩序[M]. 北京：清华大学出版社，2017：15，17.

② 谢开飞. 云计算、雾计算、边缘计算，把这些“计算”混着用会怎样[N]. 科技日报，2019-06-19(8).

互联网发展的50年，是驱动经济发展、催生产业变革的50年，也是引领科技创新、实现跨界融通的50年。50年来，随着科技革命和产业变革的迅速兴起，以互联网为代表的新一代信息技术日新月异，基础性技术和前沿热点技术加快迭代演进，5G带动大数据、边缘计算、虚拟现实等技术快速进步，在更深层次、更广范围加快推动数字化、网络化、智能化转型。《世界互联网发展报告2019》指出，从2019年世界互联网发展的总体态势来看，互联网技术创新格局日趋多元，世界范围内的技术创新呈现指数级增长，带动经济和社会实现新一轮飞跃式发展。中国在5G、高性能计算、量子通信等基础研究方面实现突破，建成了全球最大规模的互联网基础设施，固定光纤网络覆盖范围全球第一、4G网络规模全球第一、宽带用户数量全球第一、网民数量全球第一。网络走进千家万户，一批优秀互联网企业跻身世界前列。[①] 目前，我国5G网络和不断推进的6G、星联网研发等网络基础领域都走在前列。这一切都为中国未来互联网和智能经济的发展奠定了坚实的基础。

3. 移动通信拓展智能经济无限时空

移动通信是目前改变世界的几种主要技术之一。改革开放四十多年来，我国经历了“1G空白、2G跟随、3G突破、4G并跑、5G引领”的发展过程。5G技术2019年投入商用以来，我国在5G网络发展、产业能力、应用创新等方面已取得世界领先的发展成就，5G技术在商用后的一年时间内实现了突破式发展。2021年3月底，我国建成5G基站81.9万个，占全球70%以上份额；建成全球规模最大的5G独立组网网络。根据中国信息通信研究院2019年发布的《5G经济社会影响白皮书》推算，2030年，5G带动的直接产出和间接产出将分别达到6.3万亿元和10.6万亿元；5G将带动超过800万人就业，间接提供约1 150万个就业机会。5G具有工业基础设施的属性，应用范围涉及工业设计、研发、生产等多个方面；通过5G技术，工业企业可实现全生产要素、全流程互联互通，实现柔性生产和零库存的目标；5G将促进制造业装备转型升级，让生产朝着个性化、柔性化方向发展；5G将推动制造业工厂内网改造，实现工厂内网向扁平化、IP化和无线化方向发展；5G将实现“云网”一体、通信与计算深度融合，形成连接虚拟数字世界与现实物理世界的基础平台，促进传统制造向智能制造转型升级；5G还可以满足专业化、定制化需求，帮助传统经济跨越数字鸿沟、行业鸿沟、意识鸿沟，以数据的流动优化资源配置。[②]

4. 物联网成为一切经济社会活动的“大动脉”

物联网在2005年正式登场后，历经了“概念探索、政府主导、应用示范”的市场培育期。新信息核心技术体系、边缘计算/雾计算技术、区块链技术、虚拟现实/增强现实技术等全新技术手段融合到物联网技术之后，物联网发展已经进入到“跨界融合、

---

① 中国网络空间研究院.世界互联网发展报告2019[M].北京：电子工业出版社，2019.

② 刘坤，李克，王斯敏，等.5G如何为中国经济赋能[N].光明日报，2019-06-17(16).

集成创新、规模应用、生态加速”的新阶段。根据全球移动通信商协会(GSMA)发布的《2020年移动经济》报告,2019年,全球物联网总连接数达到120亿,预计到2025年将达到246亿,年复合增长率高达13%;2019年,全球物联网的收入为3 430亿美元(约人民币2.4万亿元),预计2025年将增长到1.1万亿美元(约人民币7.7万亿元),年复合增长率高达21.4%。我国物联网连接数全球占比高达30%,2019年我国的物联网连接数为36.3亿,其中移动物联网连接数占比较大,已从2018年的6.71亿增长到2019年的10.3亿。到2025年,预计我国物联网连接数将达到80.1亿,年复合增长率达14.1%。[①] 由此可见,物联网成为全面构筑经济社会数字化转型的关键基础设施,成为现代化经济体系建设中的基础环节与重要推手。

5. 大数据成为智能经济第一资源

互联网数据中心(IDC)的报告显示,2020年,全球数据总量超过40ZB(相当于4万亿GB),这一数据量是2011年的22倍。[②] 其实,早在2011年,麦肯锡咨询公司就提出“大数据时代已经到来”,并指出,数据已经通过在各行业业务职能领域的渗透而逐渐成为重要的生产要素,掌握海量数据的运用将是在新一轮生产增长率和消费者盈余浪潮中占据优势的最佳利器。对数据管理来说,大数据是一次深刻的社会革命,在互联网与智能设备精确到每一个人时,网民、消费者、企业之间的界限被消弭,信息透明化、交易信息数字化、细分市场定制精密化以及产品与服务的预测性研发等均成可能,数据在其中成为核心资产,在此基础上的企业、个人、社会文化与组织、政府管理模式都将受到冲击。对商业发展来说,大数据孕育了新的发展思路与模式。从经济学角度看,互联网的最终目的是要提升信息的传播效率,打破信息不对称,促进资源的优化配置。在新一轮科技革命和产业变革深入发展的背景下,数字经济及其与实体经济的深度融合终将演变为一种数据驱动型经济,数据要素的有序自由流动和高效配置会越来越重要,经济社会发展也将越来越依赖于数据的驱动和赋能作用。

6. 人工智能将成为智能经济标志

人工智能是智能社会与智能经济的核心技术。2020年12月5日,美国波士顿咨询公司(BCG)发布的《AI差距,领导力造就不凡》中表明,85%的中国公司是人工智能领域的活跃参与和组织者。在此之前,2017年7月,中国政府推出了《新一代人工智能发展规划》,明确提出了我国人工智能发展的“三步走”目标:第一步,到2020年,人工智能总体技术和应用与世界先进水平同步,人工智能产业成为新的重要经济增长点;第二步,到2025年,人工智能基础理论实现重大突破,部分技术与应用达到世界领先水平,人工智能成为带动我国产业升级和经济转型的主要动力,智能社会建设

---

① 中国信息通信研究院:物联网白皮书(2020年)[R/OL].(2020-12-10)[2022-05-15]. http://www.caict.ac.cn/kxyj/qwfb/bps/202012/P020201215379753410419.pdf.

② 腾讯研究院,中国信通院互联网法律研究中心,腾讯AI Lab,等.人工智能:国家人工智能战略行动抓手[M].北京:中国人民大学出版社,2017:24-25.

取得积极进展；第三步，到 2030 年，人工智能理论、技术与应用总体达到世界领先水平，成为世界主要人工智能创新中心，智能经济、智能社会取得明显成效，为跻身创新型国家前列和经济强国奠定重要基础。人工智能是实现实体经济自主创新的重要突破口，也是引领未来的战略性技术。当前，人工智能正不断地渗透到各行各业，引领商业模式的新变化，促进数字经济产业发展，为推动实体经济的发展注入新动能。近年来，我国正加快人工智能产业布局与发展规划，未来需要将更多精力投放到潜能开发中，充分发挥人工智能对经济要素的推动作用。毋庸置疑，人工智能是推动人类社会进入智能时代的决定性力量，也是世界科技产业竞争最重要的领域，在未来，“人工智能＋”将开创一个全新的时代。

7. 区块链将再造智能经济形态

2016 年，工业和信息化部指导编写了《中国区块链技术和应用发展白皮书 2016》。此后，各级政府陆续出台了一系列关于区块链技术和产业发展的扶持政策，区块链产业开始成为我国各地区实现产业升级、推动经济发展的重要支撑。2018 年，在中国区块链产业高峰论坛上，工业和信息化部信息中心发布《2018 中国区块链产业白皮书》，其中对区块链作出了明确定义：狭义区块链是一种按照时间顺序将数据区块以顺序相连的方式组合成的一种链式数据结构，并以密码学方式保证的不可篡改和不可伪造的分布式账本；广义区块链则指利用块链式数据结构来验证和存储数据，利用分布式节点共识算法来生成和更新数据，利用密码学的方式来保证数据传输和访问的安全，利用由自动化脚本代码组成的智能合约来编程和操作数据的一种全新的分布式基础架构与计算范式。区块链具有去中心化、集体维护机制、高度透明体系、去传统信任化和匿名性五大特征，这些特征会颠覆我们传统的商业逻辑和部分文化观念。区块链已经广泛地应用于政府治理、社会治理以及产业经济领域，并逐步发育成为重要基础设施和技术手段，其在智能经济发展演进过程中已经显示出鲜明的创新拓展功能，必将成为下一轮如同互联网时代的新潮流。

2021 年 6 月，工业和信息化部、中央网络安全和信息化委员会办公室联合发布《关于加快推动区块链技术应用和产业发展的指导意见》。明确提出，力争到 2025 年，区块链产业综合实力达到世界先进水平，产业初具规模。区块链应用渗透到经济社会多个领域，在产品溯源、数据流通、供应链管理等领域培育一批知名产品，形成场景化示范应用。培育 3～5 家具有国际竞争力的骨干企业和一批创新引领型企业，打造 3～5 个区块链产业发展集聚区。区块链标准体系初步建立。形成支撑产业发展的专业人才队伍，区块链产业生态基本完善。区块链有效支撑制造强国、网络强国、数字中国战略，为推进国家治理体系和治理能力现代化发挥重要作用。到 2030 年，区块链产业综合实力持续提升，产业规模进一步壮大。区块链与互联网、大数据、人工智能等新一代信息技术深度融合，在各领域实现普遍应用，培育形成若干具有国际领先水平的企业和产业集群，产业生态体系趋于完善。区块链成为建设制造强国和网络强国，发展数字经济，实现国家治理体系和治理能力现代化的重要支撑。

2021年3月,《"十四五"规划纲要》正式发布。纲要指出,要推动智能合约、共识算法、加密算法、分布式系统等区块链技术创新,以联盟链为重点发展区块链服务平台和金融科技、供应链管理、政务服务等领域应用方案,完善监管机制。2020年是区块链产业发展的关键一年,产业区块链成为行业发展的主流和共识。区块链被纳入新基建的范畴,从中央到地方,各级政府纷纷出台支持区块链产业发展的政策,政府侧和产业侧开始主动谋求与区块链技术的融合,实体产业与区块链技术的融合度不断增强,应用场景不断深化,服务于国计民生的项目不断增多,价值互联网的潜力正在被挖掘和释放。区块链在强化产业链协同、促进数据共享、降本增效等方面开始发挥作用,在社会治理和组织变革等方面应用的关注度不断增强;区块链技术发展快速演进,在隐私保护、跨链技术、数据的流通与共享等方面取得积极进展,助力数据要素市场的生成和发展。

三、智能经济运行的确定性与不确定性

智能经济从工业经济一路走来,既有一脉相承的传承,又有独立前行的创新。当前,无论是实业界还是理论界,对智能经济不确定性、风险性的研究较多,而对于确定性的研究不足。

(一)智能经济确定性决定经济发展的持续性

1. 农业、制造业依然是产业体系主要支撑

工业经济给人类创造的最主要的财富应该就是建立了完整的工业体系,并形成了相应的理论体系。如果说,农业经济立足于解决人类生存问题,那么工业经济就解决了人类对于财富的追求问题,使人类过上了物质丰裕的生活。从逻辑上推演,工业社会从农业社会过渡而来,虽然出现过怀疑、鄙视甚至削弱农业经济的历史现象,但大多很快就纠正过来了。而当人类从工业社会走到智能社会,我们没有任何理由还去怀疑农业经济、工业经济对于人类的特殊意义。这并非简单的经济结构问题,而是人类社会的基本问题。正因为如此,西方政府、学术界、实业界在21世纪初就不断在先进制造业方面下大力气,诸如德国工业4.0、美国先进制造业复兴等,都将21世纪作为又一轮"新工业现代化"的重中之重。2015年5月,中国政府出台了《中国制造2025》,明确指出制造业是国民经济的主体,是立国之本、兴国之器、强国之基。2021年3月发布的《"十四五"规划纲要》再一次提出深入实施制造强国战略,加快推进制造强国、质量强国建设。18世纪中叶世界工业文明开启以来,世界强国的兴衰史和中华民族的奋斗史一再证明,没有强大的制造业,就没有国家和民族的强盛。打造具有国际竞争力的制造业,是我国提升综合国力、保障国家安全、建设世界强国的必由之路。由此可以认为,在未来智能经济形态下,先进制造业将依然是一个国家经济的

根本支柱。与此同时，作为国民经济基础和命脉的农业经济依然有着重要影响，必须始终坚持第一产业地位不动摇。

2. 可持续发展依然是主要基调

众所周知，工业化、现代化三百多年的历程，在给人来带来丰裕物质财富的同时，也给人类带来了巨大的伤害和威胁。生态环境遭到恶性毁坏、世界性财富分配不均、世界大战多次造成人类毁灭性灾难等，都是我们人类在走进智能社会、推动智能经济发展所必须高度警惕的。虽然20世纪中叶以来，可持续发展理论使人类有了一定的警觉，但是世界性发展严重不平衡，加上一些发达国家过分地追求自身利益而忽视其他欠发达和贫穷国家人民的利益，因此，以消耗自然资源、破坏生态环境为代价的畸形发展以及单边主义、民粹主义的抬头等趋势，依然会严重冲击未来智能经济的演进过程。这是人类必须站在维护人类安全的高度，共同面对和思考的人类命运问题。

3. 科技创新、制度创新依然是主要动力

从原理上讲，人类社会进步的所有动力都源于科技创新和制度创新。马克思主义最基本的观点就是社会生产力是人类社会进步的根本动力。纵然如此，在不同社会阶段，科学技术的重要程度、驱动方式以及功能作用发挥是不相同的。农业社会数千年，社会生产力进步缓慢，科学技术作用有限。工业社会数百年，人类创造的物质财富超过人类有史以来的所有总和，这一巨大功绩自然要归功于科学技术创新和经济制度创新。根据可以观测到的社会经济发展历程，我们不难预测：只要人类珍视和平的世界环境，人类社会不因突发因素而招致巨大冲击，未来的智能社会、智能经济必然会带给我们远远超过工业社会的福祉。而这一切都将源于科技创新、制度创新和商业运行模式创新等。

4. 资源市场化配置与政府调节功能相结合依然是主要手段

两百多年前，亚当·斯密发现了市场这只无形的手，它支配着工业经济从蒸汽机时代走到了计算机时代，支配着粗陋的纺织厂演变为世界性垄断企业。一句话，它给人类创造了工业社会。同时，当西方工业经济走到20世纪初时，无形之手好像失灵了，经济就像一匹脱缰的野马，要将人类带向悬崖。于是，一直站在背后的巨人——政府，果断地站了出来，伸出有形之手，握住缰绳，不断地调控着经济走势，使得工业经济曲曲折折地走到21世纪。在智能经济形态渐渐显露出面目并蹒跚着向前迈进的过程中，我们更清楚地看到，配置资源、调节经济运行的“两只手”依然具有特别重要的地位。就像党的十九届四中全会指出的那样：必须坚持社会主义基本经济制度，充分发挥市场在资源配置中的决定性作用，更好发挥政府作用。毋庸置疑，中国已经在总结改革开放四十多年历史经验的基础上，找到了自己科学发展智能经济之路。

5. 宏观经济协调发展依然是主要格局

宏观经济协调发展理念是在工业经济时代出现并不断演化进步的伟大思想。它始于20世纪30年代的世界经济大危机，成熟于20世纪中叶，至今仍具有旺盛的生命力。中国作为一个脱胎于计划经济体制的市场经济国家，天然地具有宏观经济调控的优势，经济结构、经济运行、经济效能以及经济与社会长期处于基本协调状态，对此，世界为之诧异。从一定程度上讲，如果说中国四十多年的改革开放书写了经济快速发展和社会长期稳定两大奇迹新篇章，那么一个很重要的因素可能就是我们拥有这样一种健全、完善的宏观经济调控制度体系。如果再扩展到科技、社会、国防、安全、民生、生态等全方面去思考，并考虑到当前世界格局的变化，我们没有任何理由不去坚持和完善这一制度体系，无论智能经济将走多远。

6. 全球一体化依然是世界经济发展主要趋势

目前，世界发达国家有20多个，其人口占世界总人口的24%；而发展中国家有150多个，人口占世界总人口的76%。发展中国家基本上尚处在向现代工业文明转变之时，发达国家已开始步入智能经济发展的新阶段，推动着新一轮社会经济与文化的全球化。[①] 不同的国家，由于资源禀赋和配置机制及能力的不同，在互相交往中所处的地位及其所产生的影响力是有差异的。但是，不管在国际格局中处于什么位置和状态，世界上没有一个国家能够置身于全球一体化旋涡之外。世界经济发展面临的难题，没有哪一个国家能独自解决。因此，坚持开放合作，共同把全球市场的蛋糕做大，把全球共享的机制做实，把全球合作的方式做活，是推动未来智能经济发展、重振世界经济的必由之路。当前，美国政府逆世界发展趋势而动，奉行"美国利益优先"，大搞贸易保护主义，只能是一时的霸权利益冲动，绝非长久治理之策，更非未来智能经济发展趋势之所属。

（二）智能经济不确定性构成智能经济发展的机遇与挑战

智能经济不确定性主要集中表现在工业社会向智能社会转型过程中，许多承上启下、转承启合的领域、制度以及理论等方面存在的错位差，而理论与实践又难以及时应对这些社会经济现象。这是所有社会转型过程中都需面对的，只是在生产力水平低下的社会形态下，转型周期长、社会触及面窄、影响幅度小和风险性较低，人们对于社会转型的适应过程相对处于自熟状态。而此次工业社会向智能社会转型，人类面对的却是新科技革命来势迅猛，涉及领域宽泛，触及社会方方面面的现实问题。因此，在向智能经济转型的过程中，人们的生产生活习惯、社会运行方式以及社会治理制度体系等还没有做好充分准备，人们也没有足够的调适的时间与机会。因此，面对铺天盖地、令人眼花缭乱的科技信息的冲击，人们自然会生出能否掌控未来的疑虑和

---

① 刘伟.坚持和完善社会主义基本经济制度，不断解放和发展社会生产力[N].光明日报，2019-12-13(11).

危机感。

1. 科学技术迅猛发展带来的不确定性

张康之教授在研究社会不确定性问题时，将科学技术范式分为两类，即模仿型技术范式和创造型范式。他认为，工业社会的全部技术都只能看作一种在认识了自然规律的基础上所进行的模仿。然而，20 世纪后期以来，科学技术中的许多新成就突破了模仿型技术的范式，成为真正的创造性技术。[①] 模仿型技术是人们在认识客观世界的过程中所形成的，比如仿生学技术、机械技术等，人们对于科学技术的出现虽有不适之处，但并没有出现强烈的陌生感，而且这些新的科学技术常常逐渐出现于社会演进的不同历史阶段，给人们留下了调适的时间和空间。纵然如此，在每一项新的科学技术成就出现的时候，人们也为之担心。因为它们对人类已有的文化观念、伦理观念和道德原则提出了挑战，特别是对人类既有的思维方式、生活方式甚至是生存方式提出了挑战。人类更多地担心对于这些科学技术成就的认识和把控程度，为这些科学技术成就在转化为实际应用的过程中给人类可能带来不可控的灾难而感到恐惧。无论如何，科学技术就像一列高速启动但又无人驾驶的列车，呼啸着滚滚向前。

因此，在科学技术推动人类社会转型的历史关节点，人们对于社会发展的顾虑可能还要弱于对科学技术迅猛发展的担忧。工业社会从农业社会脱胎而出时，英国出现了“卢德运动”“红旗法案”等人间闹剧，在工业社会三百多年的历史演进中，不断出现因科学技术进步而导致的社会不适状况，但历史地看，在工业经济时代，人类与自己所创立的科学技术还是能够和谐相处的。在当今智能社会时代，智能革命远非工业革命对社会冲击的烈度所能比拟。无论是超级计算、互联网、物联网、移动通信、空间地理信息技术、人工智能、区块链，还是新材料、新能源、类脑科学、基因工程、量子物理学、天体物理学、新生命科学，还是超强的现代工程技术、社会经济应用技术，抑或新商业运营模式、新经济形态、新生产生活生存方式等创新，几乎在 20 世纪末期一股脑地汇聚到人类社会千年转型这一历史节点。因此，身体虽已走进智能经济时代，大脑和习惯还基本停留在工业经济时代的人类，心存担忧与恐惧是必然的。

2. 工业经济条件下所形成的经济理论与制度体系面临新挑战

如果我们能够勇敢地不再自恋，回过头来审视一下既有的经济理论和经济制度，我们会发现，除了基础性、原理性的理论和基本制度安排之外，大多都需要进行调适性修订。这并不是因为我们的认识能力或者是战略把握出了什么问题，而是因为社会转型来得太快，经济转型来得太迅猛，我们还没有来得及去梳理应对这种转型的思绪，这种转型的冲击不期而至。诸如，工业互联网、增材技术、人工智能、物联网、机器人、超级计算等现代技术，几乎在一夜之间改变了传统制造业所有的运行、组织与制度体系；平台经济几乎融入各种领域（包括社会、文化、生态、安全等）的延伸、改造、提

---

① 张康之. 合作的社会及其治理[M]. 上海：上海人民出版社，2014：31.

升,使得原有经济形态面目皆非;"区块链、人工智能、超级计算、物联网+金融"模式,正在颠覆性改变传统金融业,重塑现代金融业。

可以预测,在历经若干年新技术的洗礼后,我们会用一种什么样的理念去理解金融业,这对人类将会是一种拷问;"物联网、车联网"在不久的将来,将会使满街上跑的汽车都是无人驾驶;人们可能穿上一件什么器具就可以飞越上千公里,想到哪就到哪;"智联网+"模式将会改变我们的居家形式,使人类体验到难以想象的家庭幸福;智能农业将可能把农业从传统形态直接提升到智能时代,千里之外的茫茫大漠上,放羊的大爷拿着5G手机,露出灿烂的笑容推销着他家的优质羊毛……凡此等等,都昭示着一个重要的问题,即面对这一系列现代版的新技术、新经济形态,我们现有的思维理念、运作方式、法治体系等,很可能还远远没有跟上时代的步伐,我们的立法、立规、立制还没有完全意识到这样一种超前性,甚或还陷在纠缠无人驾驶出现事故后的责任划分、机器人伴侣的伦理问题等具体事件。当然,这也是人们在智能社会面临的需要慎重对待的客观现实。

3. 数据资源新垄断将挑战人类公平价值观

从目前智能科技、智能经济的发展态势看,过去对物质资源及其市场的垄断而造成的物质财富严重分化的现象有可能继续存在。但是,现实已经鲜明地证明,大数据资源高度垄断并与智能科技高度结合,则是未来智能经济所要面对的主要威胁。2019年3月21日,北京酷睿奥思科技发展有限公司发表了一篇文章《20年前,人们为什么恐惧微软?》,向人们讲述了微软被政府提出反垄断而肢解的事实。它告诉我们,20世纪末,美国经济就面临大数据新垄断的问题。"20世纪90年代,微软试图以自己在操作系统的统治地位获取在互联网浏览的统治地位。联邦政府起诉微软反垄断,并最终达成和解。政府对微软的反垄断诉讼为谷歌和脸书的崛起开辟了道路。"提出拆分科技大公司的民主党参议员伊丽莎白·华伦(Elizabeth Warren)将1998年那场差点拆分微软的反垄断诉讼作为今天拆分苹果、亚马逊、脸书、谷歌的理论基础。不过可以肯定的是,20年前,微软确实是一个令人恐惧的公司。1997年,宿敌乔布斯回到苹果之后结束与微软的专利诉讼,在Mac上预装IE以换取比尔·盖茨(Bill Gates)的资金支持。而当时最大的互联网公司雅虎创始人杨致远则公开说:"你永远、永远也不想和微软竞争。如果他们想和你竞争,你得赶快跑开,做点别的事。"[①]巧合的是,20年后,美国政府又一次对包括脸书等在内的网络平台企业发起垄断诉讼调查。"我们是一个有着遏制垄断的传统的国家,无论这些公司的领导人是多么好心。扎克伯格的权力是史无前例的,也不符合美国传统。"脸书首席执行官马克·扎克伯格(Mark Zuckerberg)的前大学室友、脸书联合创始人克里斯·休斯(Chris

① 周韶宏.反垄断究竟是在反对什么③:20年前,人们为什么恐惧微软?[EB/OL].(2019-03-21)[2022-07-10]. https://www.douban.com/note/711130414/? _i=9752862gw0gZGi.

Hughes)在《纽约时报》的一篇冗长的评论文章中写道。[①]

从微软和脸书遭到美国政府反垄断起诉的案例可以看出,智能经济背景下经济垄断具有新的特点,大数据垄断的危害更加严重。同时,从社会公正的价值原则出发,我们可以得知,大数据垄断对社会最大的伤害之一可能就是价值峭壁问题,处理稍有不慎,就会造成比工业经济时代更为严重的两极分化和社会分配不公。

4. 人工智能不断发展必将挑战人类安全

英国著名天体物理学家斯蒂芬·威廉·霍金(Stephen William Hawking)曾公开表示:"我们并不知道,人工智能会辅佐人类,还是支配人类,或者是人类彻底被其摧毁。"他在临终遗言中最为担心的三件事之一就是人工智能对人类的威胁。在他生命中最后的几年里,他曾频繁发出关于人工智能的警告:"人工智能可能毁灭人类",并且表示人类必须建立有效机制尽早识别威胁所在。作为世界一流科学家,以他对科学的严谨态度和对人类挚诚的情怀,他的警告不得不引起我们深思。事实上,在人工智能短短六十多年的发展历程中,特别是在近十多年突飞猛进的强烈态势中,哪怕是普通人,对此也常常会生出忧色。库兹韦尔认为,技术的改进过程也在寻求以指数级速度提高能力的方式。创新者们总想成倍地改善事物。创新是乘法,不是加法。技术与所有进化过程一样,也以自身为基础。当它完全掌控了自身发展的时候,这种加速趋势就会持续下去。由此而得出了他的"加速回报定律",其中要义之一,就是在进化过程中,有序的增加呈指数型。[②] 人工智能近二十年的发展态势,支持了库兹韦尔这一定律的准确性。20 世纪伊始,计算机的速度每三年就增加一倍;到了 20 世纪五六十年代,每两年就增加一倍;现在每一年就增加一倍。在此基础上,库兹韦尔曾经预测,这种趋势将一直延续到 2020 年,届时,计算机的存储容量和计算速度将可与人脑一较高低。一旦计算机的智能与人类相当,它就势必会有超过人类智慧的一天。如果一台与人类智能相当的计算机兼具速度、精确性以及存储共享能力方面的优越性,那么这台机器一定所向披靡。事实上,仅从由谷歌旗下 DeepMind 公司戴密斯·哈萨比斯(Demis Hassabis)领衔的团队开发的阿尔法围棋(AlphaGo)连续击败李世石、柯洁开始,人工智能"深度学习"的巨大能量和难以想象的未来前景就已经初步显现在世人面前。

更为严重的是,人工智能一旦大规模地应用到军事领域,那将是继核武之后新一轮更为严峻的挑战。2019 年,美国《防务一号》网站报道称,美国国防部高级研究计划局(DARPA)将启动"空战进化"(ACE)项目,通过测试人类飞行员和人工智能实体在激烈空战中的配合,研究人类对自主空战系统的信任问题,加强人机在各类场景空战中的协同作战。[③] 人工智能已经高强度地应用到现代军事领域,这是明摆着的事

---

① 腾讯科技. Facebook 反对分拆,美国会要求对其反垄断调查[EB/OL]. (2019-05-10)[2022-07-15]. https://tech.qq.com/a/20190510/000264.htm.

② 雷·库兹韦尔. 机器之心[M]. 张温卓玛,吴纯洁,胡晓姣,译. 北京:中信出版社,2016:36.

③ 雷·库兹韦尔. 机器之心[M]. 张温卓玛,吴纯洁,胡晓姣,译. 北京:中信出版社,2016:36.

实。人工智能对于未来人类社会可能是最为重要的新科技引领，或者可以说是未来智能革命的标志性科技与应用。它在给人类带来无限进步的同时，一定还具有巨大的潜在隐患，这种不确定性正是我们现在所普遍担忧的。

5. 全球一体化与封闭保守主义将持续无情博弈

众所周知，美国政府频频“退群”，挑起中美贸易战和全球贸易战，实质就是全球一体化趋势与封闭保守主义之战。这场博弈，表面看似经济自由主义与保守主义的理论之争，是工业经济时代世界经济博弈的延伸，但其本质上已经远非工业经济时代的自由主义与保守主义的战斗了。它的背后除了传统的政治、经济、金融等因素外，核心还是集中于科技之战。因此，参与这场博弈者都是采取釜底抽薪办法，希望从最核心科技入手，达到一招毙命的效果。我们要看到问题的实质和严重性。从理论上讲，在智能经济形态下，全球一体化是大势所趋，是任何势力都无法阻挡的。但是，在推进全球化的过程中，一定会充满着不确定性因素，有时甚至会出现强大的阻力，甚或还会走一段弯路。中国提出推动构建人类命运共同体，无论是从人类社会共同价值取向出发，还是从经济全球化视角考虑，抑或从人类社会经济演进的趋势走向来说，都是与智能经济演进的目标相一致的，是破解当前开放与保守等各种世界性矛盾的最佳方式。

6. 全球经济发展格局将进行剧变重组

2019 年 2 月，国务院发展研究中心课题组对未来 15 年的国际经济格局作出基本判断，提出了国际经济格局将呈现的十大变化趋势，这些判断至今仍具有参考指导意义。一是全球经济将处于低速增长期，新一轮技术革命、城市化仍将是部分发展中国家未来增长的潜力所在，到 2035 年，全球的城市化率将达到 61.7%，这将是未来全球经济增长的一个重要动力。二是全球经济格局多极化将更明显，新兴经济体崛起，发展中国家在全球经济中地位更加重要，欧洲、日本仍然是全球重要经济体，但地位将有所下降。三是新技术革命将重塑产业格局，以信息技术和数字技术为代表的新一轮技术革命引发的产业革命，将呈现出生产方式智能化、产业组织平台化、技术创新开放化的特征，对全球分工也将带来全面而深刻的影响。四是国际贸易将呈现数字化等特点，经济全球化深入发展，国际分工不断深化，仍将是国际贸易持续发展的重要推动力，国际贸易规则更加强调高标准、高水平的便利化与自由化。五是跨境投资规则制定出现新趋势，跨国公司将继续是全球跨境投资和价值链布局的主要力量，新兴经济体的跨国公司数量将持续上升，发展中经济体在跨境投资中的地位不断上升。六是全球人口老龄化加速，人口增长总体趋缓，全球的生育水平普遍下降，发展中国家的降幅更为明显，部分国家长期处于低生育率水平。七是绿色发展成为重要取向，要实现可持续发展目标和推动世界经济发展，控制污染、实现低碳转型的绿色发展正在成为各国经济发展的主流。绿色发展对国际经济格局产生重要的影响，将对技术创新、产业发展、污染减排形成倒逼机制，促进绿色创新和绿色产业发展，形成新的经济增长点。八是全球能源结构与格局将深刻变化，清洁化、低碳化、电力化、数字化将改变世界能源结构，分布式能源将成为新的能源供给方式，从全球能源供给格局看，除了欧佩克国家、俄罗斯等传统的能源出口大国，美国将成为全球能源新的供给国。九是全球粮食安全总体有所改善，全球实际可利用开发的农业耕地达到35亿公顷，有14.67亿公顷的潜在耕地尚未得到有效利用，2035年全球粮食安全总体状况会有所改善，在人口增长和经济增长的驱动下，未来全球粮食消费仍将持续增长。十是国际金融中心将多元化，到2035年，美国仍是对全球综合影响力最大的国家，美元仍将处于国际货币体系的核心地位。随着经济全球化的深化，越来越多的经济体进入到国际货币体系当中，国际货币体系的覆盖范围也大大拓展，国际货币有逐渐多元化的趋势，国际金融中心多元化。以上海为代表的新兴市场国家的金融中心城市在全球金融体系中排名缓慢上升，并与排名相近的发达国家城市直接竞争。但伦敦和纽约仍将是国际主要金融中心城市。金融中心按区域划分的趋势逐渐增强。①

① 国务院发展研究中心课题组.未来国际经济格局十大变化趋势[N].经济日报，2019-02-12(8).

第五章

现代化经济体系与智能经济形态

党的十八大以来，我国对经济形势及其演变趋势不断作出新的科学判断，提出了一系列经济发展新定位，从"新常态""经济结构转型升级""高质量发展""创新发展"到"供给侧结构性改革"、五大发展理念，再到"现代化经济体系"。党的二十大报告进一步提出："建设现代化产业体系。坚持把发展经济的着力点放在实体经济上，推进新型工业化，加快建设制造强国、质量强国、航天强国、交通强国、网络强国、数字中国。"从中我们可以看出，现代化经济体系是我国对于世界经济新格局、中国经济新趋势的基本把握，是建设未来经济制度体系与经济理论体系的方向性指引，更是新时代经济现代化的路径选择和宏观定位。故而，现代化经济体系、智能经济是新时代中国经济形态演进与制度结构的具体化表述。进入21世纪以来特别是第二个十年，贯穿我国经济整体转型发展过程的经济形态，必然是数字经济、智能经济，而且在快速的经济转型过程中，数字经济、智能经济越来越鲜明地展现出其有别于农业经济、工业经济形态的本质特征。到目前为止，全世界包括中国在内所展现出来的一切经济现象表明，无论我们现在是否承认和精确地认识到，数字经济、智能经济已经作为一种独立的历史性经济形态登上了世界舞台，已经演化成为现代化经济体系的基本内涵和本质特征，是现代化经济形态的另一种具体呈现。

一、现代化经济体系的基本认知

作为经典的经济学概念，经济体系是对在一定社会形态背景下，人类生产生活过程中相互联系、相互影响、相互制约的经济活动的总体制度性描述。它突出强调人类经济活动的系统性、结构性、协同性、制衡性、动态性、开放性和整体性。自人类走进文明社会以来，社会经济活动虽然复杂多样、变幻无穷，但它们并非杂乱无章的"混沌体"，而是伴随着人类社会的自然演进，按照一定规律、一定联系、一定结构组织起来的有机运动体。不同的社会背景下，统一的经济体系在整体上推动着人类社会前行；同一社会背景下，不同的经济主体、经济结构在经济体系中处于不同地位，执行不同功能，完成不同活动，彼此之间相互协作、相互联系、相互制衡，共同推动着人类社会经济活动不断演进，保障人类的生存、延续与发展。因此，一定社会形态下的经济体系具有鲜明的历史性，它的存在与运行集中体现为时代的社会特征，不同的社会结构与形态决定经济体系的构成与特征，即便在同一历史时期，在不同国家、区域和社会经济制度条件下，经济体系也具有不同的内容和特征。但是，从一般意义上看，不同经济体系的根本目的是相同的，它们都是在一定的技术条件下，通过对生产要素的合理配置和使用，生产出满足社会大众需要的产品与服务，并按照一定规则把它们分配给不同的社会成员，支撑社会演进发展和社会化再生产。按照这样的逻辑延伸，尽管人类社会经历了原始社会、奴隶社会、封建社会、资本主义社会和社会主义社会五个阶段，但如果把社会经济活动组织方式的根本变化作为经济体系阶段划分的依据，人类社会经济体系的演进与经济形态的演变是一致的。迄今为止，长期稳定地存在过三种经济形式，即自然经济体系、市场经济体系和计划经济体系。从这种视角观察，现代化经济体系本质上是市场经济体系较为完善的形式。如果我们再把市场经济体系细分为工业经济形态、智能经济形态两个历史阶段的话，那么还可以得出这样的结论：与工业经济阶段相适应的是工业现代化经济体系，与智能经济阶段相适应的是智能现代化经济体系。中国提出的现代化经济体系，是指以数字化、智能化经济体系为主要内容的融合型现代化经济体系，可以理解为市场经济体系的现代形式或高级阶段，它具有市场经济体系的基本属性，又是新一代科技革命——智能革命和产业变革所推动产生的新型现代化经济体系。

（一）现代化经济体系的提出背景

党的十九大报告指出，中国特色社会主义进入新时代，我国社会主要矛盾已经转化为人民日益增长的美好生活需要和不平衡不充分的发展之间的矛盾。“我国经济已由高速增长阶段转向高质量发展阶段，正处在转变发展方式、优化经济结构、转换增长动力的攻关期，建设现代化经济体系是跨越关口的迫切要求和我国发展的战略目标。必须坚持质量第一、效益优先，以供给侧结构性改革为主线，推动经济发展质量变革、效率变革、动力变革，提高全要素生产率，着力加快建设实体经济、科技创新、现代金融、人力资源协同发展的产业体系，着力构建市场机制有效、微观主体有活力、宏观调控有度的经济体制，不断增强我国经济创新力和竞争力。”至此，从党和国家大政方针的定位上，全面推动高质量发展、建设现代化经济体系，被确立为我国未来经济发展的战略目标和历史方位。展望2035年，我国经济实力、科技实力、综合国力将大幅跃升，经济总量和城乡居民人均收入将迈上新的大台阶，关键核心技术将实现重大突破，进入创新型国家前列。届时，我国基本实现新型工业化、信息化、城镇化、农业现代化，基本实现社会主义现代化，建成现代化经济体系。

如果仅从时间节点看，我国提出建设现代化经济体系，正处在21世纪第二个十年智能经济起始阶段的关键时刻。智能经济是现代化经济体系在新时代的具体形态。经济学家陈世清认为，现代化经济体系，是以政府宏观调控为主导，通过产业融合实现产业升级、经济可持续高速发展的智慧经济理论体系与智慧经济形态。它不但是经济增长方式的转变、经济发展模式的转轨，而且是经济学范式的转换。陈世清先生从健康大产业发展的具体实证视角出发，第一次将现代化经济体系与智能经济联系起来加以研究，并将智能经济视为现代化经济体系的基本形态和经济学的未来范式。当然，我们不可能拿一家之言用来佐证某一种新认知，特别是对于像"经济学范式"这样的理论结论。但是它给我们一种思考，那就是智能经济范式理论已经成为当前和未来无法回避的客观现实。因为既有的经济学范式已经不能完全述说新的经济事实，智能经济却在任性地猛烈生长。[①]

（二）现代化经济体系基本内涵与结构

2018 年 1 月 30 日，十九届中央政治局就建设现代化经济体系进行第三次集体学习。习近平总书记在主持学习时强调，现代化经济体系，是由社会经济活动各个环节、各个层面、各个领域的相互关系和内在联系构成的一个有机整体。我们建设的现代化经济体系，要借鉴发达国家有益做法，更要符合中国国情、具有中国特色。

现代化经济体系是新时代在新发展理念指导下，努力构建的一种由经济发展的目标、主线、驱动力、支撑条件、产业体系、体制基础、着力点所组成的经济发展系统，涵盖了现代经济活动的全部内容和领域。现代化经济体系主要由宏观调控、现代市场、现代产业、现代企业、区域经济、对外开放、经济制度和数字经济等八个子体系构成，其中，现代产业体系是现代化经济体系的核心，强调实体经济、科技创新、现代金融、人力资源协同发展，突出科技创新、现代金融、人力资源三大要素的支撑作用。现代化经济体系是以创新、协调、绿色、开放、共享的新发展理念为指导的新的经济发展方式，在统筹发展总量和速度、发展水平和质量、经济体制机制运行、对外开放发展程度等诸多方面的相互协同发展中，实现国民经济现代化的总目标。现代化经济体系是以智能革命为根本动力的智能经济新形态。新一轮科技革命和制造转型升级的产业变革交汇融合，大数据与深度学习作为引爆此次智能革命的前沿技术，引发出人工智能技术、移动通信技术、智能制造技术、新型智慧产业、虚拟与增强现实技术、区块链技术等众多颠覆性变革，并塑造层出不穷的互联网商业模式、共享型经济消费模式，同时有力推动开放型经济发展。总而言之，现代化经济体系的基本动力是创新、基本要素是数据、基本机制是融合、基本形态是智能，其本质内涵与智能经济形态特征高度统一。[②]

（三）现代化经济体系构建本质是智能革命驱动经济运行体系演进

进入 21 世纪以来，以新一代信息技术、大数据、人工智能、新能源、新材料、生物技术等为代表的智能革命呈现出加速发展趋势，不仅极大地推动了社会生产力的发展，也给人类社会生产关系、经济基础、生活方式甚至意识形态领域带来深刻改变。

---

① 杨述明.智能经济形态的理性认知[J].理论与现代化，2020(05)：56-69.

② 杨述明.智能经济形态的理性认知[J].理论与现代化，2020(05)：56-69.

从理论上讲，现代化经济体系之所以从传统经济体系脱胎而出，根本在于新一轮科技革命与产业变革——智能革命的强力驱动。2013 年 9 月 30 日，十八届中央政治局以实施创新驱动发展战略为题举行第九次集体学习。习近平总书记在主持学习时强调，当前，从全球范围看，科学技术越来越成为推动经济社会发展的主要力量，创新驱动是大势所趋。新一轮科技革命和产业变革正在孕育兴起，一些重要科学问题和关键核心技术已经呈现出革命性突破的先兆，带动了关键技术交叉融合、群体跃进，变革突破的能量正在不断积累。即将出现的新一轮科技革命和产业变革与我国加快转变经济发展方式形成历史性交汇，为我们实施创新驱动发展战略提供了难得的重大机遇。机会稍纵即逝，抓住了就是机遇，抓不住就是挑战。我们必须增强忧患意识，紧紧抓住和用好新一轮科技革命和产业变革的机遇，不能等待、不能观望、不能懈怠。

2021 年 3 月，《求是》（第 6 期）杂志发表习近平总书记的重要文章《努力成为世界主要科学中心和创新高地》。文章指出，进入 21 世纪以来，全球科技创新进入空前密集活跃的时期，新一轮科技革命和产业变革正在重构全球创新版图、重塑全球经济结构。以人工智能、量子信息、移动通信、物联网、区块链为代表的新一代信息技术加速突破应用，以合成生物学、基因编辑、脑科学、再生医学等为代表的生命科学领域孕育新的变革，融合机器人、数字化、新材料的先进制造技术正在加速推进制造业向智能化、服务化、绿色化转型，以清洁高效可持续为目标的能源技术加速发展将引发全球能源变革，空间和海洋技术正在拓展人类生存发展新疆域。科学技术从来没有像今天这样深刻影响着国家前途命运，从来没有像今天这样深刻影响着人民生活福祉。中国要强盛、要复兴，就一定要大力发展科学技术，努力成为世界主要科学中心和创新高地。要充分认识创新是第一动力，提供高质量科技供给，着力支撑现代化经济体系建设。要以提高发展质量和效益为中心，以支撑供给侧结构性改革为主线，把提高供给体系质量作为主攻方向，推动经济发展质量变革、效率变革、动力变革，显著增强我国经济质量优势。要把握数字化、网络化、智能化融合发展的契机，以信息化、智能化为杠杆培育新动能。要突出先导性和支柱性，优先培育和大力发展一批战略性新兴产业集群，构建产业体系新支柱。要推进互联网、大数据、人工智能同实体经济深度融合，做大做强数字经济。要以智能制造为主攻方向推动产业技术变革和优化升级，推动制造业产业模式和企业形态根本性转变，以"鼎新"带动"革故"，以增量带动存量，促进我国产业迈向全球价值链中高端。

（四）现代化重心第三次转移推动我国经济体系现代化建构

近代以来，文艺复兴、启蒙运动以及资产阶级革命推动科技革命不断颠覆性地改变欧洲社会经济形态、产业结构形态。伴随着资本主义生产方式的产生和发展，在几个世纪期间，世界经济重心和贸易中心发生数次转移，为西方现代化发展浪潮的到来做足了前期铺垫。14—15 世纪，在地中海沿岸的意大利城邦国家，如突尼斯、热那亚、米兰、佛罗伦萨等地，工场手工业和小商品生产者、经营者全面兴盛起来，商业资本开始取代土地资本而加速发展,从而催生出资本主义生产方式。该地区一时成为世界经济重心和贸易中心,吹响了资本主义经济发展的前奏。自16世纪起,随着地理大发现和海外扩张,人类进入大航海时代,世界经济重心由地中海转移到大西洋沿岸,葡萄牙、西班牙、荷兰、英国和法国等西欧国家领跑世界经济和贸易。但是最早出现的葡萄牙、西班牙、荷兰的海外殖民帝国并未立即推动西方向现代工业文明过渡。从18世纪下半叶到19世纪中叶(大约1780—1860年),工业革命由英国发端,然后向西欧扩散,推动了以工业化为标志的第一次现代化浪潮,开启了人类历史上现代化文明的新时代。英国一跃而成为世界上第一个工业化国家,成为当时世界上经济最发达的国家,号称“世界工厂”。[①] 19世纪中期,英国工业产值超过世界总产值的三分之一,钢铁产量占世界的一半,贸易总额占世界的五分之一以上,是世界第一航运大国、贸易大国。维多利亚女王统治时期的英国殖民地总面积超过3 000万平方公里,国土面积相当于世界陆地面积的四分之一,英国殖民地遍布全球各地,号称“日不落帝国”。同时,英国拥有约4亿人口,占世界总人口的25%以上,是世界第一人口大国。19世纪末到20世纪初,工业化和现代化在欧洲核心地区取得巨大成就,并向周边地区扩展,越出欧洲,开始向异质文化地区传播,形成了推动现代化的第二次浪潮。第二次现代化浪潮的物质技术基础是电与钢铁,人类从此进入“电气时代”“工业制造时代”,德国和美国经济迅速赶超英法等老牌资本主义强国。随着两次世界大战的爆发,西欧经济遭到严重破坏,美国一跃而成为世界第一大国,以美国为主导的多中心资本主义世界经济体系取代英国的单一中心地位。1940—1944年,美国工业的年增长率超过15%。二战结束初期,美国制造业的产出占世界的一半,黄金储备占世界总储备的2/3,世界经济重心由西欧转移到美国。直到今天,美国依然是世界头号经济强国。[②]

导致世界经济重心两次转移的主要原因,是科技革命推动下新兴产业的崛起,实质上是产业发展方向上的改变。18世纪下半叶爆发的第一次工业革命以蒸汽机的发明和广泛使用为标志,它推动了以纺织业为中心的产业体系形成,如采矿业、交通运输业(铁路)等。作为工业革命的发源地,英国成为世界的工业中心和贸易中心。第二次工业革命的标志性成果是汽车和电力。汽车、电讯和电器制造等新兴产业率先在德国和美国发展起来,世界经济中心和科技中心也逐步由英国和法国向德国和美国转移。第二次世界大战前后,爆发了以原子能、电子计算机、通信技术、航天技术和生物工程等核心共性技术的发明和应用为标志的科技革命,带动了核电、计算机和信息技术、生物医药、航天航空等产业的蓬勃发展,作为新技术策源地的美国在上述产业中处于领先地位,从而进一步强化了它作为世界经济重心的地位。[③]

进入21世纪以来,互联网、移动通信、空间地理信息、人工智能、新能源、新材料、

---

① 罗荣渠.现代化新论:中国的现代化之路[M].上海:华东师范大学出版社,2013:108.

② 彭五堂.现代化经济体系[M].北京:人民日报出版社,2021:28.

③ 彭五堂.现代化经济体系[M].北京:人民日报出版社,2021:29.

航空航天、海洋开发、新生命科学技术等领域取得全方位的突破性进展,带动了产业经济新业态的产生和快速成长。互联网、计算机、人工智能、移动通信、电子商务、新能源汽车、大数据、云服务、航天航空、深海远洋、智慧城市、智能医疗、智能教育等新兴产业成为新的经济增长点。

中国在这一轮新科技革命和产业变革浪潮中具有鲜明的后发优势,在一些领域实现了并跑或领跑。目前,中国是全球最大的消费电子产品生产国、出口国和消费国。早在 2011 年,中国工业总产值就达到 2.9 万亿美元,超过美国的 2.4 万亿美元。我国制造业增加值已连续 11 年位居世界第一,是世界上工业体系最为健全的国家。2018 年,中国生产手机 18 亿部、计算机 3 亿台、彩电 2 亿台,产量分别占全球总产量的 90%、90%和 70%以上;电子商务交易额达到 31.63 万亿元,网上零售额突破 9 万亿元,网购用户规模突破 6 亿人,上述几项指标稳居全球首位。中国是全球主要的电子信息制造业生产基地,已经成为全球产业生态不可或缺的组成部分。2020 年是我国“十三五”时期的收官之年,其中关键的集成电路产业规模达到 8 848 亿元,年均增速近 20%,为全球同期增速的 4 倍,是全球规模最大、增速最快的集成电路市场。2020 年,中国大陆地区新型显示产业营收达到 4 460 亿元,年均复合增长率达 22.1%,持续位居世界首位。“十三五”以来,我国建成了全球规模最大的信息通信网络,光纤宽带用户占比从 2015 年底的 56%提升至 2020 年底的 94%,千兆光网覆盖家庭超过了 1.2 亿户。2020 年,我国网上零售额达 11.8 万亿元,移动支付交易规模达 432.2 万亿元,双双位居全球首位;数字经济规模达到 39.2 万亿元,增速达9.7%,数字产业化占数字经济比重为 19.1%,产业数字化占数字经济比重达 80.9%;国内生产总值突破 100 万亿元大关,按可比价格计算,同比增长 2.3%,稳居世界第二位。在全球经济衰退的大环境中,中国经济依然实现逆势增长,成为世界经济发展史上的奇迹,其中数字经济成为重要支撑。[①] 统计测算数据显示,从 2012 年至 2021 年,我国数字经济规模从 11 万亿元增长到超 45 万亿元,数字经济占国内生产总值的比重由 21.6%提升至 39.8%。[②] 工业和信息化部的统计数据显示,从 2012 年到 2021 年,我国制造业增加值从 16.98 万亿元跃升至 31.4 万亿元,占全球的比重从 20%左右提高到近 30%,连续 12 年在世界排名第一。我国制造业的 31 个大类、工业的 207 个中类和 666 个小类都是齐全的,是当之无愧的制造大国。十年来,我国工业企业关键工序数控化率、数字化研发设计工具普及率分别提高了 30.7 个和 25.9 个百分点,2021 年达到了 51.3%和 74.7%。2012 年以来,我国建成了全球规模最大、技术领先的网络基础设施。[③] 从 2012 年到 2021 年的十年之变,我们不难看出,新型的现代化经济体系正在加速构建,它不仅带动传统产业升级重构,而且加剧数字经济、智能经济对于整个经济体系颠覆性变革的力度。

---

① 诸玲珍.数字经济激发创新活力[N].中国电子报,2021-07-02(3).

② 王政.我国数字经济规模超 45 万亿元[N].人民日报,2022-07-03(1).

③ 齐旭.工业和信息化十年发展磨利剑[N].中国电子版,2022-06-17(1).

2018 年 10 月 31 日，十九届中央政治局就人工智能发展现状和趋势举行第九次集体学习。习近平总书记在主持学习时强调，人工智能是新一轮科技革命和产业变革的重要驱动力量，加快发展新一代人工智能是事关我国能否抓住新一轮科技革命和产业变革机遇的战略问题。近年来，我国人工智能产业取得积极进展，已进入全球第一梯队。根据中国信息通信研究院的测算，2022 年，我国人工智能核心产业规模达 5 080 亿元，同比增长 18%。2013 年至 2022 年 11 月，全球累计人工智能发明专利申请量达 72.9 万项，我国累计申请量达 38.9 万项，占 53.4%；全球累计人工智能发明专利授权量达 24.4 万项，我国累计授权量达 10.2 万项，占 41.7%。[①] 2022 年，我国大数据产业规模达 1.57 万亿元，同比增长 18%，全国软件业务收入从 2012 年的 2.5 万亿元增长到 2022 年的 10.8 万亿元，成为推动数字经济发展的重要力量。[②] 2022 年，新一轮科技革命和产业变革加速演进，人工智能、大数据、区块链等新兴技术广泛应用，新产业迅速成长。其中，规模以上高技术制造业增加值比上年增长 7.4%，高技术产业投资增长 18.9%，新能源汽车、太阳能电池、工业机器人等产品产量分别增长 90.5%、46.8%、21.0%。同时，移动物联网加快建设。2022 年末，我国蜂窝物联网用户连接数达 18.45 亿户，比上年末增加 4.47 亿户，占全球总数的 70%。[③]

由于科学技术和产业变革融合推进，中国经济迅速崛起，印度、越南等亚洲国家经济也快速成长，亚洲地区的科技实力、经济实力不断提升，世界经济重心出现了"自西向东"转移的趋势，第三次现代化浪潮依然在全球激荡的同时，重心正在不断地转向亚洲尤其是中国。从全球整体演变趋势看，进入 21 世纪以来，随着新兴经济体以及发展中国家经济的较快增长，它们与发达国家之间的差距不断缩小，在全球经济中的地位不断上升。按汇率法计算，至 2020 年，新兴经济体和发展中国家的经济总量在全球经济中的占比接近 40%，对世界经济增长的贡献率已经达到 80%；如果保持现有的增长速度，十年后新兴经济体和发展中国家的经济总量将接近世界总量的一半。随着新兴经济体和发展中国家经济实力的增强，它们在国际经济活动中的话语权也不断提升，全球经济发展不均衡的局面正在扭转。这种情况是近代资本主义产生以来从未有过的，预示着不合理的国际分工格局将被打破，全球经济贫富两极分化的状况将大大改善，不平等的国际经济交往规则将被更加公平合理的国际经济规则所取代。过去长达五百多年的少数资本主义国家主导全球经济发展的情景将一去不复返，全球经济均衡发展、共同繁荣的经济格局即将到来。[④] 世界经济重心的转移和全球经济格局的重大调整对中国而言是一个极为难得的发展机遇，建设现代化经济体系是中国顺应世界发展大势、奠定中国全面建设社会主义现代化国家经济基础的

---

① 王政. 人工智能产业迎来发展新机遇[N]. 人民日报，2023-03-15(18).

② 韩鑫. 2022 年我国大数据产业规模达 1.57 万亿元，同比增长 18%[N]. 人民日报，2023-02-22(1).

③ 张翼. 不惧风浪创新绩，奋进壮阔新征程——国家统计局解读 2022 年国民经济和社会发展统计公报[N]. 光明日报，2023-03-01(10).

④ 彭五堂. 现代化经济体系[M]. 北京：人民日报出版社，2021：29-30.

重大战略抉择。

二、现代化经济体系与智能经济形态的内在统一性

综上所述，现代化经济体系是经济运行现代化演进的制度性描述，智能经济是经济运行现代化演进的状态范式表述。近代以来，世界现代化浪潮重心的三次转移无疑都是科技革命与产业变革深度融合的产物，且每一次出现的现代化新形态无不主要体现为经济体系现代化与运行模式现代化。因此，从新一轮科技革命与产业变革视角，深度认识现代化经济体系和智能经济形态的统一性本质，对于中国正在推进的中国式现代化建设进程，具有深刻的理论意义和重要的现实意义。

（一）创新构成现代化经济体系与智能经济的发展动力

中国建设现代化经济体系的社会基础是智能社会。智能社会背景下的典型经济形态是智能经济，智能经济与智能社会都是新一轮智能革命驱动演进的产物。现代化经济体系与传统发展模式的重要区别，就在于发展动力和发展模式的根本转变，即从数量型向质量型转变，从速度型向效率型转变，从资本要素驱动型向数据要素驱动型转变。

党的十九大报告指出，创新是引领发展的第一动力，是建设现代化经济体系的战略支撑。创新对现代化经济体系的支撑作用具体体现为五个方面。一是以创新实现发展方式和动力的转变。随着供给侧结构性改革的推进，经济结构的调整创新对经济增长的带动作用明显增强，解决发展动力问题，主要依靠科技创新、产业创新、创业创新、制度创新、模式创新和生态创新。二是以创新推进实体经济转型升级。创新要素向企业集聚，企业创新能力不断增强，企业产品创新、工艺创新、模式创新等创新模式多样化，国家创新与企业创新高度融合，成为现代化经济体系构建的主要动力源。三是以创新增加有效供给。随着城乡居民收入不断提高，广大人民群众的消费需求快速升级，多样化、个性化趋势明显，对环境安全、食品安全、信息安全等方面的生活质量要求更高。因此，要向市场需求开展创新，不断适应和满足消费需求的新变化，坚持面向消费需求的创新，增加有效供给，满足不断升级和多样化的消费需求。四是以创新优化区域布局。依托联动创新打造区域经济增长极，建设各具特色的区域创新体系是建设国家创新体系和现代化经济体系的重要组成部分。目前，我国区域创新能力普遍提升，形成了北京、上海、深圳等具有特色的创新中心和一批创新型城市，带动了粤港澳大湾区、京津冀、长三角、长江经济带等重大区域性创新高地经济的发展。五是以创新解决发展中的新问题。在智能社会背景下，满足人们的需求，客观上要求建设现代化经济体系，以智能制造提升原有工业制造，以数字乡村改造提升传统农业农村，以现代服务业改造提升传统服务业。归结为一点，就是以智能经济改造提升工业经济。

(二)战略性新兴产业构成现代化经济体系和智能经济的核心部件

早在2010年,国务院印发《关于加快培育和发展战略性新兴产业的决定》,文件对战略性新兴产业作了理论阐释:战略性新兴产业是以重大技术突破和重大发展需求为基础,对经济社会全局和长远发展具有重大引领带动作用,知识技术密集、物质资源消耗少、成长潜力大、综合效益好的产业。战略性新兴产业是现代化经济体系的重要组成部分,是新发展阶段我国科技实力和经济活力的集中体现,它代表着一个国家产业的发展方向,具有全局性、长远性和导向性等特征。战略性新兴产业是重大前沿科技创新成果商业化的产物,同时也是富有发展活力和市场潜力、对生产生活影响巨大的先导性产业,能够对经济社会发展产生全局带动和引领作用。

2015年5月,国务院印发《中国制造2025》,明确"十三五"和"十四五"时期战略性新兴产业的重要领域。2021年3月,我国颁布《"十四五"规划纲要》,进一步明确聚焦新一代信息技术、生物技术、新能源、新材料、高端装备、新能源汽车、绿色环保以及航空航天、海洋装备等战略性新兴产业,提出加快关键核心技术创新应用,增强要素保障能力,培育壮大产业发展新动能,着眼于抢占未来产业发展先机,培育先导性和支柱性产业,推动战略性新兴产业融合化、集群化、生态化发展,力争实现战略性新兴产业增加值占GDP比重超过17%。2022年10月,党的二十大报告指出:"推动战略性新兴产业融合集群发展,构建新一代信息技术、人工智能、生物技术、新能源、新材料、高端装备、绿色环保等一批新的增长引擎。"

由新一轮科技革命和产业变革孕育发展的战略性新兴产业,与智能经济产业结构具有鲜明的共性特征:一是新兴科技的产业化进程伴随着新材料革命、通用技术的颠覆性创新以及基础设施的更新换代,这在多个维度上协同推动了产业生态的系统性再造;二是新兴产业在核心技术和硬件层面上兼容互通,以大数据、人工智能等超强算力以及高性能传感器等智能硬件为支撑,集中体现出新科技革命中的技术群体性突破,促进了不同产业之间以及产业链各环节之间基于数字化转型的深度融合;三是科技创新与市场化应用结合更加紧密,产业化周期缩短,商业模式重构和消费升级的拉动效应更为显著;四是数据成为驱动产业发展的关键要素,数据要素的大规模投入和开发利用引发制造范式和生产组织方式变革,进而改变要素定价和收益分配机制,重塑贸易规则和竞争格局;五是相比于传统产业,新兴产业的技术起点和发展理念总体上更加"绿色",符合"碳中和"目标下的全球产业低碳转型趋势。①

(三)新兴生产要素构成现代化经济体系和智能经济的基础支撑

按照马克思主义政治经济学原理,生产要素体系是形成生产力与生产方式的基础。以数据为核心的生产要素体系的现代化是一个动态历史过程,它是指一定社会经济形态背景下的生产要素构成及其相互关系。一般情况下,当先进生产力发展到

---

① 杨丹辉.创新驱动新兴产业高质量发展[N].经济日报,2021-08-23(11).

新的阶段，新兴的生产要素变量就会深度融入既有生产要素体系，成为该体系中最活跃的因子，并不断赋能、转化、改造、提升原有生产要素的个体与整体功能，从而构建起与先进生产力和生产方式相适应的新生产要素体系，深度驱动经济体系、发展模式、生活方式发生根本性改变，甚或在根本上改变人类社会现代化进程。

在第二次现代化、工业化浪潮涌动时期，先进的生产要素体系主要由资本、劳动力、土地等基本要素和技术、人力、知识等新兴生产要素所构成，其中，知识、技术、人力处于先进新兴要素地位，决定着生产要素结构的基本构成和生产方式的基本模式，控制着整体产业链、价值链的高端，从而深刻地改变了国民经济体系与产业经济体系。从经济学说史视角来看，这一阶段属于后工业化经济体系和知识经济阶段。人类走进 21 世纪之后，随着以互联网、物联网、大数据、超级计算、人工智能、移动通信、区块链等技术为代表的智能革命蓬勃发展，数据作为一种新兴的生产要素成为新型要素体系的核心内容，彻底地改变了原有生产要素体系结构，极大地提升了新型要素体系功能，有力地推动了新时代现代化经济体系和智能经济形态的转型发展。2020 年 4 月，中共中央、国务院发布《关于构建更加完善的要素市场化配置体制机制的意见》，第一次从国家经济治理与发展的高度，对现代化生产要素体系进行了权威确定。该文件把数据要素作为与土地、劳动力、资本、技术相统一的生产要素内容，并提出推进政府数据开放共享，提升社会数据资源价值，加强数据资源整合和安全保护，培育数字经济新产业、新业态和新模式的基本要求。

数据作为新兴基本生产要素，必然引出数据、算法、算力三个核心元素以及人工智能技术与深度学习机制，因此，数据要素、人工智能要素必将构成智能经济的核心组成部分。智能经济是数字经济发展的高级阶段，是由“数据＋算力＋算法”定义的智能化决策、智能化运行的新经济形态。与其他经济形态相比，智能经济的核心内涵就是数据驱动。①

（四）绿色发展构成现代化经济体系和智能经济体系的必由之路

第三次现代化浪潮涌动形成的现代化经济体系以及与之相适应的智能经济形态，与传统工业化、现代化时代相比，在发展理念上已经“洗心革面”了，人与自然和谐共生已经成为人类一切经济活动和其他活动最为重要的价值导向之一。2016 年 1 月 18 日，习近平总书记在省部级主要领导干部学习贯彻党的十八届五中全会精神专题研讨班上指出：“绿色发展，就其要义来讲，是要解决好人与自然和谐共生问题。人类发展活动必须尊重自然、顺应自然、保护自然，否则就会遭到大自然的报复，这个规律谁也无法抗拒。”2017 年 1 月 18 日，习近平主席在联合国日内瓦总部发表演讲时指出：“绿水青山就是金山银山。我们应该遵循天人合一、道法自然的理念，寻求永续发展之路。”2020 年 9 月 22 日，习近平主席在第七十五届联合国大会一般性辩论上，首

① 中国发展研究基金会，百度. 新基建，新机遇：中国智能经济发展白皮书[R/OL].（2020-12-15）[2022-08-15]. https://www.cdrf.org.cn/jjh/pdf/zhongguozhinengjingjixinfazhan1011.pdf.

次提出中国2030年前实现碳达峰、2060年前实现碳中和的目标。2021年1月11日，习近平总书记在省部级主要领导干部学习贯彻党的十九届五中全会精神专题研讨班开班式上指出："新发展理念是一个系统的理论体系，回答了关于发展的目的、动力、方式、路径等一系列理论和实践问题，阐明了我们党关于发展的政治立场、价值导向、发展模式、发展道路等重大政治问题。"2021年3月，《"十四五"规划纲要》以"加快发展方式绿色转型"为题专章强调："坚持生态优先、绿色发展，推进资源总量管理、科学配置、全面节约、循环利用，协同推进经济高质量发展和生态环境高水平保护"，"构建市场导向的绿色技术创新体系，实施绿色技术创新攻关行动，开展重点行业和重点产品资源效率对标提升行动。"

历史反复证明，绿色发展是通往人与自然和谐共生境界的必由之路，是建设现代化经济体系的必然选择，也是智能经济演进的本质特征。我国在工业化过程中不可避免出现生态环境恶化问题，对经济社会的可持续发展造成重要影响。随着智能经济形态的不断演变，通过物联网、感知技术、大数据技术、新材料、新能源等一系列智能技术的支撑，我国已经构建起现代化的产业体系、技术创新体系以及相应的制度体系，已经构建起最大限度地保护生态环境的整体经济治理体系。特别是进入21世纪后，工业经济、信息经济与智能经济等新经济形态深度融合，经济更加趋向依赖于技术、信息、数据、智能等主要生产要素。智能社会的整体发展将在绿色循环低碳发展、人与自然和谐共生的基础上，建设完整、绿色的生态经济体系。绿色发展本质上正是现代化经济体系和智能经济形态的基本要义和追求目标。

（五）扩大开放构成现代化经济体系与智能经济体系的基本格局

与工业时代的经济体系相比较，现代化经济体系将更加需要扩大对外开放。当今时代是互联网时代，科技进步与国际分工更加紧密，产业链条全球化、市场体系全球化、资源流动全球化甚或区域发展战略全球化等趋势，已经成为当今世界经济体系构建的基本常态。因此，任何一个国家和地区的经济体系必然搭建在开放汇融的框架之中，任何"逆全球化"的回潮都是开历史倒车。

2021年4月20日，在博鳌亚洲论坛2021年年会开幕式上，习近平主席发表题为《同舟共济克时艰，命运与共创未来》的主旨演讲。习近平主席指出："当前，百年变局和世纪疫情交织叠加，世界进入动荡变革期……我们所处的是一个充满挑战的时代，也是一个充满希望的时代。人类社会应该向何处去？我们应该为子孙后代创造一个什么样的未来？对这一重大命题，我们要从人类共同利益出发，以负责任态度作出明智选择"，"开放是发展进步的必由之路，也是促进疫后经济复苏的关键。我们要推动贸易和投资自由化便利化，深化区域经济一体化，巩固供应链、产业链、数据链、人才链，构建开放型世界经济。要深化互联互通伙伴关系建设，推进基础设施联通，畅通经济运行的血脉和经络。要抓住新一轮科技革命和产业变革的历史机遇，大力发展数字经济，在人工智能、生物医药、现代能源等领域加强交流合作，使科技创新成果更好造福各国人民。在经济全球化时代，开放融通是不可阻挡的历史趋势，人为'筑墙’、‘脱钩’违背经济规律和市场规则，损人不利己。”经过四十多年的改革开放，中国在全球经济贸易体系中逐步向前，并不断以自由贸易试验区为引领，加速构建开放型经济新体制。开放发展既是中国基于改革开放成功经验的历史总结，更是拓展未来经济发展空间、提升开放型经济发展水平的必然要求。进一步构建全方位、高水平的对外开放格局是实现高质量发展的国际大局，是中国建设现代化经济体系过程中避免“修昔底德陷阱”的外部动力，有助于重塑中国经济与世界经济的互动发展模式。

智能经济本身是我国经济社会发展的必然产物，同时又是推动我国对外开放走向深入的坚强力量。在智能社会演进的过程中，互联网商业交易与产品运营模式不断创新，个性化、定制化、智能化制造技术正在全面嵌入全球商品交易；区块链作为底层技术核心架构，通过加密共享、分布式账本技术，正在构建价值互联网络以形成全球化、社会化的大数据的互联互通，即将改变全球金融、医疗、能源、供应链、数字资产的管理与交易模式；5G网络的研发与落地将大幅度提升互联网用户的业务体验，为万物互联建立技术支撑。凡此等等，智能经济已经将全球融为一体，无论人们置身于哪种行业、哪个国家或地区，都因互联物联而串在无数根链接上，谁也离不开谁。在这样一种社会背景下，我国智能经济发展更需要依赖创新发展与开放发展的内外联动，充分利用“一带一路”等各种国际性平台，发挥区位、产业、开放优势，维护好、利用好国内国外两大市场、两种资源，提高国家综合实力与国际竞争力。

由此看出，随着工业经济背景转型为智能社会背景，世界经济运行模式发生了深刻变化，世界经济交流互动必然出现新业态、新模式。2021年7月，国务院办公厅专门印发了《关于加快发展外贸新业态新模式的意见》。意见指出，新业态新模式是我国外贸发展的有生力量，也是国际贸易发展的重要趋势。加快发展外贸新业态新模式，有利于推动贸易高质量发展，培育参与国际经济合作和竞争新优势，对于服务构建新发展格局具有重要作用。意见还提出，要推广数字智能技术应用，运用数字技术和数字工具，推动外贸全流程各环节优化提升；发挥“长尾效应”，整合碎片化订单，拓宽获取订单渠道；大力发展数字展会、社交电商、产品众筹、大数据营销等，建立线上线下融合、境内境外联动的营销体系；集成外贸供应链各环节数据，加强资源对接和信息共享。力争到2025年，外贸企业数字化、智能化水平明显提升；到2035年，外贸新业态新模式发展水平位居创新型国家前列，法律法规体系更加健全，贸易自由化便利化程度达到世界先进水平，为贸易高质量发展提供强大动能，为基本实现社会主义现代化提供强劲支撑。

（六）共同富裕构成现代化经济体系和智能经济体系的价值取向

2017年，党的十九大报告指出：“保证全体人民在共建共享发展中有更多获得感，不断促进人的全面发展、全体人民共同富裕。”共建共享的核心内涵在于公平正义、共享红利以及惠及民众。[①] 2021 年 8 月 17 日，习近平总书记主持召开中央财经委员会第十次会议。会议强调，党的十八大以来，党中央把逐步实现全体人民共同富裕摆在更加重要的位置上，采取有力措施保障和改善民生，打赢脱贫攻坚战，全面建成小康社会，为促进共同富裕创造了良好条件。我们正在向第二个百年奋斗目标迈进，适应我国社会主要矛盾的变化，更好满足人民日益增长的美好生活需要，必须把促进全体人民共同富裕作为为人民谋幸福的着力点，不断夯实党长期执政基础。

共同富裕是社会主义的本质要求，是中国式现代化的重要特征。实现共同富裕，是全体中国人民的共同期盼，是中国共产党为之奋斗的重要目标。随着我国开启全面建设社会主义现代化国家新征程，必须把促进全体人民共同富裕摆在更加重要的位置，向着这个目标更加积极有为地进行努力。全面推进共同富裕取得实质性进展，必须把创新摆在国家发展全局的核心位置，不断推进理论创新、制度创新和科技创新，让创新贯穿推进共同富裕的方方面面。

实现共同富裕也是坚持以人民为中心的发展思想的集中体现。毋庸置疑，构建现代化经济体系，必须坚持共建共享、共同富裕这一基本原则。在智能社会条件下，实现共同富裕不仅是其主要目的，更是切实可行的发展路径。智能经济在本质上就蕴含了充分共享发展的理念与机制，“共享”就是智能经济的本质特征之一。“智能互联＋”万物互联模式将资源共享、提升资源利用效果的“普惠式”经济形态在各行各业迅速迭代推行，公共服务、共享交通、共享住房、共享网络、共享教育、共享娱乐、共享旅游等新业态，使民众可以享受到更便捷、更低价、更优质的产品与服务。同时，智能经济结构调整将提升和改变人口就业形态，白领阶层将成为社会主流，教育将成为社会设置的主要功能形态，技术性工作岗位将取代粗放式的规模就业。经济结构调整，经济发展质量提升，居民收入不断增加，社会分配制度不断完善，共同富裕的经济体制和经济运行结构日臻完善，既是智能经济发展的前提，更是智能经济发展的必然结果。

2020 年，我国 GDP 总量达到 101.6 万亿元，占世界经济比重超过 17%，人均国内生产总值 72 447 元，人均可支配收入 32 189 元，城镇化率达到 63.89%，居民人均预期寿命 77.4 岁，已接近发达国家水平。[②] 2021 年，我国居民消费价格比上年上涨 0.9%，低于 3%左右的预期目标；全国居民人均可支配收入比上年实际增长 8.1%，两年平均增长 5.1%，实现了与经济增长基本同步；西部、中部地区居民人均可支配收入分别比上年名义增长 9.4%、9.2%，分别比东部地区快 0.3 个、0.1 个百分点，城乡差距、地区之间居民收入差距正在缩小。[③] 2023 年 2 月，国家统计局发布的《中华人民共和国 2022 年国民经济和社会发展统计公报》显示，2022 年，城乡区域协调发展稳

① 王陈. 习近平新时代中国特色社会主义共享发展思想研究[J]. 思想政治课研究，2018(04)：6-10.

② 林光彬. 新时代推进共同富裕取得实质性进展[N]. 光明日报，2021-07-20(11).

③ 熊丽. 综合国力迈上新台阶[N]. 经济日报，2022-03-17(9).

步推进。分区域看，全年东部地区生产总值 622 018 亿元，比上年增长 2.5%；中部地区生产总值 266 513 亿元，增长 4.0%；西部地区生产总值 256 985 亿元，增长 3.2%；东北地区生产总值 57 946 亿元，增长 1.3%；地区发展不平衡问题正在缓解。从居民收入看，全年全国居民人均可支配收入 36 883 元，比上年增长 5.0%，扣除价格因素后实际增长 2.9%；城镇居民人均可支配收入 49 283 元，比上年增长 3.9%；农村居民人均可支配收入 20 133 元，比上年增长 6.3%。城乡居民收入差距正在缩小。

（七）智能经济融合各行各业推动现代化经济体系深度演进

不同于工业经济形态，智能经济是一种融合型经济形态。它像空气一样融入经济领域的每一个环节、每一个细胞、每一个元素，同时，它又将各种产业有形或无形地联结在一起，形成既相对分明的具体产业体系、又相互紧密联系的产业链接，构成“你中有我、我中有你、你我他共生”的经济命运共同体。智能经济不仅直接构建新兴产业体系，而且通过赋能改造提升，推动工业制造体系、农业经济体系和综合服务业体系等全领域经济转型发展。

1. 智能经济重构传统制造业体系

工业化是一个国家发展的必经阶段，没有工业化就没有现代化，强大的工业是强国的根基。经过新中国成立七十多年特别是改革开放四十多年的工业化发展，中国跨过了工业化的初期和中期阶段。2021 年，我国制造业增加值连续 12 年位居全球首位，220 多种工业品产量位居世界第一，是全世界唯一拥有联合国产业分类中全部工业门类的国家，“中国制造”在全球产业链、供应链中的影响力持续攀升，这是我们由经济大国走向经济强国最大的底气所在。[①]

进入智能经济时代，“智能大脑”改造了制造流程，大量的无人工厂、无人车间、无人物流、无人售卖将成为常态，并对产业结构、社会就业、仓储物流、用户体验，以及产业链、产品链、价值链等产生革命性影响。人工智能作为新工业革命的核心技术，给实体经济发展注入新的活力，推动制造业生产技术、组织方式、商业模式发生重大变革，促进生产流程的升级。智能革命推动我国工业化层级的进一步跃升，进而推动我国制造业向全球价值链的中高端迈进。特别是 5G 投入商用以来，工业互联网融合创新发展，推动制造业从单点、局部的信息技术应用向数字化、网络化、智能化转变，从而有力支撑了制造强国、网络强国建设。目前，我国“5G+工业互联网”建设改造已经覆盖全行业领域，应用范围向生产制造核心环节持续延伸，叠加倍增效应和巨大应用潜力不断释放。工业和信息化部数据显示，2022 年，我国已建成 2 100 多个高水平的数字化车间和智能工厂，其中有 209 个是示范标杆工厂；培育 6 000 多家系统解决方案供应商，建成了具有一定区域和行业影响力的工业互联网平台，其数量达到 240 家；重点工业企业关键工序数控化率达到了 58.6%，数字化研发设计工具普及率达到

---

① 李芃达. 工业互联网迎来快速发展期[N]. 经济日报，2021-08-18(6).

了 77%。[①]

2. 智能经济加快农业现代化步伐

智能经济对加快农业现代化产生重要推动作用。智能经济通过互联网、物联网、电子商务、人工智能、地理信息、遥感技术、无人机、云计算、区块链等技术，贯通城乡经济，实现市场、产业深度链接，打通供给端与需求端、消费端的直接对接，使供给方与需求方交易、消费实现点对点，最大限度地消除信息不对称和数字鸿沟等现象，最大限度地有效配置稀缺的、区域分布不均衡的农业资源。智能经济应用大数据、无人机、人工智能等先进科技手段，精准融合各种农业科学技术，大幅度地提高种植业、养殖业、加工产业等生产领域的效率与效益。智能经济通过先进的科学技术，使农业各种生产要素实现数据化、网络化、个性化和智能化，通过分析这些生产要素的特殊性，在种植、加工等生产环节进行精确投放，使生产效率实现最大化、最优化。与此同时，智能经济还通过智能教育提高农业劳动者素质，强化人工智能应用，创新优化农业经营管理模式，拓展智能农业经济新的增长点，推进农业与其他产业的高度融合，提高农业经济的整体效率。

实践证明，智能经济依托先进的科技手段，及时收集并整合农产品加工、存储、运输等各个环节的大数据，进行智能分析、实时调节管控，实现农产品运输、仓储、配送等方面的统筹优化，正在颠覆性地改变农产品的物流、贸易形态，极大地拓展了农产品的国内外市场。智能经济推动农村经济结构、消费结构转型，衍生出诸如信息服务产业、乡村旅游产业、乡村社会服务产业、乡村职业教育等各种新业态、新范式。智能经济将不断改造提升传统农业农村经济发展模式，按照“三产融合”理念，使智能农业不断走向成熟，并在新一轮城乡一体化发展过程中，与国民经济各重要领域整体推进，从而构建具有中国特色的现代化农业经济体系。

3. 智能经济推动现代服务业转型发展

大数据、人工智能、空间技术、移动通信、区块链、VR/AR/MR、元宇宙等是支撑现代服务业转型发展的关键技术，对于教育、医疗、交通、通信、商贸、旅游、文化、健康、金融、保险、创意、设计等服务业的变革有着特别的重要影响。在交通物流领域，基于网络系统与自主无人系统的智能交通与智慧城市，人工智能提高交通物流体系的效率，完善交通安全保障。在金融领域，人工智能推动金融行业经营服务模式发生巨大变化，提升金融服务实体经济的效率，推进普惠金融的实施。在医疗保健领域，人工智能辅助医疗诊断，进行医疗影响分析，通过语音生成电子病历，通过可穿戴设备进行服药提醒或提供远程监控服务，并构建“5G+”模式，实施远程医疗，推进优质医疗资源向边远地区、贫困地区和社会基层延伸。健康产业是融医疗、康复、养老、休闲、旅游、文体等为一体的新兴产业，也是智能经济形态功能集中的产业领域。我国

---

① 王政，韩鑫，姜晓丹，等. 新型工业化深入推进[N]. 人民日报，2023-03-31(1).

正在步入老龄化社会，中等收入群体占社会阶层的比重不断上升，健康需求日益增长，客观上需要把医疗、康复等具有公共特征的服务供给与休闲、旅游、文体等竞争性服务供给结合起来，通过市场机制配置资源、创造供给。毫无疑问，这些都将是受智能经济影响最为深刻的领域之一。

三、智能经济背景下建构现代化经济体系

智能经济背景下的现代化经济体系，是以新一代科技革命与产业变革为根本动力的国民经济体系，是以战略性新兴产业为引领、支撑的现代产业体系，是以高质量发展为基本运行特征的动态有机体。2018 年 1 月 30 日，十九届中央政治局就建设现代化经济体系进行第三次集体学习。习近平总书记在主持学习时强调，现代化经济体系，是由社会经济活动各个环节、各个层面、各个领域的相互关系和内在联系构成的一个有机整体。要建设创新引领、协同发展的产业体系，建设统一开放、竞争有序的市场体系，建设体现效率、促进公平的收入分配体系，建设彰显优势、协调联动的城乡区域发展体系，建设资源节约、环境友好的绿色发展体系，建设多元平衡、安全高效的全面开放体系，建设充分发挥市场作用、更好发挥政府作用的经济体制。以上几个体系是统一整体，要一体建设、一体推进。

（一）创新引领、协同发展的产业体系

现代产业体系是现代化经济体系的核心、关键和支撑。加快发展现代产业体系，首先需要把着力点放在实体经济上，以供给侧结构性改革为主线，以创新为根本动力，推动质量变革、效率变革、动力变革，提高全要素生产率，加快推进制造强国、质量强国建设，促进先进制造业和现代服务业深度融合，强化基础设施支撑引领作用，构建实体经济、科技创新、现代金融、人力资源协同发展的现代产业体系。

1. 实体经济是现代化经济体系的坚实基础

实体经济是一国经济的立身之本，是财富创造的根本源泉，是国家强盛的重要支柱。实体经济是指由商品和服务的生产、交换、分配、消费的运动过程所形成的经济系统。它是与虚拟经济相对应的一个概念。[①] 一国经济要保持健康发展、持续发展，有效应对各种经济风险，必须正确处理好实体经济与虚拟经济之间的关系，始终把实体经济放在发展的第一位。做强实体经济，重点和关键是做大做强现代制造业。制造业决定了一个国家的综合实力和国际竞争力，是我国经济命脉所系，是立国之本、强国之基。制造业不仅是实体经济的核心和关键，更是强大的现代产业体系乃至现代化经济体系的根本支撑。我国作为世界制造生产大国，智能制造已经成为未来制

---

① 刘树成.现代经济词典[M].南京：凤凰出版社，江苏人民出版社，2005：926.

造业转型发展的必然趋势和核心内容，也是加快转变发展方式、促进工业向中高端迈进、建设制造强国的重要举措，更是新常态下打造新的国际竞争优势的必然选择。有关数据显示，在2012—2021年的十年间，我国制造业增加值从16.98万亿元增加到31.4万亿元，占全球比重从20%左右提高到近30%；500种主要工业产品中，我国有四成以上产量位居世界第一。①

深入实施制造强国战略，首先必须加强产业基础能力建设，实施产业基础再造工程，加快补齐基础零部件及元器件、基础软件、基础材料、基础工艺和产业技术基础等瓶颈短板，加大重要产品和关键技术攻关力度，加快工程化、产业化突破，实施重大技术装备攻关工程，健全产业基础支撑体系，完善国家质量基础设施，完善技术、工艺等工业基础数据库。发展智能制造，数据是基础，数据是血液。数据融合是制造企业降低生产成本、提高生产效率、带来实质性利润提升的关键。智能制造需要多环节、多部门的数据融合，必须坚持经济性和安全性相结合，提升产业链、供应链、价值链现代化水平，分行业、分领域做好供应链战略设计和精准施策，形成具有更强创新力、更高附加值、更安全可靠的产业链、供应链、价值链。要实施制造业“增品种、提品质、创品牌”行动，提升产品质量和品牌效益。深入实施智能制造工程，加快发展服务型制造，大力发展生产性服务业。推动制造业高端化、智能化、数字化和绿色化。培育先进制造业集群，推动集成电路、航空航天、船舶与海洋工程装备、机器人、先进轨道交通装备、先进电力装备、工程机械、高端数控机床、医药及医疗设备、农业装备制造等产业创新发展。改造提升传统产业、传统企业，推动石化、钢铁、有色、建材等原材料产业布局优化和结构调整，扩大轻工、纺织等优质产品供给，加快传统能源、传统铸造、传统化工、传统造纸等重点行业企业数字化改造升级，完善绿色制造体系。深入实施增强制造业核心竞争力和技术改造专项，加强设备更新和新产品规模化应用。完善智能制造标准体系，深入实施质量提升工程。② 2022年，我国制造业增加值占GDP比重为27.7%，制造业增加值占全球比重近30%，制造业规模已经连续13年居世界首位。65家制造业企业入围2022年世界500强企业榜单，培育专精特新中小企业达7万多家。按照国民经济统计分类，我国制造业有31个大类、179个中类、609个小类，是全球产业门类最齐全、产业体系最完整的制造业。③

2. 培育壮大战略性新兴产业

未来产业也称先导产业，最初是由美国经济学家华尔特·惠特曼·罗斯托(Walt Whitman Rostow)在其著作《经济成长的阶段》中提出的。先导产业是指在国民经济体系中具有支撑性、前瞻性、战略性、引领性等特征，引领其他产业实现国民经济战略目标的产业体系和集群。目前，未来产业是抢抓新一轮科技革命和产业变革的机遇，

---

① 过国忠. 融合多环节、多部门数据，助制造业智能转型[N]. 科技日报，2022-01-14(5).

② 中华人民共和国国民经济和社会经济发展第十四个五年规划和2035年远景目标纲要[M]. 北京：人民出版社，2021：23-25.

③ 黄鑫. 制造业规模连续13年全球第一[N]. 经济日报，2023-03-31(6).

实现引领发展的重要抓手，必须进行前瞻布局。我国现阶段未来产业发展行动计划的主要内容包括如下几点：聚焦新一代信息技术、生物技术、新能源、新材料、高端装备、新能源汽车、绿色环保以及航空航天、海洋装备等战略性新兴产业，加快关键核心技术创新应用，增强要素保障能力，培植壮大产业发展新动能；推动生物技术和信息技术融合创新，加快发展生物医药、生物育种、生物材料、生物能源等产业，做大做强生物经济；深化北斗系统推广应用，推动北斗产业高质量发展；深入推进国家战略性新兴产业集群发展工程，健全产业集群组织管理和专业化推进机制，建设创新和公共服务综合体，构建一批各具特色、优势互补、结构合理的战略性新兴产业增长引擎。① 另外，还要前瞻性谋划类脑智能、量子信息、基因技术、未来网络、深海空天开发、氢能与储能等前沿科技和产业变革领域，组织实施未来产业孵化与加速计划，加快布局人形机器人、元宇宙、量子科技等前沿领域，全面推进 6G 技术研发；加快生产性服务业融合发展，以服务制造业高质量发展。

3. 坚持农业农村优先发展

2023 年 3 月 5 日，习近平总书记在参加十四届全国人大一次会议江苏代表团审议时强调："农业强国是社会主义现代化强国的根基，推进农业现代化是实现高质量发展的必然要求。"构建现代农业产业体系、生产体系、经营体系，保障我国粮食安全和多元化食物供给，是我国农业农村实现高质量发展的关键之举。要坚持强化以工补农、以城带乡，推动形成工农互促、城乡互补、协调发展、共同繁荣的新型工农城乡关系。增强农业综合生产能力，夯实粮食生产能力基础，保障粮棉油糖肉奶等重要农产品供给安全，以粮食生产功能区和重要农产品生产保护区为重点，建设国家粮食安全产业带；加强大中型、智能化、复合型农业机械研发应用，加强农业良种技术攻关，有序推进生物育种产业化应用，培育具有国际竞争力的种业龙头企业；完善农业科技创新体系，建设智慧农业；深化农业结构调整，优化农业生产布局，建设优势农产品产业带和特色农产品优势区；推进粮经饲统筹、农林牧渔协调，优化种植业结构，大力发展现代畜牧业，促进水产生态健康养殖；积极发展设施农业，因地制宜发展林果业，完善绿色农业标准体系；建设现代农业产业园区和农业现代化示范区，发展县域经济，推进农村一二三产业融合发展，延长农业产业链条，发展各具特色的现代乡村富民产业。要特别重视以县城为重要载体的城镇化建设，尊重县城发展规律，统筹县城生产、生活、生态、安全需要，因地制宜补齐县城短板弱项，促进县城产业配套设施提质增效、市政公用设施提档升级、公共服务设施提标扩面、环境基础设施提级扩能。② 要增强县城综合承载能力，提升县城发展质量，为实施扩大内需战略、协同推进新型城镇化和乡村振兴提供有力支撑。

---

① 中华人民共和国国民经济和社会经济发展第十四个五年规划和 2035 年远景目标纲要[M]. 北京：人民出版社，2021：27-28.

② 中华人民共和国国民经济和社会经济发展第十四个五年规划和 2035 年远景目标纲要[M]. 北京：人民出版社，2021：67-82.

(二)统一开放、竞争有序的市场体系

2018 年 1 月 30 日,习近平总书记在主持十九届中央政治局第三次集体学习时强调:“要建设统一开放、竞争有序的市场体系,实现市场准入畅通、市场开放有序、市场竞争充分、市场秩序规范,加快形成企业自主经营公平竞争、消费者自由选择自主消费、商品和要素自由流动平等交换的现代市场体系。”2021 年 3 月,《“十四五”规划纲要》将“高标准市场体系基本建成”作为“十四五”时期的目标任务之一,并对建设高标准市场体系提出明确要求。

1. 建设高标准市场体系

2021 年 1 月,中共中央办公厅、国务院办公厅印发《建设高标准市场体系行动方案》。方案明确提出,要“通过 5 年左右的努力,基本建成统一开放、竞争有序、制度完备、治理完善的高标准市场体系”。方案强调,完善平等保护产权的法律法规体系,加强对非公有制经济财产权的刑法保护,全面清理对不同所有制经济产权区别对待的法规,严格执行侵权惩罚性赔偿制度等。要全面实施市场准入负面清单制度,厘清政府和市场边界。要全面落实“全国一张清单”管理模式,健全市场准入负面清单动态调整机制,推进企业注销便利化,开展个人破产制度改革试点等,有效打破市场准入的各种隐性壁垒,激发市场主体活力和内生动力。要出台公平竞争审查例外规定适用指南,推动完善平台企业垄断认定、数据收集使用管理、消费者权益保护等方面的法律规范。建设高标准市场体系,是新形势下推动改革开放迈出新步伐的又一重大举措,是细化落实重大改革任务的创新实践,也是社会主义市场经济体制走向成熟的重要标志。

2. 注重市场规则等制度性安排

市场是商品和服务交易、流动的场所,不同的商品和服务有不同的市场,这些市场相互联系,形成一个有机整体,就是市场体系。要建立公平、公开、透明的市场规则,主要包括市场准入规则、市场交易规则、市场竞争规则、市场协同机制、市场外部性规则等。一套合理有效的市场规则,首先是公平的,即对所有经济主体一视同仁,不存在任何制度性歧视和偏见。但这也并不是说,在任何状况下对任何交易主体都没有任何约束,而恰恰就是科学合理的约束机制才能保证交易的公平性。所有的公平规则都是相对的不是绝对的,是具体的不是抽象的,是现实的不是固化的。同时,市场规则应该是开放透明的。市场规则是统一的、普遍的,是针对所有市场主体和市场行为的。市场规则的制定与落实过程是政府部门与市场主体的一个博弈过程,也是政府与市场共同构建科学、合理的市场体系的过程。伴随四十多年的改革开放和经济建设历程,我国基本建立起了具有中国特色的社会主义市场经济体制,但是面对快速发展的智能经济浪潮,市场规则制度体系的建构显得步履蹒跚,特别是对于新兴经济主体和新兴经济行为的规范化程度还远远不够。近年来,有关平台经济、网络经

济等领域的不规范现象频频出现，就充分表明了建构顺应时代需要的市场规则体系的急迫性。

3. 建立市场要素流动体系

推动商品和要素在不同地区、不同行业、不同所有制领域以及各种经济主体之间的自由流动与平等交换，是构建市场体系的基本目的，是市场价格机制和竞争机制、协同机制发挥作用的基本前提，也是价值规律和平均利润率规律在商品经济、智能经济条件下有序、有效运行的基本要求。建立市场要素流动体系，指国家从宏观经济制度层面对于经济领域治理与发展的系统设计，主要有三个依据。

一是依据国家确立的基本经济制度和基本经济体系。我国实行以公有制为主体、多种所有制经济共同发展的基本经济制度，坚持走中国特色社会主义市场经济发展道路，这与西方资本主义私有制的基本经济制度和资本主义市场经济发展道路具有本质差别。虽然市场经济体系的内在要求具有同质性，但是构建要素流动体系的根本目的是不同的。社会主义市场经济构建要素流动体系的根本目的是坚持以人民为中心的发展理念，促进要素在区域间、城乡间、主体间、行业间合理流动，解决好区域之间发展不平衡不充分的问题，推动城乡融合发展、一体化发展，统筹经济社会发展，解决好民生问题，实现社会和谐稳定和全体人民共同富裕。

二是依据社会经济基本形态。不同的经济形态背景下，要素流动体系的内容、结构、形式是不一样的。在工业社会背景下，要素主要体现为商品形态，通过市场交换方式实现流动，交换的载体主要是资本，因而必然出现"商品拜物教""资本拜物教"；在智能经济背景下，要素主要体现为数据形态，通过市场交换、数据共享方式实现流动，其流动的领域、频率、幅度等已经与商品要素流动的状况不可同日而语。

三是依据国际国内经济基本发展趋势。20 世纪末以来，人类社会正在从工业经济形态走向智能经济形态，全球经济一体化演变趋势越来越明显，要素在全球范围内的流动推动着国际分工不断深化演变，由过去以商品市场分工为主要形态转向以产业链条分工为主要趋势，区域之间、行业之间的分工差异主要体现在数据规模与结构，并由此而引发科技产业链重构布局。无论从纵向视角还是横向视角来看，支撑世界经济结构的重要产业必然属于数据主导的全球性产业链，没有哪一个国家和地区能够长期置身之外而自为一体，因为全球经济的网络化、数字化、智能化特征已经将人类的经济活动融为一体了，全球性合理有序开放的要素流动体系构建成为大势所趋。当然，任何国家要素流动体系都具有国别性、区域性、差异性，不可能再走上古典经济学宣称的那种完全自由的经济状态，所以，有效的市场要素流动与市场规则体系、国际经济规则是相辅相成、协同一致的。

经过四十多年的改革开放，我国的商品市场体系得到了较好发展，并逐步走向相对成熟阶段，但要素市场体系发展还是相对滞后的。要素跨区域、跨所有制、跨行业的自由流动和公平竞争还存在着比较严重的体制机制障碍，依托要素配置资源的体制机制依然不成熟，尤其在人才资源流动、科学技术成果转化、数据安全共享与合理流动等方面，我国面临着长期的严峻挑战。2020年4月，中共中央、国务院发布《关于构建更加完善的要素市场化配置体制机制的意见》，分别就土地要素、劳动力要素、资本要素、技术要素和数据要素提出了具体意见，为我国生产要素的自由流动和公平竞争提供了重要的政策支持和理论指导，从国家治理体系、宏观经济体系、市场要素体系的高度指出了我国现代化经济体系构建的关键和方向。

4. 尊重企业市场主体地位

构建企业自主经营、公平竞争的市场环境可谓市场体系建设的重中之重。企业是最重要的市场经济主体，使企业成为自主经营、自负盈亏、自我发展、自我约束的法人实体和市场经营主体，是市场经济体系最为重要的内容和标志之一。企业要真正实现"四自"目标，营造良好的自主经营、公平竞争、合理有序的市场环境则是根本保证。营造自主经营、公平竞争、合理有序的市场环境，是指政府作为市场秩序的维护者，主动自觉地处理好政府和市场的关系，尊重市场运行的基本规律，尊重市场在资源配置中的决定性作用，尊重市场对企业经营行为的导向作用，不干扰企业的合法经营行为，坚决遏制干扰市场秩序的不当行为，着力解决好企业和市场无法解决但又制约企业发展和市场环境改善的关键问题。

5. 发挥好市场、政府资源配置的功能

我国实行的是社会主义市场经济体制，市场在资源配置中起决定性作用，并不是起全面作用。事实上，市场也不是万能的，它必然有失灵之处。因此，政府对于市场机制的发育、市场运行的调整、市场行为的规范以及纠正和防范市场机制的盲目破坏性作用都发挥着重要作用。我国政府的职责和作用主要是保持宏观经济稳定，加强和优化公共服务，保障公平竞争，加强市场监管，维护市场秩序，推动可持续发展，促进共同富裕，弥补市场失灵。当然，发挥政府作用，不是要更多地发挥政府干预作用，而是要在保证市场发挥决定性作用的前提下，管好那些市场管不了或者管不好的事情。①

（三）体现效率、促进公平的收入分配体系

体现效率、促进公平的收入分配体系是现代化经济体系的重要组成部分，也是中国特色社会主义市场经济体系的本质特征。2018年1月30日，习近平总书记在主持十九届中央政治局第三次集体学习时强调："要建设体现效率、促进公平的收入分配体系，实现收入分配合理、社会公平正义、全体人民共同富裕，推进基本公共服务均等化，逐步缩小收入分配差距。"2021年8月17日，习近平总书记在主持召开中央财经委员会第十次会议时强调指出，共同富裕是社会主义的本质要求，是中国式现代化的

① 中共中央宣传部.习近平新时代中国特色社会主义思想学习纲要[M].北京：学习出版社，人民出版社，2019：115.

重要特征，要坚持以人民为中心的发展思想，在高质量发展中促进共同富裕。会议指出，要坚持以人民为中心的发展思想，在高质量发展中促进共同富裕，正确处理效率和公平的关系，构建初次分配、再分配、三次分配协调配套的基础性制度安排，加大税收、社保、转移支付等调节力度并提高精准性，扩大中等收入群体比重，增加低收入群体收入，合理调节高收入，取缔非法收入，形成中间大、两头小的橄榄型分配结构，促进社会公平正义，促进人的全面发展，使全体人民朝着共同富裕目标扎实迈进。2022年10月16日，习近平总书记在党的二十大报告中指出："中国式现代化是全体人民共同富裕的现代化。共同富裕是中国特色社会主义的本质要求，也是一个长期的历史过程。我们坚持把实现人民对美好生活的向往作为现代化建设的出发点和落脚点，着力维护和促进社会公平正义，着力促进全体人民共同富裕，坚决防止两极分化。"

习近平总书记的一系列重要论述为我国构建现代化收入分配体系指明了方向。构建科学合理的收入分配体系，核心是坚持按劳分配和按生产要素分配相结合。合理的收入分配体系本质上就是在"做大蛋糕"的基础上"分好蛋糕"。优化收入分配结构，首先必须坚持居民收入增长与经济增长基本同步、劳动报酬提高和劳动生产率提高基本同步，持续提高低收入群体收入，扩大中等收入群体，更加积极有为地促进共同富裕。[①] 要提高劳动报酬在初次分配中的比重，提高劳动收入在国民收入中的占比。健全工资决定、合理增长和支付保障机制，完善最低工资标准和工资指导线形成机制，积极推行工资协商制度。完善国有企业市场化薪酬分配机制，普遍实行全员绩效管理。改革完善体制岗位绩效和分级分类管理的事业单位薪酬制度。规范劳务派遣用工行为，保障劳动者同工同酬。多渠道增加城乡居民财产性收入，提高农民土地增值收益分享比例，完善上市公司分红制度，创新更多适应家庭财富管理需求的金融产品。完善国有资本收益上缴公共财政制度，加大公共财政支出用于民生保障力度。完善按要素分配政策制度，健全各类生产要素由市场决定报酬的机制，探索通过土地、资本等要素使用权、收益权增加中低收入群体要素收入。

构建按照生产要素分配的体制，关键是建立健全要素市场化配置机制，通过市场机制配置生产要素，形成各种生产要素的市场价格，生产要素所有者因此而获得相应收入。2020年4月，中共中央、国务院发布的《关于构建更加完善的要素市场化配置体制机制的意见》提出，充分发挥市场配置资源的决定性作用，畅通要素流动渠道，保障不同市场主体平等获取生产要素，推动要素配置依据市场规则、市场价格、市场竞争实现效益最大化和效率最优化。针对市场决定要素配置范围有限、要素流动存在体制机制障碍等问题，根据不同要素属性、市场化程度差异和经济社会发展需要，分类完善要素市场化配置体制机制，健全生产要素由市场评价贡献、按贡献决定报酬的机制。意见特别强调，探索建立统一规范的数据管理制度，提高数据质量和规范性，

---

① 中华人民共和国国民经济和社会经济发展第十四个五年规划和2035年远景目标纲要[M].北京：人民出版社，2021：145.

丰富数据产品。研究根据数据性质完善产权性质，提升社会数据资源价值，构建数据要素的价值体系及其价值实现分配机制。

（四）彰显优势、协调联动的城乡区域发展体系

习近平总书记在二十大报告中明确指出："深入实施区域协调发展战略、区域重大战略、主体功能区战略、新型城镇化战略，优化重大生产力布局，构建优势互补、高质量发展的区域经济布局和国土空间体系。推动西部大开发形成新格局，推动东北全面振兴取得新突破，促进中部地区加快崛起，鼓励东部地区加快推进现代化。支持革命老区、民族地区加快发展，加强边疆地区建设，推进兴边富民、稳边固边。"必须健全区域协调发展体制机制，统筹城乡融合发展和海陆整体优化，构建高质量发展的区域经济布局和国土空间支撑体系。

1. 深入实施国土区域重大发展战略

新时代我国社会主要矛盾已经转化为人民日益增长的美好生活需要和不平衡不充分的发展之间的矛盾。不平衡不充分主要体现为区域之间和城乡之间的发展不平衡。解决好主要矛盾的重要路径，就是聚焦实现战略目标和提升引领带动能力，推动区域重大战略取得新的突破性进展，促进区域间融合互动、融通补充。就国土区域重大战略布局而言，我国形成了东部地区、中部地区、西部地区和东北地区"四大板块"协调发展的新格局。20 世纪 90 年代，我国政府就开始重视区域协调发展的问题。21 世纪初，我国初步形成了各有侧重的区域发展战略，如西部大开发、振兴东北地区等老工业基地、促进中部崛起、鼓励东部地区率先发展等战略。党的十八大以后，中央更加重视区域协调发展。2018 年 11 月，中共中央、国务院专门出台的《关于建立更加有效的区域协调发展新机制的意见》指出："立足发挥各地区比较优势和缩小区域发展差距，围绕努力实现基本公共服务均等化、基础设施通达程度比较均衡、人民基本生活保障水平大体相当的目标，深化改革开放，坚决破除地区之间利益藩篱和政策壁垒，加快形成统筹有力、竞争有序、绿色协调、共享共赢的区域协调发展新机制，促进区域协调发展。"党的十九大以来，中央进一步加大力度，深入实施了一系列区域发展重大战略，极大地促进了区域协调发展。在区域协调发展重大部署方面，中央的总体思路是，深入推进西部大开发、东北全面振兴、中部地区崛起、东部率先发展，支持特殊类型地区加快发展，在发展中促进相对平衡。

一是推进西部大开发形成新格局。1999 年 9 月，党的十五届四中全会作出实施西部大开发战略的决定。2000 年 10 月，党的十五届五中全会对此作了进一步部署，西部大开发战略的实施全面启动。随后，国务院发出《关于实施西部大开发若干政策措施的通知》，明确西部开发的政策适用范围包括重庆、四川、贵州、云南、西藏、陕西、甘肃、宁夏、青海、新疆、内蒙古、广西等 12 个省、自治区、直辖市。经国务院批准，湖南省湘西土家族苗族自治州、湖北省恩施土家族苗族自治州和吉林省延边朝鲜族自治州，在实际工作中比照西部开发的有关政策措施予以照顾。2020 年 5 月，中共中

央、国务院印发《关于新时代推进西部大开发形成新格局的指导意见》。文件指出，强化举措抓重点、补短板、强弱项，形成大保护、大开放、高质量发展的新格局，推动经济发展质量变革、效率变革、动力变革，促进西部地区经济发展与人口、资源、环境相协调，实现更高质量、更有效率、更加公平、更可持续发展，确保到 2020 年西部地区生态环境、营商环境、开放环境、创新环境明显改善，与全国一道全面建成小康社会；到 2035 年，西部地区基本实现社会主义现代化，基本公共服务、基础设施通达程度、人民生活水平与东部地区大体相当，努力实现不同类型地区互补发展、东西双向开放协同并进、民族边疆地区繁荣安全稳固、人与自然和谐共生。西部地区要在构建"双循环"新发展格局的背景下，立足自身优势，积极融入"一带一路"建设，强化开放大通道建设，构建内陆多层次开放平台。深入实施一批重大生态工程，开展重点区域综合治理。加大西部地区基础设施建设，支持发展特色优势产业，集中力量巩固脱贫攻坚成果，补齐教育、医疗卫生等民生短板。推进成渝地区双城经济圈建设，打造具有全国影响力的重要经济中心、科技创新中心、改革开放新高地、高品质生活宜居地，提升关中平原城市群建设水平，促进西北地区与西南地区合作互动；支持新疆建设国家"三基地一通道"，支持西藏打造面向南亚开放的重要通道。

二是开创中部地区崛起新局面。2004 年 3 月，我国在政府工作报告中首次明确提出中部地区崛起的重大决策。中部地区在全国区域发展格局中具有举足轻重的战略地位，地域包括山西、安徽、江西、河南、湖北、湖南六省，国土面积 102.8 万平方公里，占全国陆地国土总面积的 10.7%。2006 年 4 月 15 日，中共中央、国务院正式出台《关于促进中部地区崛起的若干意见》，提出了促进中部地区崛起的总体要求、基本原则和主要任务，明确了中部地区全国重要粮食生产基地、能源原材料基地、现代装备制造及高技术产业基地和综合交通运输枢纽的定位，简称"三基地一枢纽"。2012 年 7 月 25 日，国务院常务会议研究部署进一步实施促进中部地区崛起战略，讨论通过《关于大力实施促进中部地区崛起战略的若干意见》。2019 年 5 月 21 日，习近平总书记在南昌主持召开推动中部地区崛起工作座谈会时强调，要坚持以新时代中国特色社会主义思想为指导，全面贯彻党的十九大和十九届二中、三中全会精神，贯彻新发展理念，在供给侧结构性改革上下更大功夫，在实施创新驱动发展战略、发展战略性新兴产业上下更大功夫，积极主动融入国家战略，推动高质量发展，不断增强中部地区综合实力和竞争力，奋力开创中部地区崛起新局面。2021 年 4 月，中共中央、国务院印发《关于新时代推动中部地区高质量发展的意见》。意见指出，要充分发挥中部地区承东启西、连南接北的区位优势和资源要素丰富、市场潜力巨大、文化底蕴深厚等比较优势，着力构建以先进制造业为支撑的现代产业体系，着力增强城乡区域发展协调性，着力建设绿色发展的美丽中部，着力推动内陆高水平开放，着力提升基本公共服务保障水平，着力改革完善体制机制，推动中部地区加快崛起，在全面建设社会主义现代化国家新征程中作出更大贡献。推动中部地区高质量发展的主要目标是：到 2025 年，中部地区质量变革、效率变革、动力变革取得突破性进展，投入产出效益大幅提高，综合实力、内生动力和竞争力进一步增强；创新能力建设取得明显成效，科创产业融合发展体系基本建立，全社会研发经费投入占地区生产总值比重达到全国平均水平；常住人口城镇化率年均提高1个百分点以上，分工合理、优势互补、各具特色的协调发展格局基本形成，城乡区域发展协调性进一步增强；绿色发展深入推进，单位地区生产总值能耗降幅达到全国平均水平，单位地区生产总值二氧化碳排放进一步降低，资源节约型、环境友好型发展方式普遍建立；开放水平再上新台阶，内陆开放型经济新体制基本形成；共享发展达到新水平，居民人均可支配收入与经济增长基本同步，统筹应对公共卫生等重大突发事件能力显著提高，人民群众获得感、幸福感、安全感明显增强。到2035年，中部地区现代化经济体系基本建成，产业整体迈向中高端，城乡区域协调发展达到较高水平，绿色低碳生产生活方式基本形成，开放型经济体制机制更加完善，人民生活更加幸福安康，基本实现社会主义现代化，共同富裕取得更为明显的实质性进展。意见特别强调，要坚持创新发展，构建以先进制造业为支撑的现代产业体系，做大做强先进制造业，积极承接制造业转移，提高关键领域自主创新能力，推动先进制造业和现代服务业深度融合；要坚持协调发展，增强城乡区域发展协同性，主动融入区域重大战略，促进城乡融合发展，推进城市品质提升，加快农业农村现代化，推动省际协作和交界地区协同发展；要坚持绿色发展，打造人与自然和谐共生的美丽中部，共同构筑生态安全屏障，加强生态环境共保联治，加快形成绿色生产生活方式；要坚持开放发展，形成内陆高水平开放新体制，加快内陆开放通道建设，打造内陆高水平开放平台，持续优化市场化法治化国际化营商环境；等等。

三是推动东北振兴取得新突破。20世纪90年代以前，东北地区作为我国经济相对发达的地区，同时也是我国最重要的工业基地，但相比其他地区，东北地区的经济发展还是相对缓慢，并一直处于经济结构调整战略期。2003年10月，中共中央、国务院发布《关于实施东北地区等老工业基地振兴战略的若干意见》，明确了实施振兴战略的指导思想、方针、任务和政策措施。经过持续的经济结构调整和改革开放，东北三省经济增速开始加快，与全国的发展差距逐步缩小。2009年9月，国务院印发《关于进一步实施东北地区等老工业基地振兴战略的若干意见》，进一步明确了推进东北地区等老工业基地全面振兴的九大任务。党的十八大以后，党中央更加重视东北地区经济社会发展的问题。2015年7月17日，习近平总书记在长春召开的部分省区党委主要负责同志座谈会上指出，目前东北地区发展遇到新的困难和挑战，这其中有全国“三期叠加”等共性方面的原因，也有东北地区产业结构、体制机制等个性方面的原因。2016年11月，国务院印发《关于深入推进实施新一轮东北振兴战略 加快推动东北地区经济企稳向好若干重要举措的意见》，就积极应对东北地区经济下行压力、推动东北地区经济企稳向好提出了四条意见。2018年9月28日，习近平总书记在沈阳主持召开深入推进东北振兴座谈会时强调，东北地区是我国重要的工业和农业基地，维护国家国防安全、粮食安全、生态安全、能源安全、产业安全的战略地位十分重要，关乎国家发展大局。2021年3月发布的《“十四五”规划纲要》进一步明确了东北振兴的战略重点和发展方位。2021年以来，东北振兴的步伐继续提速。2021年2月19日，东北振兴省部联席落实推进工作机制正式建立；3月8日，国家发展改革委表示，正牵头加快研究制定东北振兴“十四五”实施方案，谋划下一步东北振兴的主要思路、重点任务、重大项目、重大政策，推动东北振兴取得新的更大的突破；9月6日，国务院批准《东北全面振兴“十四五”实施方案》，方案从推动形成优势互补高质量发展的区域经济布局出发，着力破解体制机制障碍，着力激发市场主体活力，着力推动产业结构调整优化，着力构建区域动力系统，着力在落实落细上下功夫，走出一条质量更高、效益更好、结构更优、优势充分释放的发展新路，推动东北全面振兴实现新突破。

四是鼓励东部地区加快推进现代化。从早期设立经济特区、沿海开放城市、计划单列市，再到支持深圳建设中国特色社会主义先行示范区、浦东打造社会主义现代化建设引领区、浙江高质量发展建设共同富裕示范区、山东建设新旧动能转换综合试验区，东部地区一直是我国改革创新的试验田。面向社会主义现代化建设的愿景目标，东部地区在实现高质量发展的基础上，有必要承担起科技创新领头羊、国家治理能力现代化样板和共同富裕示范区的历史重任。东部地区要发挥创新要素集聚优势，加快在创新引领上实现突破，率先实现高质量发展；要加快培育世界级先进制造业集群，引领新兴产业和现代服务业发展，提升要素产出效率，率先实现产业升级；要更高层次参与国际经济合作和竞争，打造对外开放新优势，率先建立全方位开放型经济体系。

2019年8月，中共中央、国务院颁布了《关于支持深圳建设中国特色社会主义先行示范区的意见》，作出了“支持深圳高举新时代改革开放旗帜、建设中国特色社会主义先行示范区”的战略决定。意见提出了建设先行示范区的指导思想：以习近平新时代中国特色社会主义思想为指导，全面贯彻党的十九大和十九届二中、三中全会精神，紧紧围绕统筹推进“五位一体”总体布局和协调推进“四个全面”战略布局，坚持和加强党的全面领导，坚持新发展理念，坚持以供给侧结构性改革为主线，坚持全面深化改革，坚持全面扩大开放，坚持以人民为中心，践行高质量发展要求，深入实施创新驱动发展战略，抓住粤港澳大湾区建设重要机遇，增强核心引擎功能，朝着建设中国特色社会主义先行示范区的方向前行，努力创建社会主义现代化强国的城市范例。意见明确了建设先行示范区的发展目标：到2025年，深圳经济实力、发展质量跻身全球城市前列，研发投入强度、产业创新能力世界一流，文化软实力大幅提升，公共服务水平和生态环境质量达到国际先进水平，建成现代化国际化创新型城市；到2035年，深圳高质量发展成为全国典范，城市综合经济竞争力世界领先，建成具有全球影响力的创新创业创意之都，成为我国建设社会主义现代化强国的城市范例；到本世纪中叶，深圳以更加昂扬的姿态屹立于世界先进城市之林，成为竞争力、创新力、影响力卓著的全球标杆城市。

2021年7月，中共中央、国务院颁发了《关于支持浦东新区高水平改革开放打造社会主义现代化建设引领区的意见》。意见确立了浦东新区作为引领区的战略定位和发展目标：推动浦东高水平改革开放，为更好利用国内国际两个市场两种资源提供重要通道，构建国内大循环的中心节点和国内国际双循环的战略链接，在长三角一体化发展中更好发挥龙头辐射作用，打造全面建设社会主义现代化国家窗口；到2035

年，浦东现代化经济体系全面构建，现代化城区全面建成，现代化治理全面实现，城市发展能级和国际竞争力跃居世界前列，到2050年，浦东建设成为在全球具有强大吸引力、创造力、竞争力、影响力的城市重要承载区，城市治理能力和治理成效的全球典范，社会主义现代化强国的璀璨明珠。

2021年6月，中共中央、国务院颁发了《关于支持浙江高质量发展建设共同富裕示范区的意见》。意见明确提出："坚持稳中求进工作总基调，坚持以人民为中心的发展思想，立足新发展阶段、贯彻新发展理念、构建新发展格局，紧扣推动共同富裕和促进人的全面发展，坚持以满足人民日益增长的美好生活需要为根本目的，以改革创新为根本动力，以解决地区差距、城乡差距、收入差距问题为主攻方向，更加注重向农村、基层、相对欠发达地区倾斜，向困难群众倾斜，支持浙江创造性贯彻'八八战略'，在高质量发展中扎实推动共同富裕，着力在完善收入分配制度、统筹城乡区域发展、发展社会主义先进文化、促进人与自然和谐共生、创新社会治理等方面先行示范，构建推动共同富裕的体制机制，着力激发人民群众积极性、主动性、创造性，促进社会公平，增进民生福祉，不断增强人民群众的获得感、幸福感、安全感和认同感，为实现共同富裕提供浙江示范。"

2. 深入实施区域协调发展战略和区域重大战略

一是京津冀协同发展。2015年4月30日，中共中央政治局召开会议，审议通过《京津冀协同发展规划纲要》，明确了京津冀的功能定位、协同发展目标、空间布局、重点领域和重大措施。此后，京津冀地区以有序疏解北京非首都功能为出发点，立足各自比较优势，立足现代产业分工要求，调整区域聚焦结构和空间结构，推动河北雄安新区和北京城市副中心建设，加快打造现代化首都圈，实现京津冀一体化发展，打造中国经济发展新的支撑带。京津冀协同发展战略实施9年来，区域整体实力迈上新台阶，高质量发展蹄疾步稳，协同发展水平不断提升，以疏解北京非首都功能为牵引，在建设"轨道上的京津冀"、建设区域协同创新共同体、推动生态环境联建联防联控、优化生产生活生态空间、推动政府公共服务一体化等方面，均取得显著进展。2017年4月1日，中共中央、国务院决定设立河北雄安新区。设立河北雄安新区，是以习近平同志为核心的党中央作出的一项重大的历史性战略决策，是深入推进京津冀协同发展、有序疏解北京非首都功能的重要举措，是千年大计、国家大事。作为北京非首都功能疏解的集中承载地和北京新两翼的重要一极，雄安新区设立6年来，围绕历史使命，紧扣建设绿色生态宜居新城区、创新驱动发展引领区、协调发展示范区、开放发展先行区四大发展定位，坚持高起点规划、高标准建设、高质量发展，变"一张蓝图"为一整套施工图，一座高水平现代化新城雏形全面显现。[①]

二是粤港澳大湾区建设。粤港澳大湾区包括香港特别行政区、澳门特别行政区和广东省广州市、深圳市、珠海市、佛山市、惠州市、东莞市、中山市、江门市、肇庆市。

① 夏成.雄安新区：取得新成效展现新面貌[N].经济日报，2023-04-04(2).

大湾区是我国开放程度最高、经济活力最强的区域之一，在我国发展大局中具有重要战略意义。2017年7月1日，习近平主席出席《深化粤港澳合作 推进大湾区建设框架协议》签署仪式。2018年11月，中共中央、国务院发布《关于建立更加有效的区域协调发展新机制的意见》，意见提出，以香港、澳门、广州、深圳为中心引领粤港澳大湾区建设，带动珠江—西江经济带创新绿色发展。2019年2月，中共中央、国务院印发《粤港澳大湾区发展规划纲要》，将大湾区定位为充满活力的世界级城市群、具有全球影响力的国际科技创新中心、"一带一路"建设的重要支撑、内地与港澳深度合作示范区、宜居宜业宜游的优质生活圈。2021年9月，中共中央、国务院印发《横琴粤澳深度合作区建设总体方案》，方案提出，建设横琴新区的初心就是为澳门产业多元发展创造条件，新形势下做好横琴粤澳深度合作区开发开放，是深入实施《粤港澳大湾区发展规划纲要》的重点举措，是丰富"一国两制"实践的重大部署，是为澳门长远发展注入的重要动力，有利于推动澳门长期繁荣稳定和融入国家发展大局。2021年9月，中共中央、国务院印发《全面深化前海深港现代服务业合作区改革开放方案》，方案指出，开发建设前海深港现代服务业合作区是支持香港经济社会发展、提升粤港澳合作水平、构建对外开放新格局的重要举措，对推进粤港澳大湾区建设、支持深圳建设中国特色社会主义先行示范区、增强香港同胞对祖国的向心力具有重要意义。

三是长江经济带发展。推动长江经济带发展是以习近平同志为核心的党中央作出的重大战略决策，是关系国家发展全局的重大区域发展战略。长江经济带覆盖9省2市，横跨我国东、中、西三大板块，所辖人口和地区经济总量均超过全国的40%，是我国经济的活力和潜力所在。2013年7月21日，习近平总书记在湖北武汉调研时指出："要大力发展现代物流业，长江流域要加强合作，充分发挥内河航运作用，发展江海联运，把全流域打造成黄金水道。"2014年4月25日，中共中央政治局会议提出，要继续支持西部大开发、东北地区等老工业基地全面振兴，推动京津冀协同发展和长江经济带发展，抓紧落实国家新型城镇化规划。2014年9月，国务院印发《关于依托黄金水道推动长江经济带发展的指导意见》，意见指出，依托黄金水道推动长江经济带发展，打造中国经济新支撑带，有利于挖掘中上游广阔腹地蕴含的巨大内需潜力，有利于优化沿江产业结构和城镇化布局，有利于形成上中下游优势互补、协作互动格局，有利于建设陆海双向对外开放新走廊，有利于保护长江生态环境。2014年12月5日，中共中央政治局会议提出，要优化经济发展空间格局，继续实施区域总体发展战略，推进"一带一路"、京津冀协同发展、长江经济带建设。随后召开的中央经济工作会议明确指出，中央决定重点实施包括长江经济带发展在内的三大战略，以跨越行政区划、促进区域协调发展。2016年1月5日，习近平总书记在重庆召开的推动长江经济带发展座谈会上强调："推动长江经济带发展是国家一项重大区域发展战略"，"当前和今后相当长一个时期，要把修复长江生态环境摆在压倒性位置，共抓大保护，不搞大开发"，"把长江经济带建设成为我国生态文明建设的先行示范带、创新驱动带、协调发展带"。2016年3月，《中华人民共和国国民经济和社会发展第十三个五年规划纲要》公布，纲要分“建设沿江绿色生态廊道”“构建高质量综合立体交通走廊”“优化沿江城镇和产业布局”三个部分对推进长江经济带发展进行了规划。

党的十九大以来，中央对长江经济带的发展更加重视。2018 年 4 月 26 日，习近平总书记在武汉主持召开深入推动长江经济带发展座谈会，明确提出了推动长江经济带发展需要正确把握的 5 个关系：第一，正确把握整体推进和重点突破的关系，全面做好长江生态环境保护修复工作；第二，正确把握生态环境保护和经济发展的关系，探索协同推进生态优先和绿色发展新路子；第三，正确把握总体谋划和久久为功的关系，坚定不移将一张蓝图干到底；第四，正确把握破除旧动能和培育新动能的关系，推动长江经济带建设现代化经济体系；第五，正确把握自身发展和协同发展的关系，努力将长江经济带打造成为有机融合的高效经济体。因此，必须完整、准确、全面贯彻新发展理念，坚持稳中求进工作总基调，加强改革创新、战略统筹、规划引导，使长江经济带成为引领我国经济高质量发展的生力军。① 2020 年 11 月 14 日，习近平总书记在江苏省南京市主持召开全面推动长江经济带发展座谈会时强调，推动长江经济带发展是党中央作出的重大决策，是关系国家发展全局的重大战略。长江经济带覆盖沿江 11 省市，横跨我国东中西三大板块，人口规模和经济总量占据全国“半壁江山”，生态地位突出，发展潜力巨大，应该在践行新发展理念、构建新发展格局、推动高质量发展中发挥重要作用。要坚定不移贯彻新发展理念，推动长江经济带高质量发展，谱写生态优先绿色发展新篇章，打造区域协调发展新样板，构筑高水平对外开放新高地，塑造创新驱动发展新优势，绘就山水人城和谐相融新画卷，使长江经济带成为我国生态优先绿色发展主战场、畅通国内国际双循环主动脉、引领经济高质量发展主力军。2023 年 10 月 12 日，习近平总书记在南昌主持召开进一步推动长江经济带高质量发展座谈会时强调，要完整、准确、全面贯彻新发展理念，坚持共抓大保护、不搞大开发，坚持生态优先、绿色发展，以科技创新为引领，统筹推进生态环境保护和经济社会发展，加强政策协同和工作协同，谋长远之势、行长久之策、建久安之基，进一步推动长江经济带高质量发展，更好支撑和服务中国式现代化。

长江三角洲地区是引领长江经济带发展的龙头区域，历来受到党和国家的重视。2014 年 5 月 23—24 日，习近平总书记在上海考察时强调，发挥上海在长三角地区合作和交流中的龙头带动作用，既是上海自身发展的需要，也是中央赋予上海的一项重要使命。要按照国家统一规划、统一部署，围绕落实全国城镇化工作会议精神、参与丝绸之路经济带和海上丝绸之路建设、推动长江经济带建设等国家战略，继续完善长三角地区合作协调机制，加强专题合作，拓展合作内容，加强区域规划衔接和前瞻性研究，努力促进长三角地区率先发展、一体化发展。2018 年 11 月 5 日，习近平主席出席首届中国国际进口博览会开幕式并发表主旨演讲，宣布“支持长江三角洲区域一体化发展并上升为国家战略”。2020 年 8 月 20 日，习近平总书记在安徽合肥主持召开

---

① 李朱.长江经济带发展战略的政策脉络与若干科技支撑问题探究[J].中国科学院院刊，2020，35(08)：1000-1007.

扎实推进长三角一体化发展座谈会，对更好推动长三角一体化发展提出明确要求：第一，率先形成新发展格局；第二，勇当我国科技和产业创新的开路先锋；第三，加快打造改革开放新高地。长三角一体化作为国家战略实施5年来，已经成为长江经济带的“桥头堡”，成为全国经济发展最活跃、创新能力最强的区域之一，在中国式现代化进程的示范效应中举足轻重。[①]

四是海南自由贸易区建设。2018年4月，中共中央、国务院印发《关于支持海南全面深化改革开放的指导意见》，明确以现有自由贸易试验区试点内容为主体，结合海南特点，建设中国（海南）自由贸易试验区，探索建设中国特色自由贸易港。2018年10月，国务院批复同意设立中国（海南）自由贸易试验区并印发《中国（海南）自由贸易试验区总体方案》，提出把海南打造成为我国面向太平洋和印度洋的重要对外开放门户。2020年6月，中共中央、国务院印发《海南自由贸易港建设总体方案》，提出对标国际高水平经贸规则，聚焦贸易投资自由化便利化，建立与高水平自由贸易港相适应的政策制度体系，建设具有国际竞争力和影响力的海关监管特殊区域，将海南自由贸易港打造成为引领我国新时代对外开放的鲜明旗帜和重要开放门户。

除了上述四大区域协调发展战略部署，中央还围绕“一带一路”建设、“双循环”发展格局以及国家重点功能区，富有层级性、协同性、融合性地布局了一系列“城市群”“功能区”等重大发展区域和领域。

3. 进一步推动城乡融合发展

当前，我国城乡发展不平衡是最大的发展不平衡，农村发展不充分是最大的发展不充分。改革开放四十多年来，我国城乡关系呈现出积极变化，经历了从城乡“二元结构”到城乡统筹、城乡一体化，再到城乡融合的发展演变历程，这既反映了党中央“三农”政策的一脉相承，也符合新时代的阶段特征和具体要求。“十四五”时期能否在城乡融合发展方面取得突破，对于实现农业和农村现代化至关重要。实现城乡融合发展，关键是要坚持走中国特色新型城镇化道路，深入推进以人为核心的新型城镇化战略，以城市群、都市圈为依托促进大中小城市和小城镇协调联动、特色化发展，使更多人民群众享有更高品质的城市生活。

2021年1月，中共中央、国务院印发《关于全面推进乡村振兴 加快农业农村现代化的意见》。意见提出，全面建设社会主义现代化国家，实现中华民族伟大复兴，最艰巨最繁重的任务依然在农村，最广泛最深厚的基础依然在农村。解决好发展不平衡不充分问题，重点难点在“三农”，迫切需要补齐农业农村短板弱项，推动城乡协调发展；构建新发展格局，潜力后劲在“三农”，迫切需要扩大农村需求，畅通城乡经济循环。必须加快县域内城乡融合发展，推进以人为核心的新型城镇化，促进大中小城市和小城镇协调发展。把县域作为城乡融合发展的重要切入点，强化统筹谋划和顶层

---

① 光明日报调研组.长三角一体化，龙头如何舞起来——上海推动长三角区域高质量发展的探索实践[N].光明日报，2023-03-31(5).

设计，破除城乡分割的体制弊端，加快打通城乡要素平等交换、双向流动的制度性通道。统筹县域产业、基础设施、公共服务、基本农田、生态保护、城镇开发、村落分布等空间布局，强化县城综合服务能力，把乡镇建设成为服务农民的区域中心，实现县乡村功能衔接互补。壮大县域经济，承接适宜产业转移，培育支柱产业。加快小城镇发展，完善基础设施和公共服务，发挥小城镇连接城市、服务乡村作用。推进以县城为重要载体的城镇化建设，有条件的地区按照小城市标准建设县城。积极推进扩权强镇，规划建设一批重点镇。开展乡村全域土地综合整治试点。推动在县域就业的农民工就地市民化，增加适应进城农民刚性需求的住房供给。鼓励地方建设返乡入乡创业园和孵化实训基地。2022 年 5 月，中共中央办公厅、国务院办公厅印发《关于推进以县城为重要载体的城镇化建设的意见》。意见指出，县城是我国城镇体系的重要组成部分，是城乡融合发展的关键支撑，对促进新型城镇化建设、构建新型工农城乡关系具有重要意义。与此同时，要加快农业转移人口市民化，坚持存量优先、带动增量，统筹推进户籍制度改革和城镇基本公共服务常住人口全覆盖，健全农业转移人口市民化配套政策体系，加快推动农业转移人口全面融入城市。要支持城市高效资源有序向农村地区流动配置，培育增强农村地区吸纳人才、资本、技术的引力，带动城市人流、物流、信息流、技术流、资金流、数据流向农村地区流动。

4. 加强海陆统筹整体优化

我国拥有 300 多万平方公里海洋国土，大陆海岸线长达 1.8 万多公里。2013 年 7 月 30 日，十八届中央政治局就建设海洋强国研究进行第八次集体学习。习近平总书记在主持学习时强调："21 世纪，人类进入了大规模开发利用海洋的时期。海洋在国家经济发展格局和对外开放中的作用更加重要，在维护国家主权、安全、发展利益中的地位更加突出，在国家生态文明建设中的角色更加显著，在国际政治、经济、军事、科技竞争中的战略地位也明显上升。"2021 年 3 月，《"十四五"规划纲要》明确提出，要坚持陆海统筹、人海和谐、合作共赢、协同推进海洋生态保护、海洋经济发展和海洋权益维护，加快建设海洋强国。

一是建设现代海洋产业体系。围绕海洋工程、海洋资源、海洋环境等领域突破一批关键核心技术。培育壮大海洋工程装备、海洋生物医药产业，推进海水淡化和海洋能规模化利用，提高海洋文化旅游开发水平。优化近海绿色养殖布局，建设海洋牧场，发展可持续远洋渔业。建设一批高质量海洋经济发展示范区和特色化海洋产业集群，全面提高北部、东部、南部三大海洋经济圈发展水平。以沿海经济带为支撑，深化与周边国家涉海合作。

二是打造可持续海洋生态环境。探索建立沿海、流域、海域协同一体的综合治理体系。严格围填海管控，加强海岸带综合管理与滨海湿地保护。拓展入海污染物排放总量控制范围，保障入海河流断面水质。加快推进重点海域综合治理，构建流域一河口一近岸海域污染防治联动机制，推进美丽海湾保护与建设。防范海上溢油、危险化学品泄露等重大环境风险，提升应对海洋自然灾害和突发环境事件能力。完善海岸线保护、海域和无居民海岛有偿使用制度，探索海岸建筑退缩线制度和海洋生态环境损害赔偿制度，自然岸线保有率不低于35%。

三是深度参与全球海洋治理。积极发展蓝色伙伴关系，深度参与国际海洋治理机制和相关规则制定与实施，推动建设公正合理的国际海洋秩序，推动构建海洋命运共同体。深化与沿海国家在海洋环境监测和保护、科学研究和海上搜救等领域务实合作，加强深海战略性资源和生物多样性调查评价。参与北极务实合作，建设“冰上丝绸之路”。提高参与南极保护和利用能力。加强形势研判、风险防范和法理斗争，加强海事司法建设，坚决维护国家海洋权益。有序推进海洋基本法立法。[①]

（五）资源节约、环境友好的绿色发展体系

2018年1月30日，习近平总书记在主持十九届中央政治局第三次集体学习时强调：“要建设资源节约、环境友好的绿色发展体系，实现绿色循环低碳发展、人与自然和谐共生，牢固树立和践行绿水青山就是金山银山理念，形成人与自然和谐发展现代化建设新格局。”现代化经济体系是可持续发展的经济体系，绿色发展是现代化经济体系的基本内涵，实现经济发展与生态环境改善是现代化经济体系的基本特征。

1. 坚定人与自然和谐共生的发展理念

2021年4月22日，习近平主席出席领导人气候峰会，发表题为《共同构建人与自然生命共同体》的重要讲话。习近平主席指出：“人类进入工业文明时代以来，在创造巨大物质财富的同时，也加速了对自然资源的攫取，打破了地球生态系统平衡，人与自然深层次矛盾日益显现”，“大自然是包括人在内一切生物的摇篮，是人类赖以生存发展的基本条件。大自然孕育抚养了人类，人类应该以自然为根，尊重自然、顺应自然、保护自然。不尊重自然，违背自然规律，只会遭到自然报复。自然遭到系统性破坏，人类生存发展就成了无源之水、无本之木。我们要像保护眼睛一样保护自然和生态环境，推动形成人与自然和谐共生新格局”，“绿水青山就是金山银山。保护生态环境就是保护生产力，改善生态环境就是发展生产力，这是朴素的真理。我们要摒弃损害甚至破坏生态环境的发展模式，摒弃以牺牲环境换取一时发展的短视做法。要顺应当代科技革命和产业变革大方向，抓住绿色转型带来的巨大发展机遇，以创新为驱动，大力推进经济、能源、产业结构转型升级，让良好生态环境成为全球经济社会可持续发展的支撑。”经济发展不应是对资源和生态环境的竭泽而渔，生态环境保护也不应是舍弃经济发展的缘木求鱼，而是要坚持在发展中保护、在保护中发展。生态环境保护与经济结构和经济发展方式密切相关，良好的生态环境本身蕴含着无穷的经济价值，能够源源不断创造综合效益，促进经济社会可持续发展。

---

① 中华人民共和国国民经济和社会经济发展第十四个五年规划和2035年远景目标纲要[M]. 北京：人民出版社，2021：99-101.

2. 坚持不懈地推动绿色循环低碳发展

绿色循环低碳发展是构建高质量现代化经济体系的必然要求、解决污染问题的根本之策，也是贯彻新发展理念、实现人与自然和谐共生的题中应有之义。建设现代化经济体系，首要的就是深入贯彻习近平生态文明思想，通过产业生态化和生态产业化的发展路径，推动形成绿色生产方式和生活方式，在提供更多优质生态产品、不断满足人民群众日益增长的优美生态环境需要的同时，建立健全绿色循环低碳发展的经济体系，促进经济社会发展全面绿色转型。要把实现减污降碳协同增效作为促进经济社会发展全面绿色转型的总抓手，加快推动经济结构、产业结构、能源结构、交通运输结构、用地结构调整，优化国土空间总体战略布局和开发布局，使生产空间、生活空间和生态空间相互协调。抓住资源利用这个源头，大力发展循环经济，推进资源总量管理、科学配置、全面节约、循环利用，加强科技研发，增强污染物和废弃物综合利用能力，全面提高资源利用综合效率。抓住产业结构调整这个关键，推动战略性新兴产业、高技术产业、现代服务业加快发展，培育壮大节能环保产业、清洁生产产业、清洁能源产业，发展绿色高效农业、先进制造业，特别注重推动能源清洁低碳安全高效利用，持续降低碳排放强度。支持绿色低碳技术创新成果转化，支持绿色技术创新，为实现碳达峰、碳中和提供坚实的技术和产业支撑。

3. 坚持走人与自然和谐发展现代化之路

在人与自然关系问题上的不同发展观，是工业经济发展模式和智能经济发展模式的重大区别。习近平总书记在党的十九大报告中指出："我们要建设的现代化是人与自然和谐共生的现代化，既要创造更多物质财富和精神财富以满足人民日益增长的美好生活需要，也要提供更多优质生态产品以满足人民日益增长的优美生态环境需要。必须坚持节约优先、保护优先、自然恢复为主的方针，形成节约资源和保护环境的空间格局、产业结构、生产方式、生活方式，还自然以宁静、和谐、美丽。"中国式现代化是人与自然和谐共生的现代化。人与自然和谐共生的现代化是对传统现代化道路的超越，是可持续发展的现代化。中国式现代化，就是要推进经济社会发展全面绿色转型，形成绿色发展方式和生活方式，坚定不移走生产发展、生活富裕、生态良好的文明发展道路，建设美丽中国，为人民创造良好生产生活环境，为全球生态安全作出贡献。

2022 年 6 月，《求是》(第 11 期)杂志发表习近平总书记的重要文章《努力建设人与自然和谐共生的现代化》。文章指出，生态环境保护和经济发展是辩证统一、相辅相成的，建设生态文明、推动绿色低碳循环发展，不仅可以满足人民日益增长的优美生态环境需要，而且可以推动实现更高质量、更有效率、更加公平、更可持续、更为安全的发展，走出一条生产发展、生活富裕、生态良好的文明发展道路。我国建设社会主义现代化具有许多重要特征，其中之一就是我国现代化是人与自然和谐共生的现代化，注重同步推进物质文明建设和生态文明建设。要完整、准确、全面贯彻新发展理念，保持战略定力，站在人与自然和谐共生的高度来谋划经济社会发展，坚持节约资源和保护环境的基本国策，坚持节约优先、保护优先、自然恢复为主的方针，形成节约资源和保护环境的空间格局、产业结构、生产方式、生活方式，统筹污染治理、生态保护、应对气候变化，促进生态环境持续改善，努力建设人与自然和谐共生的现代化。

（六）多元平衡、安全高效的全面开放体系

2018 年 1 月 30 日，习近平总书记在主持十九届中央政治局第三次集体学习时指出："要建设多元平衡、安全高效的全面开放体系，发展更高层次开放型经济，推动开放朝着优化结构、拓展深度、提高效益方向转变。"2021 年 1 月 11 日，习近平总书记在省部级主要领导干部学习贯彻党的十九届五中全会精神专题研讨班开班式上强调："加快构建以国内大循环为主体、国内国际双循环相互促进的新发展格局，是'十四五'规划《建议》提出的一项关系我国发展全局的重大战略任务，需要从全局高度准确把握和积极推进"，"构建新发展格局，实行高水平对外开放，必须具备强大的国内经济循环体系和稳固的基本盘。要塑造我国参与国际合作和竞争新优势，重视以国际循环提升国内大循环效率和水平，改善我国生产要素质量和配置水平，推动我国产业转型升级。"新发展格局不是封闭的国内循环，而是开放的国内国际双循环，构建新发展格局绝不意味着对外开放地位的下降，而是要进一步敞开开放的大门，实现国内国际双循环相互促进。[①] 和对内改革一样，对外开放是我国四十多年来经济社会发展取得举世瞩目成就的根本动力，是我国推进社会主义现代化建设的重要历史经验，更是一项必须长期坚持的基本国策。

2021 年是党和国家历史上具有里程碑意义的一年。面对全球新冠疫情带来的严重冲击，我国外贸进出口依然展现了强劲的韧性，在困难多、挑战大的情况下交出了一份亮眼的成绩单。2021 年，以美元计，我国进出口规模达 6.05 万亿美元，在 2013 年首次达 4 万亿美元的 8 年后，年内跨过 5 万亿、6 万亿美元两大台阶，达到历史高点。这一年外贸增量达 1.4 万亿美元。以人民币计，2021 年我国货物贸易进出口总值达 39.1 万亿元，同比增长 21.4%。[②] 海关数据显示，2022 年我国货物贸易进出口总值为 42.07 万亿元，比 2021 年增长 7.7%，进出口总值首次突破 40 万亿元关口，连续 6 年保持世界第一货物贸易国地位。[③]

同时，我们必须清醒地认识到，当前，国际经济政治格局正在发生百年未有之大变革，全球疫情跌宕蔓延，百年变局加速演进，世界进入动荡变革期。世界经济复苏脆弱曲折，通胀、债务、能源、供应链压力相互交织，南北发展鸿沟不断拉大，实现联合国 2030 年可持续发展议程任重道远。面对重重挑战，一些国家重拾冷战思维，挑动

---

① 任理轩.加快构建新发展格局[N].人民日报，2021-05-12(7).

② 杜海涛，罗珊珊.我国外贸额首次突破 6 万亿美元[N].人民日报，2022-01-15(2).

③ 杜海涛.我国进出口规模首次突破 40 万亿元[N].人民日报，2023-01-14(1).

分裂对立，制造集团对抗，以多边主义之名行单边主义之实，打着所谓维护“基于规则的秩序”旗号大搞霸权霸道霸凌，威胁国际秩序稳定和世界和平发展。与此同时，我国经济社会发展迈入新的历史时期，社会主义现代化建设进入新的历史阶段，坚持对外开放的基本国策、加快构建全面开放的现代化经济体系的历史作用显得更为重要。在构建全面开放的现代化经济体系的进程中，我们必须牢固树立安全发展理念，统筹发展和安全。历史上，国家经济现代化进程因为社会动荡、经济危机等而中断或者倒退的案例并不鲜见。安全是发展的前提，发展是安全的保障。要增强风险意识，既高度警惕“黑天鹅”事件，也防范“灰犀牛”事件，围绕粮食、能源、产业、金融、网络、生态等关键领域实现发展和安全的动态平衡。

在百年未有之大变局下，中国推动构建人类命运共同体，倡导以共商共建共享为原则的全球治理观，开启中国引领全球共享发展的新时代。全球治理机制是一个共享的国际秩序，只有推动国际关系民主化，才能落实人类命运共同体理念。倡导共商共建共享，意味着全球治理的事情大家一起商量着办，大家一起建设，由此产生的成果也将由大家一起分享。共商共建共享的全球治理观是中国积极参与全球治理体系变革和建设的基本理念和主张，为建设一个更加美好的世界提供了中国智慧，为破解世界共同面临的治理难题提供了中国方案。中国秉持的是共商共建共享，遵循的是开放、透明原则，实现的是合作共赢。正是这种正确的治理观念，才能够引领全球治理体系合理发展。共商共建共享的全球治理观，实际上是中国针对全球治理问题提出的解决思路和方案。实践证明，什么时候国际秩序中共商共建共享的理念多一些，国际秩序的稳定性、和平性和持续性就会强一些；什么时候国际秩序中零和博弈、赢者通吃的理念多一些，国际秩序的冲突性就会多一些。当今世界各种问题的关联性，决定了共商共建共享的全球治理观是破解全球治理难题的有效途径。这一理念日益得到世界上更多国家的认可，并越来越多地出现在国际组织和多边合作的成果文件中。共商共建共享的全球治理观必将推动各国通力合作，共同应对全球性挑战，为建设一个更加美好的世界而携手努力。推动全球治理体系变革是国际社会共同的事业，只有坚持共商共建共享，才能在全球治理体系变革中凝聚各方共识、形成一致行动。

（七）充分发挥市场作用、更好发挥政府作用的经济体制

从资源配置方式角度对经济现代化过程的动力模式进行划分，经济制度体系可以分为市场经济体制和计划经济体制两类模式，西方发达国家的经济制度体系大体可以属于市场经济体制的模式，而苏联是计划经济体制的模式。同样是市场经济体制，不同国家也会有具体的体制机制，存在模式差异。经过长期艰苦努力，在中国共产党领导下，中国成功探索出全新的经济现代化动力模式，即通过坚持和完善社会主义市场经济体制来实现经济增长、推进中国经济现代化进程。在社会主义条件下发展市场经济，是中国共产党的一个伟大创举。这既发挥了市场经济的长处，又发挥了社会主义制度的优越性，是中国经济发展获得巨大成功、中国经济现代化进程快速推

进的一个关键因素。在社会主义市场经济体制下，市场在资源配置中起决定性作用，同时更好地发挥政府作用。2013 年 11 月，在党的十八届三中全会上，习近平总书记强调，理论和实践都证明，市场配置资源是最有效率的形式。市场决定资源配置是市场经济的一般规律，市场经济本质上就是市场决定资源配置的经济。

在新时代，要使市场在资源配置中起决定性作用，更好发挥政府作用，必须不断深化经济体制改革，促进社会主义市场经济体制更加完善，努力做到如下几点。一是坚持公有制为主体、多种所有制经济共同发展的基本经济制度，毫不动摇地巩固和发展公有制经济，毫不动摇地鼓励、支持、引导非公有制经济发展；二是坚持按劳分配为主体、多种分配方式并存，不断深化收入分配制度改革；三是围绕建设高标准市场体系、完善公平竞争制度，不断深化改革；四是建设更高水平开放型经济新体制，坚持开放发展理念，坚定不移地奉行互利共赢的开放战略，以开放促改革、促发展、促创新，在高起点上进行顶层设计，构建互利共赢、多元平衡、安全高效的开放型经济新体制，推动共建“一带一路”高质量发展。经过多年艰苦努力，中国的社会主义市场经济体制更加成熟更加定型，为经济现代化提供了充沛的动力。

市场和政府的关系问题，一直是经济学理论的核心问题之一。二者关系处理不好，将成为经济危机频发的一个重要原因。习近平经济思想坚持辩证法、两点论，持续在社会主义基本制度与市场经济的结合上下功夫，把两方面优势都发挥好，既要“有效的市场”，也要“有为的政府”，将二者有机结合起来，开拓了当代中国马克思主义政治经济学新境界，破解了这道经济学上的世界性难题，也开创了人类历史上经济现代化的全新动力模式。[①]

（八）把握经济发展规律，做强做优做大数字经济

数字经济是现代化经济体系建设的重要支撑，是迈向数字时代的重要标识。数字经济具有高创新性、强渗透性、广覆盖性，不仅是新的经济增长点，而且是改造提升传统产业的重要支点和全球经济未来发展方向，可以延伸产业链条，畅通国内、国际经济循环，对于培育高质量发展新动能、厚植经济竞争新优势、提升国家综合实力极其重要且意义深远。2021 年 10 月 18 日，习近平总书记在主持十九届中央政治局第三十四次集体学习时强调，近年来，互联网、大数据、云计算、人工智能、区块链等技术加速创新，日益融入经济社会发展各领域全过程，数字经济发展速度之快、辐射范围之广、影响程度之深前所未有，正在成为重组全球要素资源、重塑全球经济结构、改变全球竞争格局的关键力量。发展数字经济是把握新一轮科技革命和产业变革新机遇的战略选择。一是数字经济健康发展有利于推动构建新发展格局。数字技术、数字经济可以推动各类资源要素快捷流动、各类市场主体加速融合，帮助市场主体重构组织模式，实现跨界发展，打破时空限制，延伸产业链条，畅通国内外经济循环。二是数字经济健康发展有利于推动建设现代化经济体系。数字经济具有高创新性、强渗透

---

① 黄群慧. 新时代中国经济现代化的理论指南[N]. 经济日报，2021-10-21(12).

性、广覆盖性，不仅是新的经济增长点，而且是改造提升传统产业的支点，可以成为构建现代化经济体系的重要引擎。三是数字经济健康发展有利于推动构筑国家竞争新优势。当今时代，数字技术、数字经济是世界科技革命和产业变革的先机，是新一轮国际竞争重点领域，我们要抓住先机、抢占未来发展制高点。

党的十八大以来，党中央高度重视发展数字经济，将其上升为国家战略。党的十八届五中全会提出，实施网络强国战略和国家大数据战略，拓展网络经济空间，促进互联网和经济社会融合发展，支持基于互联网的各类创新。党的十九大提出，推动互联网、大数据、人工智能和实体经济深度融合，建设数字中国、智慧社会。党的十九届五中全会提出，发展数字经济，推进数字产业化和产业数字化，推动数字经济和实体经济深度融合，打造具有国际竞争力的数字产业集群。近年来，我国出台了《网络强国战略实施纲要》《数字经济发展战略纲要》，从国家层面部署推动数字经济发展。2022 年 10 月，党的二十大报告进一步强调指出："加快发展数字经济，促进数字经济和实体经济深度融合，打造具有国际竞争力的数字产业集群。优化基础设施布局、结构、功能和系统集成，构建现代化基础设施体系。"2022 年 12 月，中共中央、国务院印发《关于构建数据基础制度 更好发挥数据要素作用的意见》，进一步明确构建数据基础制度的重大意义和总体要求，要求"坚持改革创新、系统谋划，以维护国家数据安全、保护个人信息和商业秘密为前提，以促进数据合规高效流通使用、赋能实体经济为主线，以数据产权、流通交易、收益分配、安全治理为重点，深入参与国际高标准数字规则制定，构建适应数据特征、符合数字经济发展规律、保障国家数据安全、彰显创新引领的数据基础制度，充分实现数据要素价值、促进全体人民共享数字经济发展红利，为深化创新驱动、推动高质量发展、推进国家治理体系和治理能力现代化提供有力支撑"。

这些年来，我国数字经济发展较快、成就显著。根据 2021 全球数字经济大会的数据，2012—2021 年，我国数字经济规模从 11 万亿元增长到 45.5 万亿元，多年稳居世界第二，数字经济占国内生产总值的比重由 21.6%提升至 39.8%。同时，我们要看到，同世界数字经济大国、强国相比，我国数字经济大而不强、快而不优。还要看到，我国数字经济在快速发展中也出现了一些不健康、不规范的苗头和趋势，这些问题不仅影响数字经济健康发展，而且违反法律法规、对国家经济金融安全构成威胁，必须坚决纠正和治理。面向未来，我们要站在统筹中华民族伟大复兴战略全局和世界百年未有之大变局的高度，统筹国内国际两个大局、发展安全两件大事，充分发挥海量数据和丰富应用场景优势，促进数字技术和实体经济深度融合，赋能传统产业转型升级，催生新产业新业态新模式，不断做强做优做大我国数字经济。具体来说，要加强关键核心技术攻关，加快新型基础设施建设，推动数字经济和实体经济融合发展，推进重点领域数字产业发展，规范数字经济发展，完善数字经济治理体系，积极参与数字经济国际合作。2023 年 2 月，中共中央、国务院印发《数字中国建设整体布局规划》，要求推进数字技术与经济、政治、文化、社会、生态文明建设"五位一体"深度融合，实现数据要素价值有效释放，数字经济发展质量效益大幅增强。支持数字企业发展壮大,健全大中小企业融通创新工作机制,发挥“绿灯”投资案例引导作用,推动平台企业规范健康发展。培育壮大数字经济核心产业,研究制定推动数字产业高质量发展的措施,打造具有国际竞争力的数字产业集群。推动数字技术和实体经济深度融合,在农业、工业、金融、教育、医疗、交通、能源等重点领域,加快数字技术创新应用。把握数字经济发展趋势和规律,推动我国数字经济健康发展,促进数字经济和实体经济深度融合,赋能传统产业转型升级,催生新业态新模式,全面赋能经济社会发展,做强做优做大数字经济,为推动实现高质量发展提供重要支撑。

第六章

数字基础设施建构

基础设施是人类活动的基本依赖，是人类赖以生存与发展的重要环境条件，又是不同时代社会文明进步的重要内容。因此，基础设施伴随着人类社会的演变而不断进步，同时遵循着特有的自然规律、经济规律和社会规律。基础设施以其“依托”“集聚”“扩散”“链接”“交互”“支撑”“抵御”“赋能”等基本功能，驱动人类的生产生活时空不断拓展演进，推动着人类社会时空活动范式变革和经济社会空间组织变革。特别是近代以来，伴随着以现代交通、现代能源和信息技术等为代表的现代基础设施的出现和发展，人类的经济社会活动和空间行为模式不断展现出新的姿态。

一、基础设施及其历史演进

人类的一切社会活动建立在基本的生存环境基础之上。生存环境是一个广泛而抽象的概念。它是指一定时空范围内，人类赖以生存与发展的物质条件和精神条件的综合体系。金凤君认为，从哲学角度看，人类的生存环境由物质条件和精神条件两部分构成，基础设施无疑是物质条件的重要内容，而其营造的可感知的安全性和舒适性又属于精神范畴。从人类发展和社会生产关系的角度看，人类生存环境可分为自然环境和社会环境两大部分，基础设施是联系自然环境与社会环境的纽带。[①] 从这两个视角看，基础设施同时具有自然属性和社会属性，形态上具有物理性，本质上具有人文性。同时，如果我们将人类一切活动视为生存与发展的互动过程，就不难发现，由基础设施支撑的环境条件显现为保障人类生存的基本环境和支撑人类发展的基本条件。当然，支撑发展的基础设施包含着保障生存的基础设施。因此，我们惯常使用的基础设施概念，逻辑上就是以支撑发展为主要定位的基础设施，是人类进入文明社会的产物。

---

① 金凤君.基础设施与经济社会空间组织[M].北京:科学出版社,2017:18.

(一)基础设施内涵

关于基础设施的内涵,学术上难有统一表述,但主要观点是一致的。金凤君认为,基础设施是指以保证国家和地区经济社会活动正常进行、改善人类自身生存环境、克服自然障碍等为目的而建立的公共服务体系,是国民经济各项事业发展的基础和人类活动的基础。其内容包括交通、运输、信息、输变电、给排水、科研技术服务、园林绿化、环境保护、文化教育、卫生事业等公用工程设施和公共生活服务设施。[①]

从基础设施的具体内容上看,基础设施具有狭义和广义之分。狭义上的基础设施一般由固定设施、移动设施和管理利用系统构成。固定设施在建立之后,空间位置固定不变,不会随着外部环境的改变而发生位移,诸如道路、桥梁、站场、城市管网、通信线路等;移动设施是指依托固定设施或拓展固定设施功能的移动性设施,如车辆、飞机、船舶、移动终端等设备;管理利用系统是指协同运行固定设施和移动设施的相应技术手段与管理运行机制,如"城市大脑"、工业互联网、交通运输体系、各种基础设施标准体系与法规体系等。广义上的基础设施主要指支撑国民经济、社会发展、国家安全、生态体系、国际交流等的基础设施体系,它由若干子系统有机构成,如科学技术基础设施体系、交通基础设施体系、信息基础设施体系、能源基础设施体系、农业基础设施体系、水利基础设施体系、城乡市政基础设施体系、国家安全基础设施体系、生态环境基础设施体系、对外交流合作基础设施体系以及空间(太空、极地、海洋、地质等空间领域)拓展开发基础设施体系等。

从基础设施形态演变的视角看,基础设施具有传统基础设施和新型基础设施之分。从理论上讲,相对于当下发挥支撑作用的基础设施,原有的基础设施均可称之为传统基础设施,如相对于工业社会的铁路、高速公路、机场、输变电网等新型基础设施,农业社会的人力交通设施、农业水利设施等就是传统基础设施。按照如此逻辑延伸,相对于智能社会的互联网、移动通信、空间地理信息、生物工程、空间站等新型基础设施,"铁公机"则属于传统基础设施。因此,这里的传统基础设施指农业社会和工业社会背景下的基础设施,主要指以"铁公机"为标志的基础设施体系,包括铁路、公路、机场、港口、水利设施等建设项目。

(二)基础设施特性

基础设施作为人类生产生活活动的基本支持功能综合体系,虽然在不同的文明时期、不同的社会形态面临着不同的社会需求,具有不同的内容、形式和功能,但其基本性质具有同一性,主要集中在"六性",即基础性、服务性、从属性、专业性、系统性和长效性。

---

① 金凤君.基础设施与经济社会空间组织[M].北京:科学出版社,2017:1.

1. 基础性是基础设施最为主要的特性

首先,基础设施是人类生产生活活动的基本支撑,是人类与自然交互获得物质资源的基本条件,也是人类认识自然、改造自然过程的主要内容。理论上可以说,基础设施既是人类利用自然过程中的产物,又是人类从自然界获取生活所需物质资源的重要基础。其次,基础设施是一个地区或者城市发展的基本支撑,是人类生产生活活动的先期投入,也是衡量一个地区、城市甚至国家发展程度的重要标志。最后,基础设施是国家治理现代化的基本支撑,是一个国家发展与安全的基本保障,也是一个国家综合实力的具体体现。

2. 服务性是基础设施的社会功能特性

基础设施虽然是人类生产活动的重要组成部分,但它具有非直接生产性。虽然基础设施各自成为相对独立的体系,并相互交织而构成网络体系,但是不会改变初始产品的使用性质,不会主动产生新的有形产品。因此,其服务性主要体现为支持功能形态。一是带动物质产品发生空间位移,驱动人类活动实现空间互动,特别是能够实现空间经济势能的强弱特点变化;二是实现信息文化传输交流以及大数据流动,实现有形、无形资源在空间区间、产业领域之间等顺畅流动;三是实现能量空间传输,确保人类生产生活活动的能源供给;四是作为重要的物质基础,实现人类社会建设与治理,维护社会秩序,推进社会进步。

3. 从属性是基础设施与其服务支持对象之间关系的表述

基础设施从其出现开始就带有特定目的,是依附人类社会演进目标、支持社会活动过程的基础性力量。一般而言,虽然基础设施具有相对独立性,但任何社会状态和社会场景下都不会开展孤立的基础设施建设。因此,基础设施不是孤立、盲目设置的,必须具有清晰的目的,其选择的规模、时空和状态都取决于这个目的,区别可能只是在长远与眼前、规模大还是小、局部的还是全局的等方面的抉择。如果在基础设施建设上忽略了这一特性,就可能造成基础设施与社会生产生活需要之间的脱节,带来资源投入的浪费。

4. 专业性指基础设施具有相对独立的科学技术特性

基础设施并非一般的社会经济附属物,它同时涵盖科学、技术、工程、管理等重要专业领域,需要专门机构、专业人员和专项政策组织实施。如交通基础设施、通信基础设施、市政基础设施、能源基础设施、水利基础设施、文化基础设施、科技基础设施等都具有鲜明的专业科学技术特性。从这一意义上讲,基础设施是科学技术、工程管理和社会实践的集大成者。

5. 系统性是基础设施自然功能和社会功能的集中体现

系统性是基础设施最为重要的特性之一，具体体现为四个方面。一是基础设施的功能协同。不同专业性的基础设施只有与他种基础设施协同，其功能才能较好地发挥出来，协同越紧密，功能展现得越鲜明。如交通基础设施的主要功能是支撑运输产业的，如果它与信息基础设施、输变电基础设施等功能协同，其功能作用发挥将会得到极大激发。一般来讲，经济社会发展水平越高，基础设施协同功能越鲜明，功能作用越突出。同时，基础设施协同还分为外协同和内协同。所谓外协同主要指不同专业性基础设施之间的协同，内协同主要指同一专业性的基础设施内部各部分之间的协同，如同一类型基础设施区域之间协同、“铁公机水”交通基础设施协同等。二是基础设施的网络交互。以网络为特征的基础设施，其主要目的是沟通不同时空中的点线，加强或者削弱这些点线上的人类活动所产生的“势能”，使得基础设施的整体支撑作用达到最佳效应，如“路网”的构建、运力多式联运、通信网络、算力网络等。三是基础设施的迭代演进。基础设施是人类科学技术和生产活动的产品，随着人类经济社会演进而演变，所以必然具有历史性。同时，任何基础设施建设都是以满足社会需要为出发点的，必然具有一定的预期性。因此，但凡基础设施建设，必须拥有迭代演进的理念，既要防止短期性而带来损失，又要预防过于超前而造成浪费。四是基础设施的融合赋能。基础设施除了具有内在体系交互融通的特性外，还具有对于经济社会各领域融合赋能的重要作用，如交通运输、信息通信、能源输变等。这些基础设施不仅服务支撑着人类经济社会活动，而且推动甚至改变着经济社会形态。城市的发展演变，就是最鲜明的例证。

6. 长效性指基础设施具有长远、持续的影响力

从社会设置功能的视角可以看出，伴随着人类文明不断出现的基础设施，有些将会永久服务、推动社会前行，只是在不同文明阶段的形态不一样。如农业社会出现的道路、水利、车辆等设施，工业社会出现的铁路、公路、航空、海运、电话等设施，都将在人类活动的历史长河中扮演着重要角色。因此，基础设施建设的首要原则就是要充分考虑其长久性效应。无论规模大小、类别差异，几乎所有的基础设施都具有自己独立的生命周期，不同功能形态的基础设施具有不同的生命周期，并在不同的历史时期和不同社会背景下展现其不同的功能形态。因此，对于基础设施体系建构过程中的不同基础设施，需要在尊重其专业性的基础上，充分考虑其与长效性相关的生命周期特点。

（三）基础设施类型

如上所述，基础设施是一个庞大的系统，由各种既相对独立又相互联系的不同类型所组成，由于认知视角不同，其类型也有不同的划分方法。在理论上，多是从专业职能、服务对象、服务空间范围、经济社会类别和空间形态大类展开研究，实践中多是

从专业功能视角来把握的。《“十四五”规划纲要》在“建设现代化基础设施体系”一章中，规划了“加快建设新型基础设施”“加快建设交通强国”“构建现代能源体系”“加强水利基础设施建设”四个大类别的基础设施体系建设。这充分说明，基础设施的功能性是不同时代重要的关注点。从理论上看，近代以来，对于人类经济社会活动影响较大的基础设施主要集中在七类，即交通基础设施、能源基础设施、市政基础设施、水利基础设施、生态基础设施、公共安全基础设施和数字基础设施。

1. 交通基础设施

交通基础设施是人类社会发展所依托的重要设施，也是融合社会与自然关系的主要基础设施，主要包括铁路、公路、水运、航运、管道等五种常规的运输设施或方式。其职能是时空集聚和时空扩散，依据经济社会发展演变规律，克服由于自然障碍所产生的空间阻隔，实现一定空间范围内人口与资源的流动，从而达到经济社会活动的一体化、协同化，实现国民经济与社会的协调发展。

2. 能源基础设施

能源基础设施是一个国家经济社会发展最为基础与关键的生产要素之一，是国民经济发展的血液和动力。现代能源基础设施主要包括光伏发电、风电、核电、氢能、水电、储能装置、变流器、分布式能量管理系统、高速通信网络和测控终端等。从理论上讲，能源的生产、使用和效益在很大程度上影响和决定着经济社会的发展模式、效率以及社会生活状态。因此，依据一个国家经济社会的发展状况以及该国所面临的能源状况，推进现代能源基础设施建设是经济社会发展的重中之重。

3. 市政基础设施

市政基础设施是城镇发展的重要基础，是保障城镇可持续发展的关键性设施，主要由交通、给水、排水、燃气、环卫、绿化、供电、照明、通信、计算、防灾、应急、绿化等工程系统构成。市政基础设施主要集聚在城市空间，并随着大都市发展以及城市物理形态、功能形态的改变，逐步扩展到城市空域、地下空间以及国土区域空间。在现代社会背景下，其内涵和外延拓展为区域协同、城乡融合、陆空地“一体化”等基本格局。

4. 水利基础设施

水利基础设施是在人类社会发展早期协调人类与自然关系最重要的基础设施之一。水是人类生存必不可少的物质和环境条件，水利资源的开发利用及其基础设施建设伴随、支撑着人类文明的全进程。人类最早的栖息地选择首先是水源，最需要防范的自然灾害是水灾，最重要的运输载体是河流。因此，古今中外，无论哪种社会形态、何种社会制度，水利事业都是国家治理的重要内容。从这一角度来看，水利基础设施首要的是实施河流流域治理，防范水患。同时，还需要注重水资源安全，实施重点水源、引调水等水资源配置工程，建立供水保障体系和水资源区域均衡体系。要特别注重水资源环境保护体系建设，防止水资源污染。

5. 生态基础设施

生态基础设施是人类反思近代工业文明的产物。它是协调人与自然关系、保护自然生态的重要基础设施，其主要职能是消除、减缓、抑制、防止人类活动对自然环境的负面影响，对自然环境实施基本保护；同时，对已经遭到威胁和破坏的自然环境进行修复、再生。生态基础设施贯穿人类活动的全领域、全过程，体现在人类生产生活的各方面，所以生态基础设施必须兼顾自然规律和人类活动需求，从动态观点将人类活动纳入自然环境循环之中，发挥正确的引导作用。

6. 公共安全基础设施

公共安全是人民生存发展的刚需，是社会和谐稳定的底色，一头连着千家万户，一头连着经济社会发展，是最基本的民生。能否确保公共安全，事关人民群众生命财产安全，事关改革发展稳定大局。必须统筹安全和发展，坚持人民至上、生命至上，把人民生命安全摆在首位，健全完善公共安全体系，编密织牢全方位、立体化的公共安全基础设施，全面提高公共安全保障能力。公共安全基础设施的核心领域主要指安全生产、食品药品安全、生物安全风险防控、信息安全以及国家应急安全管理体系等内容。

7. 数字基础设施

信息基础设施是数字基础设施的关键组成部分。信息基础设施作为一种现代化的基础设施和空间网络，在协调人类与自然的关系中，主要职能就是推动信息在不同空间的传输，实现人类对信息资源的共享，削弱空间阻隔对人类活动的影响。依据传输方式及其空间形态，可以将传统信息基础设施主要分为有线和无线两种形式。在新一轮科技革命的驱动下，信息基础设施发生了根本变化，互联网、物联网、移动通信、区块链、虚拟现实、空间地理信息系统等，彻底改变了人类活动的互动方式，信息基础设施转型提升为数字基础设施。相对于传统信息基础设施，以数字基础设施为主导的新型基础设施成为人类社会最重要、最先进的基础设施之一，支撑着智能社会和数字经济不断向前演进。

（四）基础设施历史演进

在历史上，基础设施经历了从简单到复杂、从单一到多元、从低级到高级、从微观到宏观、从暂时性到永久性、从区域性到世界性、从地球范围到太空拓展等发展过程。从其服务支撑主要社会形态的视角来看，它经历了从农业社会到工业社会再到智能社会背景的演变过程和趋势。

在农业社会背景下，人类社会活动空间有限，改造自然环境的能力有限，农业生产、农村生活是主要经济活动和社会活动。因此，这一时期的基础设施类型单一、功能简单。基础设施形态主要体现为水利、道路和安全设施，如各种水利工程、水利生活设施、桥梁道路、城墙城堡等。

人类进入近代工业社会以来，随着生产力得到极大进步，人类经济社会活动发生了根本改变，支撑经济社会发展的基础设施不断变革完善。1825 年 9 月 27 日，世界上第一条铁路在英国正式通车，路线全程 21 公里，由英格兰东北部的斯托克顿到达林顿。19 世纪末，现代公路开始出现；1924 年 9 月 21 日，世界上第一条高速公路在意大利建成通车，这条路东起米兰，西至瓦雷泽，全长约 40 公里。1903 年 12 月 17 日，美国莱特兄弟(Wright Brothers)完成了世界上第一架有动力的、持续稳定受控的飞机试飞；1945 年第二次世界大战结束后，航空运输被广泛使用。1875 年，法国巴黎北火车站建成世界上第一座发电厂；1879 年，美国旧金山实验电厂开始发电，成为世界上最早出售电力的电厂；1880 年后，英国和美国建成世界上第一批水电站；1954 年，世界上第一座核电站在苏联建成，成为人类和平利用原子能的成功典范。1837 年，美国人莫尔斯在华盛顿和巴尔的摩试拍有线电报获得成功；1876 年，美国人贝尔发明电话；1889 年，意大利人马可尼在英法两国间试拍无线电成功；1901 年，跨大西洋电缆铺设成功；1915 年，巴黎与华盛顿长距离无线电通信成功。1926 年，英国人约翰·贝尔德(John Baird)在英国皇家研究所完成电视图像研制；1946 年，第一台电子计算机“ENIAC”在美国宾夕法尼亚大学摩尔电子工程学院问世；1953 年，IBM 公司开发出“IBM650”系列计算机；1958 年，美国贝尔公司成功研制开发计算机通信装置；1962 年，美国通信卫星与欧洲通信获得成功；1969 年，美国提出全球通信网蓝图；1975 年，美国人盖茨开发出“Basic”语言；1978 年，美国提出建设高速通信网络规划；1979 年，美国 Xero 公司研究小组在鲍勃·泰勒(Bob Taylor)的领导下研究出 Internet 的前身 Arpanet；1981 年，美国微软公司开发出“MS-DOS”；1984 年，CD-ROM 出现，苹果公司推出购物电脑；1993 年，美国英特尔公司开发出非 Risc 高性能 CPU；1994 年，美国佛罗里达州建成信息高速公路。

20 世纪末以来，随着互联网、移动通信、人工智能、航天航空、新材料、新能源等新一代信息技术指数级迭代升级，基础设施的基本形态因此而发生颠覆性变化。这一新兴的基础设施可称之为新型基础设施，数字基础设施是其主要内容和标志。“新基建”这一概念的提出，最早源于 2018 年底的中央经济工作会议，会议指出，要加快 5G 商用步伐，加强人工智能、工业互联网、物联网等新型基础设施建设，加大城际交通、物流、市政基础设施等投资力度，补齐农村基础设施和公共服务设施建设短板，加强自然灾害防治能力建设。从此，“新基建”的概念也就约定俗成、随之相对固定下来。2019 年 3 月 5 日，李克强总理在政府工作报告中提出，打造工业互联网平台，深化大数据、人工智能等研发应用，加强新一代信息基础设施建设。2020 年 4 月 23 日，习近平总书记在陕西考察时，再次强调“推进 5G、物联网、人工智能、工业互联网等新型基建投资”。2020 年 5 月 12 日，习近平总书记在山西考察时，进一步明确提出：“大力加强科技创新，在新基建、新技术、新材料、新装备、新产品、新业态上不断取得突破。”

2021年3月颁布的《"十四五"规划纲要》明确指出，建设高速泛在、天地一体、集成互联、安全高效的信息基础设施，增强数据感知、传输、存储和运算能力。2021年11月，工业和信息化部印发的《"十四五"信息通信行业发展规划》指出，坚定不移推动制造强国、网络强国、数字中国建设，加快推进经济社会数字化发展，系统部署新型数字基础设施。力争到2025年，信息通信行业整体规模进一步壮大，发展质量显著提升，基本建成高速泛在、集成互联、智能绿色、安全可靠的新型数字基础设施，创新能力大幅增强，新兴业态蓬勃发展，赋能经济社会数字化转型升级的能力全面提升，成为建设制造强国、网络强国、数字中国的坚强柱石。2022年10月16日，习近平总书记在党的二十大报告中指出："优化基础设施布局、结构、功能和系统集成，构建现代化基础设施体系。"新型基础设施是现代化基础设施体系的形象表述，数字基础设施又是现代化基础设施体系的重要组成部分。

二、数字基建的基本内涵

从理论上讲，新基建是相对于传统基建概念的形象表述，数字基建则是新基建的核心内涵和时代标志。从基础设施视角看，数字技术正在快速地解构一个传统世界，沟通物理世界与数字孪生世界。相应地，数字基础设施也正在解构一个传统的基础设施系统，构建一个全新的基础设施体系，支撑人类经济社会转型变迁。从这一意义上讲，数字基建就是构建物理世界和孪生世界大厦的"基石"，是新基建体系的基本构成，是推动工业社会走向智能社会的重要支撑。

(一)新型基建的基本内涵

2020年3月4日，中共中央政治局常务委员会召开会议，会议强调，要加大公共卫生服务、应急物资保障领域投入，加快5G网络、数据中心等新型基础设施建设进度。"新基建"主要包括七大领域：5G基站建设、特高压、城际高速铁路和城市轨道交通、新能源汽车充电桩、大数据中心、人工智能、工业互联网。2020年4月20日，国家发展改革委在线召开例行新闻发布会，首次对新型基础设施建设相关问题进行了阐述。新型基础设施是以新发展理念为引领，以技术创新为驱动，以信息网络为基础，面向高质量发展需要，提供数字转型、智能升级、融合创新等服务的基础设施体系，主要包括三个方面内容：一是信息基础设施，主要是指基于新一代信息技术演化生成的基础设施，如以5G、物联网、工业互联网、卫星互联网为代表的通信网络基础设施，以人工智能、云计算、区块链等为代表的新技术基础设施，以数据中心、智能计算中心为代表的算力基础设施等；二是融合基础设施，主要是指深度应用互联网、大数据、人工智能等技术，支撑传统基础设施转型升级，进而形成的融合基础设施，如智能交通基础设施、智慧能源基础设施等；三是创新基础设施，主要是指支撑科学研究、技术开发、产品研制的具有公益属性的基础设施，如重大科技基础设施、科教基础设施、产业技术创新基础设施等。伴随着科技革命和产业变革，新型基础设施的内涵、外延和功能也必将随之发生变化。[①]

（二）数字基建的基本内涵

从上述新型基础设施三个方面的内容可以看出，数字基础设施主要表现为5G移动通信、人工智能、工业互联网、大数据中心、云计算、超级计算、固定宽带、各种智能终端、感知系统等新兴信息化、网络化、智能化、数字化基础设施，以及应用数字化、网络化、智能化技术赋能、改造、提升传统基础设施，使其转型成为支撑经济社会发展的多种功能融合型的新型基础设施。数字基础设施的核心在于连接、计算、交互、赋能和安全，主要包括基础网络、基础计算、基础硬件、基础软件、基础平台、基础应用、基础标准和基础安全等八个方面的内容。

1. 基础网络构建数字基建的底座

基础网络是以互联网、5G移动通信和空间地理信息网络为关键支撑，以网络核心设备、传输设备、感知系统、空间地理信息系统、无线基站等设施为基本构件，由有线网络、无线网络和卫星网络组成的“天地空海”一体化网络格局。基础网络体系根据用途范围不同，目前分为互联网、工业互联网和物联网三类。互联网主要是实现人与人之间沟通的网络体系，工业互联网主要是支撑数字化企业的网络体系，物联网主要是实现万物互联的网络体系。2021年3月，工业和信息化部发布《“双千兆”网络协同发展行动计划（2021—2023年）》，目标是用三年时间，基本建成全面覆盖城市地区和有条件乡镇的“双千兆”网络基础设施，实现固定和移动网络普遍具备“千兆到户”能力。行动计划提出，到2023年底，千兆光纤网络具备覆盖4亿户家庭的能力，10G-PON及以上端口规模超过1 000万个，千兆宽带用户突破3 000万户，5G网络基本实现乡镇级以上区域和重点行政村覆盖，建成100个千兆城市，打造100个千兆行业虚拟专网标杆工程。2023年2月，国家统计局发布的《中华人民共和国2022年国民经济和社会发展统计公报》显示，2022年移动电话基站数1 083万个，其中4G基站603万个，5G基站231万个。全国电话用户总数186 286万户，其中移动电话用户168 344万户。移动电话普及率为119.2部/百人。固定互联网宽带接入用户58 965万户，比上年末增加5 386万户，其中100M速率及以上的宽带接入用户55 380万户，增加5 513万户。蜂窝物联网终端用户18.45亿户，增加4.47亿户。互联网上网人数10.67亿人，其中手机上网人数10.65亿人。互联网普及率为75.6%，其中农村地区互联网普及率为61.9%。全年移动互联网用户接入流量2 618亿GB，比上年增长18.1%。目前，我国已建成全球规模最大、技术领先的网络基础设施。

---

① 刘园园．国家发改委明确“新基建”范围，将加强顶层设计[N]．科技日报，2020-04-21(3)．

2. 基础计算构成数字基建的核心

从经济学视角看，大数据既是生产要素，更是第一资源。因此，大数据驱动产生的设施设备，构成数字基建体系的核心和关键。数据存储载体、计算设施等成为数字基建的重要内容，集中体现为“算力”。算力就是生产力，智能算力就是创新力。随着新一轮科技革命和产业变革的深入发展，人工智能正呈现技术多点突破、应用加速迭代的特征，智能算力在赋能产业发展、促进数实融合方面将发挥更加显著的作用，其带动产业创新的“乘数效应”也将进一步放大。近年来，大数据中心成了“香饽饽”，不少地方竞相投资建设，各种大数据中心如雨后春笋般涌现。截至 2020 年底，我国在用数据中心机架规模约 500 万架，近 5 年年均增速逾 30%，是全球平均增速的 2.3 倍。在此背景下，2021 年 5 月，国家发展改革委等四部门联合印发《全国一体化大数据中心协同创新体系算力枢纽实施方案》，对全国算力网络国家枢纽节点进行了整体布局，同时启动了“东数西算”工程。按照实施方案，将依托京津冀、长三角、粤港澳大湾区、成渝城市群，以及贵州、内蒙古、甘肃、宁夏等全国算力网络枢纽节点，统筹规划大数据中心的建设布局，引导大数据中心适度集聚并形成数据中心集群，且在集群之间建立高速数据中心直联网络，最终形成以数据流为导向的新型算力网络格局。[①] 按照全国一体化大数据中心体系布局，8 个国家算力枢纽节点将作为我国算力网络的骨干连接点，发展数据中心集群，开展数据中心与网络、云计算、大数据之间的协同建设，并作为国家“东数西算”工程的战略支点，推动算力资源有序向西转移，促进解决东西部算力供需失衡问题。[②]

3. 基础硬件构成数字基建的根本

从逻辑上讲，硬件包括的范围十分广泛，上述的算力就是硬件之一。这里的硬件主要指支持网络连接和计算能力的技术性产品，包括集成电路、电子元器件、半导体材料和设备、新型显示器、手机、电脑、可穿戴设备、人工智能等智能终端、网络连接和网络安全设备。其中芯片作为集成电路的核心载体，是基础硬件的重中之重。新基建是新经济、“双循环”的核心内容和抓手，其中以集成电路为根，以人工智能为本，从 5G、6G 到超算、物联网、生物医药、航天、安防等领域都需要各种各样的芯片。同时，我国信息技术发展面临着高端芯片等核心产品和技术受制于人、信息领域的基础理论正处于拐点期等挑战。集成电路与人工智能是世界各主要国家必争的战略高地，是高科技之战的决战主战场。

美国半导体行业协会发布的《2021 年美国半导体行业报告》指出，美国半导体产业的研发占比超过其他任何国家的半导体产业，优势地带主要集中在 EDA 和核心 IP、芯片设计、制造设备等研发密集型领域，其在芯片制造的份额正在急剧下降。

① 顾阳. 夯实数字经济发展的底座[N]. 经济日报，2021-06-04(5).

② 严赋憬，安蓓. 优化算力资源配置，“东数西算”工程全面实施[N]. 科技日报，2022-02-21(6).

2020年,美国占据了全球半导体市场的47%,在EDA和核心IP、芯片设计和制造设备等研发密集型领域保持领先的市场份额;而资本密集度更高的材料和制造(包括封装)高度集中在亚洲,约75%的全球半导体制造能力,包括全部的10纳米以下先进制程制造能力分布在亚洲。在子产品领域,美国在逻辑芯片、分立器件、模拟芯片、光学器件处于领先地位,存储器的优势地位则被其他国家占据。在过去10年中,美国以外地区芯片产出的增长速度是美国的5倍。这也使美国政府意识到,强化半导体供应链建设需要加大对芯片生产和创新的投资力度。2021年6月,美国参议院通过了《美国创新与竞争法案》(USICA),将划拨520亿美元用于支持芯片制造、研究和设计。① 为了垄断芯片霸权,扼杀中国自主创新,2019年5月17日、2020年5月15日、2020年8月17日,美国以所谓国家安全为由,以芯片等关键元器件断供为手段,先后三次宣布对华为实施所谓的制裁。2022年7月27日,美国参议院以64票赞成、33票反对的结果通过《芯片和科学法案》。同年8月9日,拜登签署《芯片和科学法案》,使之成为法律。美国借用国家力量对华为进行极限打击,对华为的围堵已经到了疯狂的地步。当前,全球半导体产业进入重大调整期,国际贸易的复杂趋势给半导体产业的发展带来新的挑战,集成电路产业的风险与机遇并存。

中国是全球主要的电子信息制造业生产基地,也是全球规模最大、增速最快的集成电路市场。2020年,我国集成电路产业规模达到8 848亿元,"十三五"期间年均增速近20%,为全球同期增速的4倍。同时,我国集成电路产业在技术创新与市场化上取得了显著突破,设计工具、制造工艺、封装技术、核心设备、关键材料等方面都有显著提升。② 2022年1月,工业和信息化部运行监测协调局发布的2021年电子信息制造业运行情况显示,2021年,全国规模以上电子信息制造业增加值比上年增长15.7%,在41个大类行业中,排名第6,增速创下近十年新高,较上年加快8.0个百分点。主要产品中,手机产量17.6亿台,同比增长7%,其中智能手机产量12.7亿台,同比增长9%;微型计算机设备产量4.7亿台,同比增长22.3%;集成电路产量3 594亿块,同比增长33.3%;出口集成电路3 107亿个,同比增长19.6%;进口集成电路6 354.8亿个,同比增长16.9%。在全球集成电路制造产能持续紧张的背景下,近两年我国集成电路相关领域投资活跃,实现半导体器件设备、电子元件及电子专用材料制造投资额的大幅增长,带动电子信息制造业固定资产投资两年平均增长17.3%,远高于制造业两年平均的5.8%。

4. 基础软件构成数字基建的基石

软件是新一代信息技术的灵魂,是数字经济发展的基础,是制造强国、网络强国、数字中国建设的关键支撑,是数字技术安全、经济安全、国家安全之盾。软件为硬件设施设备提供配套的操作系统、数据库、中间件、应用软件等,为实现数据分析、处理、

① 张心怡. SIA:过去10年美国以外地区芯片产出增长速度是美5倍[N]. 中国电子报,2022-01-14(8).

② 金凤. 全球半导体产业进入重大调整期,后摩尔时代为追赶者创造机会[N]. 科技日报,2021-06-10(3).

运算以及终端应用提供服务支撑。“十三五”期间，我国软件和信息技术服务业产业规模效益快速增长，业务收入从2015年的4.28万亿元增长至2020年的8.16万亿元，年均增长率达13.8%，占信息产业的比重从2015年的28%增长到2020年的40%。软件加快赋能制造业转型升级，软件信息服务消费在信息消费中的占比超过50%。2020年，软件百强企业收入占全行业的比重超过25%，其中，收入超千亿元的企业达10家，2家企业跻身全球企业市值前十强。同时，软件园区已成为推动软件产业特色化发展的重要载体和集聚化发展的有力抓手，全国268家软件园区贡献了75%以上的软件业务收入。①

2021年11月，工业和信息化部专门出台《“十四五”软件和信息技术服务业发展规划》，旨在阐明国家战略意图，明确工作重点，引导、规范市场主体，指导未来五年软件和信息技术服务业发展。规划发布后，我国软件产业实现快速健康发展。根据国家统计局2021、2022年国民经济和社会发展统计公报，2021年，我国软件和信息技术服务业完成软件业务收入94 994亿元，按可比口径计算，比上年增长17.7%。2022年，信息传输、软件和信息技术服务业增加值为47 934亿元，增长9.1%；全年软件和信息技术服务业完成软件业务收入108 126亿元，按可比口径计算，比上年增长11.2%。在疫情冲击严重的年份，该领域增速高过其他工业和服务业领域。

5. 基础平台构建数字基建的高地

基础平台指引领型、突破型、协同型、基础型的重大科技设施、各类科技平台，诸如国家实验室、重点实验室、工程实验室、工程研究中心、企业技术中心，以头部企业牵引的交易型、社交型平台。其中重点是以底层基础技术与工艺构建起的开源开放平台和工业互联网、物联网等技术体系平台、产业生态平台。《“十四五”规划纲要》提出，要面向世界科技前沿、面向经济主战场、面向国家重大需求、面向人民生命健康，以国家战略性需求为导向推进创新体系优化组合，加快构建以国家实验室为引领的战略科技力量；聚焦量子信息、光子与微纳电子、网络通信、人工智能、生物医药、现代能源系统等重大创新领域组建一批国家实验室，重组国家重点实验室，形成结构合理、运行高效的实验室体系；优化提升国家工程研究中心、国家技术创新中心等创新基地。根据国家统计局2021年国民经济和社会发展统计公报，2021年，正在运行的国家重点实验室533个，纳入新序列管理的国家工程研究中心191个，国家企业技术中心1 636家，大众创业万众创新示范基地212家。网络平台是基础平台支撑数字经济的基础之基础。

2022年1月，国家发展改革委等部门联合印发《关于推动平台经济规范健康持续发展的若干意见》，从构筑国家竞争新优势的战略高度出发，建立健全规则制度，优化平台经济发展环境。文件突出坚持发展和规范并重，坚持系统思维，围绕营造创新发展环境，从发展和规范两方面作出部署。一方面，促进营造公平竞争、规范有序的市

---

① 黄鑫.“十四五”软件业开源生态加快构建[N].经济日报，2021-12-06(6).

场环境；另一方面，支持和引导平台企业加大研发投入，夯实底层技术根基，改造提升传统产业，扶持中小企业创新，挖掘市场潜力，增加优质产品和服务供给，推动平台经济持续健康发展。在数字经济时代，各种类型、各个层级的平台构成网络体系，支撑、服务智能社会和智能经济运行发展。

6. 基础应用搭建数字基建的舞台

数字技术的应用是数字基础设施的落脚点，也是数字技术赋能社会经济发展的空间和舞台。当前，数字化应用场景已经贯穿全领域、全过程、全方位和全场景，覆盖政府、交通、能源、产业、科学、医疗、教育、养老、社会治理、企业、文旅、商业综合体、产业园区、城市建设、数字乡村、安全体系等领域。从经济学视角来看，数字化应用场景是指基于数字基础设施和数字技术，对用户数据的挖掘、追踪和分析，在所有由时间、地点、用户和关系构成的特定场景下，连接用户线上和线下行为，理解并判断用户情感、态度和需求，为用户提供实时、定向、创意的信息和内容等服务。通过与用户的场景互动沟通，在获得现场感体验的同时解决业务发展中的痛点，提升客户体验，挖掘新业务和新市场，为政府和企业降本增效，提高产品与服务的附加值。数字基础设施场景应用本质上就是推进智能社会、数字经济与智能经济发展，其应用的深度和广度标志着经济社会发展的程度。根据 IDC 数据，2019 年，我国云计算产业规模为 594 亿元，预计到 2025 年将达到 7 961 亿元，年均增速 37%。跨境电商、市场采购等新业态、新模式是我国外贸发展的有生力量，也是国际贸易发展的重要趋势。新冠疫情发生以来，我国跨境电商发挥在线营销、在线交易、无接触交付等特点和优势，积极培育参与国际合作和竞争的新优势，进出口规模持续快速增长。2022 年，我国跨境电商进出口（含 B2B）2.11 万亿元，同比增长 9.8%。其中，出口 1.55 万亿元，同比增长 11.7%；进口 0.56 万亿元，同比增长 4.9%。[①]

7. 基础标准构建数字基建的准则

数字基础设施标准体系的实质就是数字制度体系建设的关键内容。它是指适应经济社会网络化、数字化、智能化发展需要，覆盖规划设计、生产经营、建设管理、营运维护、技术更新、安全可靠等全过程和全生命周期的统一规范、先进适用的规范体系，纵向上包括国家标准、行业标准、企业标准等，横向上包括技术标准、管理标准、工作标准等。基础标准既是“软实力”也是“硬规矩”，构成一个国家数字基础设施的重要内容。因此，从国家治理体系现代化的视角来看，基础标准既是国家综合实力的重要组成部分，也是参与国际竞争的实力体现。5G 标准就是中国主导多国共同参与和推进的国际性标准，也是众多国际性标准中的中国元素。近年来，党和政府特别重视数字基础设施标准体系建设，除了有关数字技术方面外，围绕社会经济发展、民生条件改善等方面，不断探索出台了一系列制度标准体系，有关法律也开始颁布实施。如

---

① 张翼. 2022 年全国网上零售额 13.79 万亿元，电商新业态新模式彰显活力[N]. 光明日报，2023-01-31(10).

2021 年 1 月，中共中央办公厅、国务院办公厅印发《建设高标准市场体系行动方案》；2021 年 6 月，《中华人民共和国数据安全法》表决通过；2021 年 8 月，《中华人民共和国个人信息保护法》表决通过；2021 年 9 月，中共中央、国务院印发《知识产权强国建设纲要（2021—2035 年）》；2021 年 10 月，中共中央、国务院印发《国家标准化发展纲要》；2022 年 1 月，国务院办公厅印发《关于全面实行行政许可事项清单管理的通知》；2022 年 3 月，国务院印发《关于加快推进政务服务标准化规范化便利化的指导意见》；等等。

8. 基础安全构建数字基建的保障

基础数字安全指智能社会背景下国家安全、经济安全、社会安全的新内涵、新需求和新形态，具体体现为网络数据可用性、完整性和保密性得到保障，计算机硬件、软件和数据不因偶然和恶意的原因遭到破坏、更改和泄露。狭义的基础安全主要指信息基础设施安全，包括网络安全、数据安全和软硬件安全。在全球数字经济大发展的当下，网络和数据已经成为一项非常重要的“基础设施”，成为各国在未来经济、政治、科技等领域中都想占领的战略“新高地”，不断获得特殊重视。甚至有专家认为，网络数据目前已经成为继“陆海空天”之后的第五大主权领域空间。伴随着数字化大发展，在“全球互联”的背景下，当今世界的网络安全和风险问题也日益突出。在互联网上，各种网络攻击、敲诈勒索、数据窃取，甚至国与国之间的“网络战争”等全球范围内的网络安全重大事件频发。在此背景下，网络安全越来越受到各国政府的重视，我国政府也不例外，近年来极为重视网络安全工作，尤其是在立法方面，不断出台相关法律法规，加强国家在网络安全方面的建设力度。2021 年 7 月 30 日，我国颁布了《关键信息基础设施安全保护条例》，条例指出，关键信息基础设施是指公共通信和信息服务、能源、交通、水利、金融、公共服务、电子政务、国防科技工业等重要行业和领域的，以及其他一旦遭到破坏、丧失功能或者数据泄露，可能严重危害国家安全、国计民生、公共利益的重要网络设施、信息系统等。国家对关键信息基础设施实行重点保护，采取措施，监测、防御、处置网络安全风险和威胁，保护关键信息基础设施免受攻击、侵入、干扰和破坏，依法惩治危害关键信息基础设施安全的违法犯罪活动。

（三）数字基建的典型特征

如前所述，数字基建是智能革命驱动的产物，是各种数字技术融合发展带来的颠覆性变革，与传统基础设施相比，具有自身鲜明的特征。

1. 数据驱动

在数字经济条件下，经济社会的发展动力已经从传统要素驱动转型为创新驱动，数据成为第一资源，数据要素成为创新驱动的主要标志，成为经济社会转型、生产效率提升和社会治理的一种核心变革力量。

2. 软硬兼备

传统基础设施的主体是物理空间实体，其功能结构是物理功能的表现，其运行方式、协同结构也是物理功能结构的变化。而数字基建主要依托新一代数字化、网络化、智能化载体，以数据、物品为传输对象，其运行方式、协同结构则是虚实结合，各种物理结构除传统硬件设施外，关键还包括数字硬件、智能硬件。因此，现代数字基础设施是传统基础设施和新型数字基建高度融合的“软硬兼备”的新型基建。

3. 平台聚力

数字经济背景下，平台既是数字经济的重要形式，也是数字基建的重要内容。因为，只有数字平台才能够聚集大数据资源，协同配置各种软硬件功能，使物质资源、数据资源达到最佳协同效率，赋能各行各业激发创新活力。近些年来，我国电子商务、移动支付、搜索引擎、共享单车、网络约车、网络购物、工业互联网迅猛发展，阿里巴巴、腾讯、百度、京东、滴滴、美团等各种头部平台企业走在世界前列，驱动我国数字经济得到突破性发展。

4. 协同融合

新一代核心信息技术与工艺将推动多个领域技术集成，特别是将感知、传输、计算、人工智能等在应用端融为一体，实现网络化、数字化和智能化融合协同，构建整体协同功能。这是新型基础设施最重要的特征之一。同时，数字基建在支撑经济社会发展过程中，深度地融合传统基础设施，实现传统基础设施数字化改造升级，贯通物理基础设施与数字基础设施体系，构建新型基础设施体系。

5. 技术迭代

新一轮科技革命不仅给所涉及的领域带来颠覆性变革，而且迭代频率远非传统技术变革所比拟。典型标志如计算、网络、移动通信、物联网、感知系统等，几乎每隔一两年就会出现新一代技术更新。这也是新型基础设施最重要的特征之一。

6. 价值赋能

新型基础设施与传统基础设施最重要的区别就在于，传统基础设施的基本功能是服务支撑经济社会发展，而新型基础设施在此基础上更鲜明地体现出重要的赋能作用。它依托网络化、数字化、智能化技术，提升产业创新链、产品链、价值链水平，推动智慧城市、数字乡村建设，对工业、农业、交通、能源、医疗、教育等垂直行业赋予更多更新的发展动力，推动经济社会动力变革、效率变革和模式变革。

三、数字基建的关键技术领域

科学技术本身的进步，必然会改变基础设施原有的形态、建设和运营体系。数字基建正在解构一个旧世界，建立一个新的数字世界，人类正在通过数字基建不断地

“迁徙”到这样一个世界。因此，数字基建既是物理世界与数字世界共同的“地基”，也是贯通、融合物理世界与数字世界的“通道”。由此看来，数字基建具有整体性，它是由不同体系构成的系统性网络，在数字技术支持下支撑着人类社会演进。

（一）网络连接体系

1. 固定宽带网络

智能经济首先是网络经济，网络连接无疑是传统经济形态向智能经济形态转型的基础性、战略性基础设施。在这一转型过程中，固定宽带网络开启了新时代，推动社会生产方式、生活方式发生根本性改变。固定宽带网络是通过光纤、电话线、网线等有线介质为个人、家庭、企业、政府等社会活动主体提供网络接入、信息承载与信息传递的通信网络，由光接入网络、光纤光缆网、光传送网络和 IP 网络构成。其中，IP 网络是一种将通信技术和计算机技术相结合，使用 Internet 协议实现软、硬件和信息资源共享的网络，主要由路由器、交换机及业务网关等网络设备构成，向上可承载各种网络业务和应用的数据信息，向下可通过传输网络 IP 信息包至不同的传输媒体，如铜线和光纤网络。

固定宽带网络已经步入千兆时代，具有全光链接、超高宽带、云网融合、极致体验和智能化等特征，可满足家庭数字生活、企业上云、云间互联、行业数字化等需求。光接入与光传送网络已经发展到第五代技术，IP 网络也进入 IPv6 规模部署和应用阶段。我国对 IPv6 的研究始于 1998 年，特别是从 2017 年国家印发《推进互联网协议第六版（IPv6）规模部署行动计划》以来，IPv6 部署再提速。2021 年 3 月，工业和信息化部发布《“双千兆”网络协同发展行动计划（2021—2023 年）》，目标是用三年时间，基本建成全面覆盖城市地区和有条件乡镇的“双千兆”网络基础设施，实现固定和移动网络普遍具备“千兆到户”能力。2021 年 7 月，工业和信息化部联合中央网信办发布《IPv6 流量提升三年专项行动计划（2021—2023 年）》，目标是用三年时间，推动我国 IPv6 规模部署从“通路”走向“通车”，从“能用”走向“好用”。根据国家统计局 2021、2022 年国民经济和社会发展统计公报，2021 年，我国固定互联网宽带接入用户 53 579 万户，比上年末增加 5 224 万户，其中固定互联网光纤宽带接入用户 50 551 万户，增加 5 136 万户；蜂窝物联网终端用户 13.99 亿户，增加 2.64 亿户；互联网上网人数 10.32 亿人，其中手机上网人数 10.29 亿人；互联网普及率为 73.0%，其中农村地区互联网普及率为 57.6%；全年移动互联网用户接入流量 2 216 亿 GB，比上年增长 33.9%。2022 年，固定互联网宽带接入用户 58 965 万户，互联网上网人数 10.67 亿人，其中手机上网人数 10.65 亿人；互联网普及率为 75.6%，其中农村地区互联网普及率为 61.9%。

2. 5G 移动网络

以 5G 为标志的移动通信网络，推动人类一切链接活动从有线领域走向无线空间，推动人与人之间的联系走到人与物、物与物之间的联系，从而构建起对物理世界、人类活动以及数字世界的全息描述、交互、计算和应用。2019 年 10 月 31 日，中国国际信息通信展览会在北京开幕。当天，我国正式开启 5G 商用，三家基础电信运营商发布了 5G 套餐。从 11 月 1 日起，已办理 5G 套餐的用户不用换卡、不用换号，准备好 5G 手机，就能用上 5G 了。5G 商用标志着我国第五代移动通信正式走进人们的经济社会活动。这不仅意味着我国数字基础设施建设再一次跃升到世界前位，更重要的是 5G 将推动数字中国建设全方位迈向万物互联时代。近年来，以 5G 和人工智能为代表的新一代信息技术不断取得突破，催生了医学新研究和健康新模式，提高了医疗服务的公平性和可及性。同时，数字医疗场景的复杂性、需求的多样化，对信息与通信网络的灵活性和智能化也提出了更高的要求。截至 2022 年底，我国移动通信基站总数达 1 083 万个，全年净增 87 万个。我国已经初步形成窄带物联网(NB-IoT)、4G 和 5G 多网协同发展的格局，网络覆盖能力持续提升。其中，窄带物联网规模全球最大，实现了全国主要城市乡镇以上区域连续覆盖；4G 网络实现全国城乡普遍覆盖；5G 网络已覆盖全部的县城城区。移动物联网连接数快速增长，“物”连接快速超过“人”连接。截至 2022 年底，我国移动网络的终端连接总数已达 35.28 亿户，其中代表“物”连接数的移动物联网终端用户数较移动电话用户数高 1.61 亿户，占移动网终端连接数的比重达 52.3%。[①]

3. 物联网

物联网最早于 20 世纪 90 年代被提及并确认概念，1995—2005 年为其发展的萌芽期。2005 年，国际电信联盟对物联网的概念进行了拓展，物联网行业进入初步发展期。2009 年，中国、欧盟、美国都提出国家战略层面的物联网行动计划，全球物联网行业进入快速发展阶段。自 2013 年以来，我国物联网行业规模保持高速增长，从 2013 年的 4 896 亿元增长至 2019 年的 1.5 万亿元，物联网相关企业约有 42.23 万家，其中中小企业占比超过 85%，形成了庞大的企业群体。[②] 物联网是以感知技术和网络通信技术为主要手段，通过各种网络连接方式将各种智能设备、传感器和其他物理设备连接在一起，实现人、机、物的泛在连接，提供信息感知、信息传输、信息处理等服务的基础设施。随着经济社会数字化转型和智能化升级步伐加快，物联网已经成为新型基础设施和现代科技的重要组成部分，正在改变人们的生活方式和工作方式。物联网可以简单地理解为“万物链接的互联网”，它以互联网(包括移动互联网)为基础进行拓展和延伸，最终形成各种信息传感设备与互联网结合的巨大网络体系。从技术角度来看，物联网是通过与大数据、5G、人工智能、感知设备等新一代数字技术相结合，实现物理世界与数字世界的融合，将一切事物数字化、网络化，在物与物之间、

---

① 王政.我国移动物联网连接数占全球 70%[N].人民日报，2023-01-30(1).

② 郭源生.加速物联网产业发展，推动新技术应用的理念创新——《物联网新型基础设施建设三年行动计划(2021—2023 年)》解读[N].中国电子报，2021-10-12(6).

物与人之间、人与现实环境之间实现高效信息互动。物联网不仅是智能家居、智能交通和智能医疗等消费领域的重要组成部分，还被广泛应用于制造业、物流等产业，实现产业网络化。物联网技术与人工智能技术的深度结合，将会成为未来产业的重点发展趋势，进一步推进物联网与经济社会深度融合，并赋能于各种应用场景，实现经济社会持续健康发展。

2021 年 9 月，工业和信息化部等八部门联合印发《物联网新型基础设施建设三年行动计划（2021—2023 年）》。文件指出，要聚焦感知、传输、处理、存储、安全等重点环节，加快关键核心技术攻关，提升技术的有效供给；要聚焦发展基础好、转型意愿强的重点行业和地区，加快物联网新型基础设施部署，提高物联网应用水平；力争实现高端传感器、物联网芯片、物联网操作系统、新型短距离通信等关键技术水平和市场竞争力显著提升，物联网与 5G、人工智能、区块链、大数据、IPv6 等技术深度融合应用取得产业化突破。目前，我国已建成全球规模最大的移动物联网网络。截至 2022 年 8 月底，窄带物联网，4G、5G 基站总数分别达到 75.5 万个、593.7 万个和 210.2 万个，多网协同发展、城乡普遍覆盖、重点场景深度覆盖的网络基础设施格局已经形成。我国三家基础电信企业的移动物联网终端用户达 16.98 亿户，较移动电话用户的 16.78 亿户多出 2 000 万户，移动物联网连接数首次超出移动电话用户数，我国成为全球主要经济体中率先实现“物超人”的国家。移动物联网是数字信息基础设施，“物超人”不仅意味着移动物联网规模发展的“爆发点”已经到来，更将为我国数字经济蓬勃发展注入强劲新动能。①

4. 星联网

星联网，即卫星互联网，是指通过卫星为全球提供互联网接入服务的网络体系。卫星互联网产业是未来最具潜能的领域之一，它包括卫星制造、卫星发射、地面基础设施建设、卫星网络运营、终端应用等，是新型信息产业在太空的延展。根据美国摩根士丹利公司的报告，2030 年，全球卫星互联网的市场规模将达到约 454 亿美元，中国卫星互联网市场总体规模可达到千亿级别。目前，国外布局卫星互联网的公司主要包括 SpaceX、OneWeb、亚马逊等。2021 年 6 月，SpaceX 首席执行官埃隆·马斯克（Elon Musk）在西班牙巴塞罗那举行的 2021 世界移动通信大会上表示，SpaceX 的星链卫星互联网计划正在快速推进，预计总投资在 200 亿至 300 亿美元之间，未来可能在 12 个月内拥有超过 50 万的用户。

在国内，卫星互联网产业尚处于前期规划阶段，主要由中国卫星网络集团有限公司统筹组织。2020 年 4 月 20 日，国家发展改革委在阐释新型基建内涵时，首次明确卫星互联网属于新基建范畴，把卫星互联网建设上升至国家战略性工程，遥感工程、导航工程等成为我国天地一体化信息系统的重要组成部分。近年来，随着国内多个近地轨道卫星星座计划相继启动，卫星互联网产业迎来快速发展的机遇，多地开始在

---

① 刘艳. 实现“物超人”，我国移动物联网迈入发展新阶段[N]. 科技日报，2022-09-26(7).

卫星互联网产业领域积极布局。不过，卫星互联网目前尚处于方案论证与试验星阶段，打造中国版“星链”还需要持续发力、多方发力。[①] 2021 年 4 月 26 日，中国卫星网络集团有限公司在北京成立，公司发展方向定位为：加快推动我国卫星互联网事业高质量发展，在立足新发展阶段、贯彻新发展理念、构建新发展格局中展现更大担当作为。组建中国卫星网络集团有限公司，是立足国家战略全局、顺应科技产业变革大势的重大举措。

5G 技术的发展为未来太空信息产业带来更多可能。从需求、应用、技术等多个维度判断，卫星互联网与 5G 是互补关系。而在 6G 时代，移动通信走向天地一体，低轨星座将与地面移动通信系统有机融合，实现互联网对任何人、任何地点和任何时间的无缝覆盖。6G 的应用场景基于 5G，但未来前景更加广阔，包括空中高速上网、全息通信、进阶智能工业、智能移动载人平台等，都是 6G 在未来可能实现的应用领域。尽管 6G 网络架构尚处于研究阶段，但中国移动 2022 年 6 月发布的《中国移动 6G 网络架构技术白皮书》，已被业界视为 6G 发展中的里程碑。6G 将在 5G 基础上从服务于人、人与物，进一步拓展到支撑智能体的高效互联，实现由万物互联到万物智联的跃迁，最终助力人类社会实现“万物智联、数字孪生”的美好愿景。6G 是全球移动通信产业技术创新的焦点，全球通信技术强国、领先的运营商和技术公司均已加入 6G 研发行列。尽管面向 6G 的技术研发仍处于探索阶段，但它将在什么时候发生，又将怎样改变人类社会，是公众持续关注的问题。[②]

（二）智能计算体系

算力，如同农业时代的水利、工业时代的电力，已成为数字经济发展的核心生产力，是国民经济发展的重要基础设施。算力是数据、人工智能、算法、计算软硬件支撑体系等各种要素与能量的集成体现，不仅是计算能力，关键还是生产力和创造力。在数字化、智能化时代，算力是数字经济发展的核心生产力，是实体经济转型升级不可或缺的数字基座，也是一个国家和地区核心竞争力的体现，是全球战略竞争的新焦点。只有增强算力发展，才能将海量的数据生产资料转化为数据价值，带动经济增长。2022 年 4 月，由国际数据公司（IDC）、浪潮信息、清华大学全球产业研究院联合编制的《2021—2022 全球计算力指数评估报告》在北京发布。评估报告显示，计算力指数平均每提高 1 个点，数字经济和地区生产总值将分别增长 3.5‰和 1.8‰。一个国家或地区增加对计算力的投资可以带来经济的增长，且这种增长具有长期性和倍增效应。计算力对中国经济增长发挥着非常关键的作用。另外，全球各国计算力格局已初步形成，美国和中国作为领跑者阵营国家，在全球计算力领域的主导地位进一步增强。截至 2021 年底，我国在用数据中心机架总规模超过 520 万标准机架，平均上架率超过 55%；在用数据中心服务器规模达 1 900 万台，存储容量达 800 艾字节；

---

① 马爱平. 卫星互联网：高科技领域的低成本挑战[N]. 科技日报，2021-07-19(6).

② 刘艳. 6G 发展再迎里程碑，网络架构设计获突破[N]. 科技日报，2022-06-28(2).

算力总规模超过140 Eflops(每秒浮点运算次数),近5年年均增速超过30%,算力规模排名全球第二;全国在用超大型、大型数据中心超过450个,智算中心超过20个;通用算力规模超过109 Eflops,智能算力规模超过29 Eflops。[①]

近年来,我国算力产业规模快速增长。2021年底,我国算力核心产业规模达1.5万亿元,关联产业规模超过8万亿元。[②] 作为网民规模世界第一的网络大国,我国人工智能算力一直保持快速增长。2023年1月,IDC与浪潮信息联合发布的《2022—2023中国人工智能计算力发展评估报告》指出,2022年,中国智能算力规模达到268百亿亿次/秒,超过通用算力的规模;预计到2026年,中国智能算力规模将达到1 271.4百亿亿次/秒,未来五年的复合增长率将达52.3%,而同期通用算力规模的复合增长率为18.5%。[③] 规模增长的同时,智能算力也更加适应需求的变化,供给模式不断更新迭代。[④] 在这里,我们选取人工智能、云计算和算法三个方面,初步对智能技术体系构建加以阐释。

1. 人工智能

人工智能是以数据、算力和算法为核心要素资源,赋能实体系统实现感知、理解和决策等任务目标的能力中心。从基础设施视角来看,人工智能新型基础设施是指"AI芯片+数据资源+深度学习平台+开源开放平台"等软硬件一体到智能大脑。它为智能经济和智能社会发展提供核心驱动力和关键支撑,是我国赢得全球科技竞争主动权、推动科技跨越发展、加速产业优化升级、实现生产力整体跃升的重要战略资源。人工智能作为计算基础设施的核心要素,可以整体化、系统化、协同化提升计算功能,实现更强算力、更优算法、更准数据和更好应用的目标。市场研究公司MarketsandMarkets发布的报告预测,全球人工智能市场规模呈高速增长之势,将从2021年的58.3亿美元增长到2026年的309.6亿美元,年复合增长率高达39.7%。在产业变革和广阔市场的双重推动之下,世界各国纷纷加入人工智能产业高地"争夺战"。截至2020年12月,全球已有30多个国家和地区发布人工智能相关战略或规划,从政策法规、研究资金、人才培养、基础设施建设等方面规范及促进本国人工智能的发展。[⑤] 2022年11月,美国人工智能研究公司OpenAI发布了一款名为ChatGPT的聊天机器人。时隔两个月,OpenAI再一次发布ChatGPT4,推动人工智能大模型逐步走向世界舞台,把人工智能推向前所未有、出乎意料的时代。其在推出后的几周内就风靡全球,已经引发了一场新的全球人工智能竞赛。当业界几乎把所有的目光都聚焦到ChatGPT上时,原本有些克制的科技大厂突然有了紧迫感,纷纷在类ChatGPT产品中证明自己的实力。一时间,数百亿、千亿乃至万亿级参数规模的人

① 黄鑫.计算正向智算跨越[N].经济日报,2022-07-04(6).
② 齐旭.我国算力核心产业规模达1.5万亿元,位居全球第二[N].中国电子版,2022-08-08(6).
③ 黄鑫.智能算力规模已超通用算力[N].经济日报,2023-01-11(6).
④ 谷业凯.智能算力提供发展新动力[N].人民日报,2023-04-07(5).
⑤ 杨啸林.全球抢占人工智能产业高地[N].经济日报,2021-08-02(1).

工智能大模型相继涌现,这场 ChatGPT 引发的全球大模型竞争趋于白热化。从一定意义上讲,ChatGPT4 的展现,再一次证明了人工智能巨大的科技力量和加速迭代的历史演变。

21 世纪第二个十年以来,我国人工智能产业保持高速发展态势,在许多方面的应用都处于世界前列,逐步形成了包括人工智能根技术、基础软件和应用场景在内的相对完善的产业体系,涌现出一批具有国际竞争力的优秀企业,人工智能产业发展进入活跃期,市场前景广阔。早在 2017 年 7 月,国务院就专门印发了《新一代人工智能发展规划》。同月,新一代人工智能产业技术创新战略联盟宣告成立,从顶层设计上为我国人工智能产业发展奠定了坚实基础。客观地看,我国人工智能产业发展还面临诸多挑战,其中重要的一条就是根技术还相对落后。人工智能根技术是指那些能够支撑人工智能技术发展、人工智能产业衍生的基础研究和关键技术。人工智能根技术若不能实现突破,我国在人工智能产业领域将难以与生态成熟、市场广阔、用户众多的少数先发国家竞争。对此,应综合施策、积极谋划,充分发挥现有优势,促进人工智能根技术发展,建设集约化人工智能基础设施,加快推动人工智能与产业深度融合,培育多层次人才,确保我国在中长期国际竞争中始终处于领先地位。近年来,我国人工智能产业在技术创新、产业生态、融合应用等方面取得积极进展,已进入全球第一梯队。据中国信息通信研究院测算,2022 年,我国人工智能核心产业规模达 5 080亿元,同比增长 18%。2013 年至 2022 年 11 月,全球累计人工智能发明专利申请量达 72.9 万项,我国累计申请量达 38.9 万项,占 53.4%;全球累计人工智能发明专利授权量达 24.4 万项,我国累计授权量达 10.2 万项,占 41.7%,人工智能专利申请量居世界首位。①

2. 云计算

新一轮数字基础设施有"内核三兄弟",即云、大数据、人工智能。这"三兄弟"捆绑在一起实时协作,离开了云,数据就无法处理;离开了云和数据,算法也就没有了意义。美国国家标准与技术局(NIST)关于"云计算"的定义为:云计算是一种模型,它使得用户能够方便地通过网络按需访问一个共享的、可配置的计算资源池(如网络、服务器、存储、应用和服务),这些计算资源能够被快速地提供和释放,并且在此过程中,实现管理成本或服务提供商干预的最小化。② 狭义地讲,云计算是一种资源提供方式,使用者可以随时获取"云"上资源,按需用量使用,并且可以看成是无限扩展的,就像自来水厂供水一样,按需付费使用。从广义上讲,云计算是与信息技术、软件、互联网相关的数字化服务,它把众多计算资源进行集成,构建一种共享池"云",然后通过软件功能实现自动化管理,从而快速地获得相应资源,协同参与使用。在"云计算"体系中,数据与算力转变为资源、商品,成为人类活动最为基本的要素之一。同时,云

---

① 王政.人工智能产业迎来发展新机遇[N].人民日报,2023-03-15(18).

② 魏际刚.从战略高度推动人工智能技术创新[N].经济日报,2022-01-26(10).

计算不仅是重要的基础设施,也是具有巨大潜能的产业体系。

Canalys 报告显示,早在 2021 年第一季度,中国云计算市场规模达 60 亿美元,同比增长 55%,全球占比 14%,已成为仅次于美国的全球第二大云计算市场。赛迪顾问在 2021 年发布的《中国云计算市场研究年度报告》披露的数据显示,2020 年,全球云计算市场销售额为 2 957.6 亿美元,增速为 9.8%,增长进一步放缓。而中国云计算市场依然保持较快增长,早在 2020 年,云计算市场规模达到 1 922.5 亿元,同比增长 25.6%,远超世界平均水平。根据 Gartner 发布的最新报告,全球前六名云厂商中,中国科技公司占到一半。评估显示,中国云技术在计算能力、安全技术、数据库、Serverless 等领域已实现世界领先。① 2021 年 11 月,工业和信息化部印发《"十四五"大数据产业发展规划》,其中明确指出,围绕数据全生命周期关键环节,加快数据"大体量"汇聚,强化数据"多样化"处理,推动数据"时效性"流动,加强数据"高质量"治理,促进数据"高价值"转化,将大数据特性优势转化为产业高质量发展的重要驱动力,激发产业链各环节潜能,在"十三五"规划提出的产业规模 1 万亿元目标基础上,力争到 2025 年,大数据产业测算规模突破 3 万亿元。工业和信息化部发布的数据显示,2022 年,中国云计算产业规模超过 3 000 亿元,年均增速超过 30%。上云主体从互联网企业向传统企业平滑过渡,云计算服务逐渐从基础资源层向云平台和云应用延伸。"东数西算"工程全面铺开,云计算作为数字经济的"底座",赋能产业发展的作用愈发显著。一番"风起云涌"之后,中国云计算产业正酝酿一场巨变。②

3. 算法

人类社会正加速进入智能化时代,数据是关键生产要素,算法是核心生产力。随着人工智能、大数据等新型信息技术的快速发展,算法与互联网信息服务深度融合,为用户提供个性化、精准化、智能化的信息服务。算法是计算机从业者的核心技能,不论是前端后端还是人工智能,都建立在良好的算法基础之上。剥开光鲜亮丽的外壳,底层无不是艰深晦涩的算法,它们默默支撑着数以千万计的应用程序,用最小的代价实现最大的功能,给人类社会的进步提供着源源不断的动力。算法是计算机的核心运行逻辑,是一套基于设计目的的数据处理指令的总和,在底层上体现出专业科技的特点。

算法的本质在于场景应用,应用算法推荐技术是人类经济社会活动的关键支撑。从应用业务角度,它是指利用生成合成类、个性化推送类、排序精选类、检索过滤类、调度决策类等算法技术向用户提供信息。算法也是一门赋能技术,应用场景为赋能领域。当算法应用到具体的商业模式中时,同样会产生应用型风险。算法关系就是这样一种"方式"与"领域"的叠加关系或结合关系。因此,算法规范不能不谈"方式",算法的设计、测试、评估属于科技活动,"算法黑箱""算法霸权"问题的出现,部分是因

---

① 宋婧. 云计算华丽蝶变[N]. 中国电子报,2021-07-02(4).

② 宋婧. 盘点:2022 年云计算新玩家、新焦点、新生态[N]. 中国电子报,2023-01-02(8).

科技活动本身的不规范所致;算法规范也不能只谈“方式”,正是算法层出不穷的应用场景,使得算法现实地影响我们的权益,影响人的自由发展。在大数据经济时代,算法也是个人信息处理者收集和处理数据、推送信息、调配资源的核心力量。算法一旦失范,将给国家利益、社会公共利益和公民合法权益带来严重威胁。[①] 21世纪第二个十年,推荐算法越来越广泛、深入地介入移动传播,这也使传播进入智能传播时代。在智能社会背景下,算法是基于数据,用系统方法描述、解决问题的策略机制,在经济社会生活多领域广泛应用的同时,基于累积数据而不断迭代,成为影响信息分发、服务提供、机会分配、资源配置的基础性机制和力量。中国庞大的用户群为算法发展提供了坚实基础,在海量增长的用户数据支撑下,算法不断迭代,智能水平也在逐次提升。[②] 随着智能社会不断演进,算法应用日益普及和深化,在给经济社会发展注入新动能的同时,现实生活中算法歧视、“大数据杀熟”、诱导沉迷等算法不合理应用导致的问题,也深刻影响着正常的传播秩序、市场秩序和社会秩序,给维护意识形态安全、社会公平公正和网民合法权益带来挑战,迫切需要对算法推荐服务建章立制、加强规范,着力提升防范和化解算法推荐安全风险的能力,促进算法相关行业健康有序发展。因此,2021年12月,国家互联网信息办公室、工业和信息化部、公安部、国家市场监督管理总局联合发布《互联网信息服务算法推荐管理规定》,为规范互联网信息服务算法推荐活动,弘扬社会主义核心价值观,维护国家安全和社会公共利益,保护公民、法人和其他组织的合法权益,促进互联网信息服务健康有序发展提供了重要的法规依据。

(三)数据创新治理体系

作为新的生产要素,数据被称为数字经济时代的“石油”,如同石油驱动了工业化时代的发展,大数据正驱动着信息与智能化时代的发展,其巨大价值不容忽视。因此,围绕数据资源而构建的数据创新治理体系就显得越来越重要。

1. 数据库

在数字时代,人们日常生产、生活、出行、消费、浏览等行为以及对于世界万事万物的描述、观察、认知和记录都会产生大量数据,这些数据以图片、声音、文字等形式存在,而存放这些数据的载体就是数据库。千姿百态的数据库既是人们活动的数字成果,更是人们运用大数据开展经济社会活动的平台依托和资源支撑。一般而言,数据库是按照数据结构来组织、存储和管理各种数据资产的基础性通用平台软件,与OS操作系统并称为两大系统软件。数据模型是数据库系统的核心和基础,各种数据库管理系统软件都是基于某种数据模型的。随着数字时代的到来,各种用途、类型的

---

① 林洹民.加强算法风险全流程治理,创设算法规范“中国方案”[EB/OL].(2022-03-01)[2022-07-15]. http://www.cac.gov.cn/2022-03/01/c_1647766971713631.htm.

② 陆小华.为算法推荐发展树立法治路标[EB/OL].(2022-03-01)[2022-07-15]. https://www.guancha.cn/politics/2022_03_01_628229.shtml.

专用型数据库如雨后春笋般出现，如时序数据库、图数据库、文档数据库、关系型数据库、键值数据库等，不同的数据库服务于不同的垂直细分场景。客观地讲，在数字时代，数据库如同空气、水、食物一样，无所不在、无所不用，已经成为政府、企业、个人活动必不可少的基础设施。

2. 数据中心

算力网络是我国率先提出的一种原创性技术理念，指依托高速、移动、安全、泛在的网络连接，整合网、云、数、智、边、端、链等多层次算力资源，结合人工智能、区块链、云、大数据、边缘计算等各类新兴的数字技术，提供数据感知、传输、存储、运算等一体化服务的新型信息基础设施。随着"东数西算"工程正式全面启动，算力以及算力网络建设成为社会各界热议的话题。2020 年 12 月，国家发展改革委、中央网信办、工业和信息化部、国家能源局印发《关于加快构建全国一体化大数据中心协同创新体系的指导意见》，意见指出，数据是国家基础战略性资源和重要生产要素，加快构建全国一体化大数据中心协同创新体系，是贯彻落实党中央、国务院决策部署的具体举措。以深化数据要素市场化配置改革为核心，优化数据中心建设布局，推动算力、算法、数据、应用资源集约化和服务化创新，对于深化政企协同、行业协同、区域协同，全面支撑各行业数字化升级和产业数字化转型具有重要意义。2021 年 5 月，国家发展改革委、中央网信办、工业和信息化部、国家能源局发布《全国一体化大数据中心协同创新体系算力枢纽实施方案》，对全国一体化数据中心布局进行具体战略部署。方案指出，党的十八大以来，我国数字经济蓬勃发展，对构建现代化经济体系、实现高质量发展的支撑作用不断凸显。随着各行业数字化转型升级进度加快，特别是 5G 等新技术的快速普及应用，全社会数据总量爆发式增长，数据资源存储、计算和应用需求大幅提升，迫切需要推动数据中心合理布局、供需平衡、绿色集约和互联互通，构建数据中心、云计算、大数据一体化的新型算力网络体系，促进数据要素流通应用，实现数据中心绿色高质量发展。为推动数据中心合理布局、供需平衡、绿色集约和互联互通，方案明确在京津冀、长三角、粤港澳大湾区、成渝以及贵州、内蒙古、甘肃、宁夏建设全国算力网络国家枢纽节点。"东数西算"工程落脚点是 10 个国家数据中心集群建设工程，将带动部分区域扩大或新增新型数据中心的投资。

作为云计算的核心基础设施，数据中心的优化升级将为云计算的提质发展添砖加瓦。因此，数据中心成为运营商与互联网大厂云计算布局的必争之地，由此也可以看出数据中心合理布局的极端重要性。数据中心是以节能、融合、协同、智能、安全、开放为基本特征，以助力千行百业及实体经济数字化转型升级为目标，具有海量数据的"采、存、算、管、用"全生命周期能力，并能提供高效、安全、分层解耦能力的新型数据基础设施。2015 年 9 月，国务院印发《促进大数据发展行动纲要》，纲要明确指出，结合国家政务信息化工程建设规划，统筹政务数据资源和社会数据资源，布局国家大数据平台、数据中心等基础设施。自此，数据中心建设成为各地数字化发展的标志性工程，并逐步上升到国家总体战略布局。目前，我国数据增量年均增速超过 30%，数据中心规模从2015年的124万家增长到2020年的500万家。数据应用正从消费互联网向工业互联网加速渗透，我国已经成为全球大数据应用最为活跃、最具潜力、环境最优的国家之一。[①]

3. 区块链

区块链是新一代信息技术的重要组成部分，是分布式网络、加密技术、智能合约等多种技术集成的新型数据库软件，以其数据透明、不易篡改、可追溯的优点，有望解决网络空间的信任和安全问题，推动互联网从传递信息向传递价值变革，重构信息产业体系。《“十四五”规划纲要》将区块链作为新兴数字产业之一，提出“以联盟链为重点发展区块链服务平台和金融科技、供应链管理、政务服务等领域应用方案”等要求。区块链成为构建数字世界急需的“新基建”，是奠定我国数字经济发展基础的关键技术，是促进产业生态融合创新的重要纽带，是打造可信数字化商业模式的坚强保障，是实现数字经济高效治理的底层基座，是引领我国数字技术突破创新的重要力量。区块链是信息科学领域的新兴交叉学科，当前我国在这一新赛道处于国际领先位置，有充分资格争取该领域的规则制定权。区块链技术完全有基础也有能力成为中国科技自立自强的重要支撑，成为我国发力原始创新、实现超越式发展的重要支柱力量。放眼全球，区块链基础设施已经成为产业发展的重点，有了完善稳健的基础设施，产业落地将有事半功倍之效。

4. 数据交易平台

近年来，随着大数据的广泛普及和应用，数据资源的价值逐步得到重视和认可，数据交易需求也在不断增加。2015年9月，国务院印发《促进大数据发展行动纲要》，纲要明确提出：“引导培育大数据交易市场，开展面向应用的数据交易市场试点，探索开展大数据衍生产品交易，鼓励产业链各环节市场主体进行数据交换和交易。”在国家政策的积极推动下，在地方政府和产业界的带动下，贵州、武汉等地开始率先探索大数据交易机制。据不完全统计，自2014年以来，我国先后有40多个城市宣布筹建或正在筹建数据交易场所。2020年4月，中共中央、国务院发布《关于构建更加完善的要素市场化配置体制机制的意见》，提出加快培育数据要素市场。各地纷纷出台与数据有关的条例和办法，大数据交易市场建设迎来热潮。2021年底，上海数据交易所在浦东新区揭牌成立，首批签约“数商”100家，登记挂牌20个数据产品。2021年3月成立的北京国际大数据交易所，被业界称为开启全国数据交易所2.0时代的标志性机构。2022年1月，湖南大数据交易所在长沙试运营。这是继贵州、陕西、北京、上海之后，国内最新设立的新型大数据交易所。此外，多地政府和企业也在积极筹建数据交易场所。据了解，目前数据交易所的供给方主要包括中国电信、中国银联、国家电网等数据密集型企业，万得、聚合数据等“采销一体”的数据供方，以及其他获得授

---

① 韩鑫.夯实数字经济发展底座[N].人民日报，2021-07-06(5).

权参与交易的企业。需求方则主要包括金融类企业、在线服务类企业(电商平台等)、在线广告类企业、科创类公司、科研机构等,其获取数据的主要目的是加强市场预测,进行智能化运营和科学决策。

目前,全球多国已意识到数据资产的价值,纷纷出台相关法规。我国已形成个人信息保护法、网络安全法、数据安全法的合规“三驾马车”,也有多部涉及数据合规的法律法规、规章制度和国家标准。数据流通交易市场建设是复杂的系统工程,需要从制度体系、市场体系、基础设施和监管体系建设等方面通盘考虑,在坚持边创新发展边优化体系的同时,还要加强理论与方法研究,指导我国数据交易市场有序健康快速发展。2022 年 1 月,国务院办公厅印发《要素市场化配置综合改革试点总体方案》,其中提到,建立健全数据流通交易规则,探索“原始数据不出域、数据可用不可见”的交易范式,在保护个人隐私和确保数据安全的前提下,分级分类、分步有序推动部分领域数据流通应用。

(四)数字平台体系

近年来,随着数字化浪潮的奔涌而至,产业经济开始进入智能经济时代,数据成为智能经济的核心生产要素。与此相对应,数据平台作为数据供给的主要渠道,成为智能经济时代的关键基础设施。数据平台就是指以提供数据资源、算力和标准化算法模块等支持服务为核心业务,以满足企业智能化需求和智能社会运行需要的企业型平台。数据平台可以基于不同的标准划分为不同的类别,如从数据来源的角度分为社会服务数据平台、政务数据平台、商业数据平台和工业数据平台等;从对数据的使用模式角度分为封闭式数据平台和开放式数据平台等。[①] 这里选取开源性平台、工业互联网平台和数字经济平台三大典型类别,从平台的基本特性和主要功能出发,帮助读者认识数字平台体系构建对于经济社会发展演进的重要意义。

1. 开源性平台

开源性平台是以开源项目为中心,以开源社区为连接器,由庞大软硬件支撑所构成的整个开源平台生态体系。随着网络化、数字化、智能化时代的到来,开源技术所扮演的角色愈发重要。近年来,开源平台开始重塑信息技术创新模式与竞争格局,成为新兴信息技术创新的新聚焦、新载体。开源平台不仅构建了软件技术创新体系的核心架构,也引领着信息技术的创新方向,重塑了软件技术和产业创新生态。经过数十年的发展,开源软件和开源工具已经应用到大数据产业发展的各个环节。基于开源软件,企业可以快速构建大数据应用平台,提供丰富的大数据开发和应用工具。据有关数据显示,截至 2019 年底,开源平台已经有超过 4 000 万开发人员。开源是指以开放源代码的形式,开源社区、开源项目、开源产品、开源协作模式等。开源也是一种基于项目的交流和协作形式,每个成功的开源软件背后都有一个优秀的开源社区在

① 杜传忠,刘志鹏.数据平台:智能经济时代的关键基础设施及其规制[J].贵州社会科学,2020(06):108-115.

支撑。开源社区一般由拥有共同兴趣爱好的人组成，根据相应的开源软件许可证协议公布软件源代码，同时也为网络成员提供一个自由学习交流的空间。开源平台最大的特点是开放，也就是任何人都可以得到软件的源代码，在版权限制范围之内加以修改学习，甚至重新发放。开源的本质是接纳包容、求同存异、互利共赢、共同发展。

一般而言，企业通过从底层框架到上层算法工具的全链条不同层级的开源算法工具和开放服务，减轻开发者造轮子的工作量，从而更加关注应用技术服务，其核心是降低开发者的门槛和成本。企业和开发者以开源的形式实现共建双赢，通过联合社区的力量，推动行业形成统一的接口，进一步降低开发者应用技术的门槛。近年来，全球科技巨头持续布局开源领域，通过开源机制拓展市场，建立上下游合作机制，积累、整合相关资源，扩大产业生态，不断拓展企业自身影响力。随着云计算、人工智能、物联网、区块链等信息技术的不断延伸拓展，国内企业在开源软件世界的话语权不断提升，从参与者向贡献者升级，以开源为抓手，搭建以技术创新为核心的开放生态系统。在早期，中国企业尤其是高技术企业的 IT 从业者专注产品本身，现在更加重视生态建设，从解决局部问题逐步升级到掌握技术核心、解决系统问题。

当前，国内越来越多的企业为开源作出重要贡献，我国的开源实力已经崛起。以华为、阿里等为代表的开源软件开发者已经逐渐与亚马逊、微软等站到同一高度，实现了从“使用者”到“引领者”的身份转变。截至 2019 年，中国企业在 Linux 基金会中有一个白金会员(华为)、一个金牌会员(阿里云)和数十家银牌会员(包括腾讯、中国移动、联想等)。华为在多个开源社区的贡献排在前列，阿里云也成为游戏规则的重要改变者和全球云数据库领跑者之一。2018 年，阿里云数据库成功进入 Gartner 数据库魔力象限，这是该榜单首次出现中国公司。2019 年，Gartner 发布的全球云数据库市场份额榜单中，阿里云位居第三，超越了 Oracle、IBM 和谷歌。此外，国内还有包括百度、腾讯、浪潮、瀚高等在内的众多企业积极参与到开源社区当中并作出了重要贡献。人工智能、自动驾驶等新兴信息技术也成为开源项目的重要应用领域。[①]

2. 工业互联网平台

工业互联网是在通信、传感、数据、算力等基础设施之上的应用，对网络的稳定性、质量、时延等要求更高，其平台研发投入高、周期长，既是一个长期发展和积累的过程，也是一个不断迭代的过程。2017 年，国务院印发《关于深化“互联网＋先进制造业”发展工业互联网的指导意见》。意见指出，当前，全球范围内新一轮科技革命和产业变革蓬勃兴起。工业互联网作为新一代信息技术与制造业深度融合的产物，日益成为新工业革命的关键支撑和深化“互联网＋先进制造业”的重要基石，对未来工业发展产生全方位、深层次、革命性影响。工业互联网通过系统构建网络、平台、安全三大功能体系，打造人、机、物全面互联的新型网络基础设施，形成智能化发展的新兴

---

① 齐旭．一场替换传统数据库的行动正在全球范围悄然进行[EB/OL].(2019-07-10)[2022-07-15]. http://www.cena.com.cn/infocom/20190710/101475.html.

业态和应用模式,是推进制造强国和网络强国建设的重要基础。2018年5月,工业和信息化部印发《工业互联网发展行动计划(2018—2020年)》《工业互联网专项工作组2018年工作计划》等文件,进一步明确强调,以供给侧结构性改革为主线,以全面支撑制造强国和网络强国建设为目标,着力建设先进网络基础设施,打造标识解析体系,发展工业互联网平台体系,同步提升安全保障能力,突破核心技术,促进行业应用,初步形成有力支撑先进制造业发展的工业互联网体系,筑牢实体经济和数字经济发展基础。在工业互联网专项工作组推动下,网络、平台、标识、大数据中心四大基础设施建设加快推进,我国在北京、广州、重庆、上海、武汉五个地方建设了工业互联网标识解析国家级节点,并于2019年制定完成了《工业互联网综合标准化体系建设指南》,明确了基础共性、总体和应用三类标准,拓展融合创新应用,培育壮大发展新动能。2020年3月,工业和信息化部办公厅印发《关于推动工业互联网加快发展的通知》。2020年12月,工业互联网专项工作组印发《工业互联网创新发展行动计划(2021—2023年)》。行动计划指出,我国工业互联网发展成效显著,2018—2020年起步期的行动计划全部完成,部分重点任务和工程超预期,网络基础、平台中枢、数据要素、安全保障作用进一步显现。2021—2023年是我国工业互联网的快速成长期。行动计划对我国工业互联网新基建提出明确发展目标:到2023年,工业互联网新型基础设施建设量质并进,新模式、新业态大范围推广,产业综合实力显著提升;在新型基础设施建设方面,覆盖各地区、各行业的工业互联网网络基础设施初步建成,在10个重点行业打造30个5G全连接工厂;标识解析体系创新赋能效应凸显,二级节点达到120个以上;打造3～5个具有国际影响力的综合型工业互联网平台;基本建成国家工业互联网大数据中心体系,建设20个区域级分中心和10个行业级分中心。

经过多年发展,我国工业互联网产业生态不断壮大,2020年产业规模达到9 164.8亿元。工业互联网平台数量快速增加,已有600余家平台,已培育成熟100个以上具有行业特色和区域影响力的工业互联网平台,连接工业设备的数量超过了7 300万台,工业APP突破50万个,其中既有跨行业、跨领域的综合型平台,也有面向特定行业的特色平台以及聚焦特定技术的专业型平台,多层次、系统化工业互联网平台体系已经形成。[①] 早在2021年6月,我国工业互联网标识注册量就已突破200亿,超额完成既定的三年150亿的目标,从1亿到百亿,再从百亿到千亿,仅仅用了两年时间,注册量呈指数级增长。最新统计数据显示,截至2022年3月,工业互联网标识注册量超千亿,日解析量超过9 000万次,二级节点数已达180个,辐射范围覆盖27个省份、34个行业,接入企业节点超过9万家。[②]

从数字经济与实体经济融合发展的视角来看,工业互联网平台给工业制造业带来四个方面的颠覆性影响:一是智能化生产,实现对关键设备、生产过程等的全方位

---

① 李芃达.工业互联网迎来快速发展期[N].经济日报,2021-08-18(6).

② 佚名.中国工业互联网标识注册总量超千亿,规模应用还有多远?[EB/OL].(2022-03-17)[2023-03-15].http://www.inpai.com.cn/news/redian/2022/0317/032022_123770.html.

智能管控与决策优化,极大提升生产效率和质量;二是网络化协同,通过工业互联网整合分布于全球的设计、生产、供应链和销售资源等,形成协同设计、众包众创、协同制造、垂直电商等一系列新模式新业态,能够大幅度降低制造成本,缩短产品上市周期;三是个性化定制,将富含行业知识的产品设计、配置软件简易化,利用互联网精准获取用户个性化需求,通过灵活柔性组织设计、制造资源与生产流程,实现低成本条件下的大规模定制;四是服务化延伸,依托工业互联网对产品的运行状态进行实时监测,为用户提供远程维护、故障预测、性能优化等一系列增值服务,推动企业实现服务化转型。

近年来,数字经济加快蝶变,消费互联迈向工业互联,工业互联网正成为制造业数字化、智能化转型的重要引擎。综合来看,工业互联网的供给侧加速了数字产业化,需求侧加速了产业数字化。当前,我国正在构建全球产业链新格局,重塑产业竞争新优势,这个过程也推动了工业互联网发展。我国工业互联网仍处于发展初期,未知远大于已知。因此,要保持战略定力,坚持问题导向和目标导向,在不断实践的基础上深化认识,在充分认识规律的过程中推动实践。

3. 数字经济平台

从最基本的含义来说,平台是一种居中撮合、连接拥有多种需求且相互依赖的两个或多个不同类型的用户群体,为其提供互动机制,以促进不同用户群体之间的交互与匹配,满足彼此的需求,并将他们之间产生的外部性内部化的市场组织形态。从这个意义上来看,平台并非新生事物,古老的集市、现代的商场都属于平台。但只有与互联网深度融合之后,作为生产力组织方式的平台经济才应运而生。现在所称的平台为互联网平台,是指通过网络信息技术,使相互依赖的双边或者多边主体在特定载体提供的规则下交互,以此共同创造价值的商业组织形态。互联网平台的发展大致可分为三个阶段:从电商平台到行业平台再到平台经济。随着平台进入的产业领域变得越来越丰富,其对产业和产业组织变革的影响力越来越大,平台逐步由一种商业现象发展为一种经济形态。因此,平台经济是一种新型产业组织形式,是以数字技术、数据驱动、平台支撑为基础,以业务流程变更、产业链整合、多业务组合为手段,以提高效率、降低成本为目标的新业态。其本质是对原有产业的价值链重构,它基于现实和虚拟空间将利益相关方连接在一起,形成一个新的经济生态系统,借助平台经济活动实现信息的集聚和交易的集中,使利益相关方通过平台获益。①

平台企业是构建产业生态圈的重要载体。一方面,平台能够有效整合制造商、供应商、服务商等离散要素资源,形成以数据为核心要素、网络协同、共创分享的产业分工模式,有效提升产业的资源配置能力、协同发展能力和服务支撑能力,形成携手上下游行业伙伴共创价值的产业生态;另一方面,平台能有效解决供需适配性问题,不仅集合了商流、物流、资金流、数据流等要素,而且通过大数据实现供给侧和需求侧的

① 王先林.平台经济领域垄断和反垄断问题的法律思考[J].浙江工商大学学报,2021(04):34-45.

精准对接匹配，提升了供需两侧的信息对称性及产品和服务的适配性。第一，平台企业是构建创新生态的重要引领者。平台具有孕育新的通用技术的能力，是构建产业创新链的核心组织，开放平台能聚合大量研发者和服务提供者，并不断释放出技术开发、运营维护等市场需求，从而推动形成技术创新生态圈，为新技术的规模化成长提供了土壤。第二，平台企业是创造普惠贸易的重要支撑。跨境电商平台的快速发展降低了国际贸易门槛，推动国际贸易由大企业主导、大宗货物贸易模式向中小企业广泛参与、海量品种以及碎片化交易的新模式转变，形成了货物贸易与服务贸易相融合的全链条发展模式，打通了内外贸一体化的堵点。第三，平台企业是就业机会和公共产品服务的重要提供者。平台企业具有开放、共享和个性化等特点，就业门槛较低、层次丰富，吸纳就业的能力强，能为不同文化程度、技能禀赋的劳动者提供大量就业机会，在促进就业方面发挥着重要作用。

以平台为重心做强数字经济产业体系，是数字经济组织方式的主要特征，也是我国建设数字化、智能化、国际化的产业链、供应链和创新链的重要抓手。平台企业通过数据、算力、算法有效组合要素资源，促进供需精准对接，能够有力推动形成需求牵引供给、供给创造需求的更高水平动态平衡。同时，平台企业的更好发展，能够通过构建数字化的产业链、供应链和创新链形成数字产业生态，对于提高国内大循环质量和畅通国内国际双循环发挥着重要作用。从某种意义上看，全球数字经济的竞争也是平台的竞争，超大规模平台已经成为各国在数字经济领域竞争与合作的关键因素。因此，支持平台企业做大做强，以平台为重心做强数字经济产业体系，将是未来一个时期的重要工作。①

从全球来看，中国和美国是世界上平台经济发展最好的国家。中国的平台经济在一些领域产生了有世界级影响力的大企业，在一些领域也产生了头部企业。我国平台经济正在不断地迭代升级，改变着供应链、产业链的结构，平台和上下游产业之间更加紧密地结合，使得产业结构方式、产业发展方式发生了很大的变化。我国平台经济在走向普惠化、大众化、生态化的同时，也在推动国际化的步伐。中国信息通信研究院的监测数据显示，早在 2020 年，我国市场价值超 10 亿美元的数字平台企业达 197 家，相比 2015 年新增 133 家，平均每年新增超过 26 家。从价值规模看，2015—2020 年，我国超 10 亿美元的数字平台总价值由 7 702 亿美元增长到 35 043 亿美元，年均复合增长率达 35.4%，尤其是在 2020 年全球经济低迷的背景下，实现了 56.3% 的超高速增长。2020 年底，我国共有 36 家市值超百亿美元的大型数字平台，相较 2019 年净增 9 家，在数量上首次超过美国，成为全球大型数字平台企业数量最多的国家；独角兽级数字平台企业数量从 2015 年的 53 家增加到 161 家，市场价值从 6 494 亿美元增加到 30 885 亿美元，年均复合增长率达 35.9%。这些独角兽级平台正在加速成长为大型数字平台企业（100 亿美元以上）。②

---

① 王晓红．以平台为重心做强数字经济产业体系[N]．经济日报，2022-01-14(10)．

② 余晓晖．建立健全平台经济治理体系：经验与对策[J]．学术前沿，2021(21)：16-24．

（五）虚拟创意体系

虚拟现实（VR）/增强现实（AR）技术是一种创建、体验和融合虚拟世界的计算机应用技术，为人类认知世界、改造世界提供了易于使用、易于感知的全新方式与手段。“元宇宙”无疑成为2021年科技领域最火爆的概念之一。回归概念本质，元宇宙可以看作在传统网络空间基础上，伴随多种数字技术成熟度的提升，构建形成的既映射于但又独立于现实世界的虚拟世界。

1.虚拟现实/增强现实

虚拟现实融合应用了多媒体、传感器、新型显示、互联网和人工智能等多领域技术，能够拓展人类感知能力，改变产品形态和服务模式，给经济、科技、文化、军事、生活等领域带来深刻影响。VR技术是以计算机技术为核心，结合相关科学技术，生成与一定范围真实环境在视、听、触觉等方面高度近似的数字化环境，用户借助必要的装备与数字化环境中的对象进行交互，相互影响，可获得亲临对应真实环境的感受和体验。AR是在VR技术基础上发展起来的。VR进行虚拟环境的构建，AR将虚拟对象构建叠加到真实场景中，从而将真实对象的表现叠加到虚拟环境，使用户实现“虚实相同”“以虚强实”的目的。这种将真实环境叠加到虚拟环境的技术，又称之为混合现实（MR）技术。

2016年4月9日，工业和信息化部电子信息司在深圳市会展中心召开虚拟现实产业发展论坛；9月29日，中国虚拟现实产业联盟在北京举行成立大会。这是我国在虚拟现实处于产业爆发前夕、世界主要国家和地区已经将虚拟现实提升到战略高度的关键时刻，所主动谋求的战略布局。2017年11月9日，国际虚拟现实创新大会在青岛国际会展中心举行。2018年10月19日，由工业和信息化部和江西省人民政府共同主办的2018世界VR产业大会在南昌隆重开幕，习近平总书记在致大会的贺信中指出：“当前，新一轮科技革命和产业变革正在蓬勃发展，虚拟现实技术逐步走向成熟，拓展了人类感知能力，改变了产品形态和服务模式。”2018年12月，工业和信息化部印发《关于加快推进虚拟现实产业发展的指导意见》。意见指出，全球虚拟现实产业正从起步培育期向快速发展期迈进，我国面临同步参与国际技术产业创新的难得机遇。要把握虚拟现实等新一代信息技术孕育发展机遇，坚持市场主导、应用牵引、创新驱动、协同发展，以加强技术产品研发、丰富内容服务供给为抓手，以优化发展环境、建立标准规范、强化公共服务为支撑，提升产业创新发展能力，推动新技术、新产品、新业态、新模式在各领域广泛应用，推动我国信息产业高质量发展，为我国经济社会发展提供新动能。力争到2025年，我国虚拟现实产业整体实力进入全球前列，掌握虚拟现实关键核心专利和标准，形成若干具有较强国际竞争力的虚拟现实骨干企业，创新能力显著增强，应用服务供给水平大幅提升，产业综合发展实力实现跃升，虚拟现实应用能力显著提升，推动经济社会各领域发展质量和效益显著提高。

VR产业是我国数字经济发展的重点方向，在“十四五”期间有望进入加速起飞阶段。《“十四五”规划纲要》将“虚拟现实和增强现实”列入数字经济重点产业，提出以数字化转型整体驱动生产方式、生活方式和治理方式变革。“十四五”期间，我国将持续提高5G与千兆光网建设水平，为VR的普及提供坚实的网络底座。国内重要企业正在加速布局VR硬件设备领域，华为、小鸟看看、HTC、亮风台、耐德佳等企业发售标杆性VR终端，OPPO、vivo、创维、爱奇艺、字节跳动等企业跨界入局。展望我国VR产业的未来，随着关键核心技术取得突破性进展，产业链更加完善健全，VR的应用场景将得到进一步延伸，走进人们生活的方方面面，“虚实相通”指日可待。① 中国电子信息产业发展研究院发布的《虚拟现实产业发展白皮书(2021年)》显示，继2016年“虚拟现实产业元年”、2018年“云VR产业元年”、2019年“5G云VR产业元年”过后，2020—2021年将成为虚拟现实驶入产业发展快车道的关键发力时窗。从全球投融资数据来看，尽管经历了2018年的低迷，但自2019年以来，其数量和金额开始不断增长，到2021年，仅1—9月的虚拟现实产业累计投融资金额已达到207.09亿元，不管是金额还是投融资事件数量，均已超过以往历年全年的总额。赛迪顾问数据显示，2020年，中国虚拟现实市场规模为413.5亿元，同比增长46.2%。预计未来我国虚拟现实市场仍将保持30%～40%的高增长率，到2023年将超过1 000亿元。② 根据IDC预测，2021年全年VR头显出货量将同比增长28.9%，2025年VR头显出货量将达到2 860万台，五年复合增长率超过四成。③ 截至2022年底，已有20多个省份发布虚拟现实产业相关建设规划。近年来，工业和信息化部先后出台《关于加快推进虚拟现实产业发展的指导意见》《虚拟现实与行业应用融合发展行动计划(2022—2026年)》等政策文件，各地区、各部门也持续加强政策支持和规划引领，助力相关产业快速发展。数据显示，2019年至2021年，我国虚拟现实市场规模从282.8亿元增长至583.9亿元，2022年突破1 000亿元，2025年国内虚拟现实产业规模有望超过2 500亿元。④

2. 元宇宙

元宇宙是物理与数字世界融通作用的沉浸式互联空间，是新一代信息技术融合创新的集大成应用，承载着数字经济的新场景、新应用和新业态，具有广阔的空间和巨大的潜力。准确地说，元宇宙不是一个新的概念，它更像一个经典概念的重生，它是在扩展现实(XR)、区块链、云计算、数字孪生等新技术下的概念具化。1992年，美国著名科幻大师尼尔·斯蒂芬森(Neal Stephenson)在其小说《雪崩》中这样描述元宇宙：“戴上耳机和目镜，找到连接终端，就能够以虚拟分身的方式进入由计算机模拟、与真实世界平行的虚拟空间。”回归概念本质，可以认为，元宇宙是在传统网络空间基

---

① 中国电子信息产业发展研究院.虚拟现实产业发展白皮书(2021年)[EB/OL].(2022-03-30)[2023-03-15]. https://cloud.tencent.com/developer/article/1967894.

② 卢梦琪.“元宇宙”点燃VR新一轮产业热情[N].中国电子版，2021-10-15(1).

③ 赵乐瑄.我国VR产业迎来发展关键期，“虚实相通”指日可待[N].人民邮电报，2021-10-29.

④ 谷业凯.前沿技术引领产业实打实发展[N].人民日报，2023-03-27(19).

础上，基于扩展现实技术提供沉浸式体验，基于数字孪生技术生成现实世界的镜像，基于区块链技术搭建经济体系，伴随多种数字技术成熟度的提升，将虚拟世界与现实世界在经济系统、社交系统、身份系统上密切融合，整合多种新技术而产生的新型虚实相融的互联网应用和社会形态，构建形成既映射于又独立于现实世界的虚拟世界。同时，元宇宙并非一个简单的虚拟空间，而是把网络、硬件终端和用户囊括进一个永续的、广覆盖的虚拟现实系统之中，系统中既有现实世界的数字化复制物，也有虚拟世界的创造物。而且，元宇宙允许每个用户进行内容生产和世界编辑。[①] 元宇宙资深研究专家马修·鲍尔(Matthew Ball)提出："元宇宙是一个和移动互联网同等级别的概念。"元宇宙是一个极致开放、复杂、巨大的系统，它涵盖了整个网络空间以及众多硬件设备和现实条件，是由多类型建设者共同构建的超大型数字应用生态。其基本特征包括：沉浸式体验，低延迟和拟真感让用户具有身临其境的感官体验；虚拟化分身，现实世界的用户将在数字世界中拥有一个或多个ID身份；开放式创造，用户通过终端进入数字世界，可利用海量资源展开创造活动；强社交属性，现实社交关系链将在数字世界发生转移和重组；稳定化系统，具有安全、稳定、有序的经济运行系统。

2021年3月，元宇宙第一股——美国游戏公司Roblox上市，开始"挑逗"大众神经；8月底，国内企业字节跳动收购Pico，为此再加一把火。2021年5月，脸书宣布要在五年内转型成为一家元宇宙公司，其旗下的VR头显Oculus正发力构建新一代VR/AR平台。2021年10月29日，扎克伯格在脸书Connect开发者大会上宣布，将公司名称改为"Meta"。扎克伯格在一封信中写道："我们希望在未来10年内，元宇宙将覆盖10亿人，承载数千亿美元的数字商务，并为数百万创造者和开发者提供就业机会。"微软、苹果等相继宣布进军元宇宙，让元宇宙在媒体上"刷屏"。腾讯、字节跳动、谷歌、HTC等科技大厂纷纷入局。HTC推出了虚拟偶像Vee，HTC Viveport正在成为一个能够跨入不同终端设备的应用平台；字节跳动收购VR硬件厂商Pico，入局VR赛道，成为2021年产业的标志性事件之一；日本社交巨头GREE宣布将开展元宇宙业务，在英伟达发布会上，十几秒的"数字替身"出场；微软在Inspire全球合作伙伴大会上宣布了企业元宇宙解决方案……事实上，不仅是各大科技巨头在争相布局元宇宙赛道，一些国家的政府相关部门也积极参与其中。2021年5月18日，韩国科学技术和信息通信部发起成立了"元宇宙联盟"，该联盟包括现代、SK集团、LG集团等200多家韩国本土企业和组织，其目标是打造国家级增强现实平台，并在未来向社会提供公共虚拟服务；8月31日，韩国财政部发布2022年预算，计划斥资2 000万美元用于元宇宙平台开发；11月，韩国首尔市政府发布了《元宇宙首尔五年计划》。与此同时，2021年7月13日，日本经济产业省发布了《关于虚拟空间行业未来可能性与课题的调查报告》，归纳总结了日本虚拟空间行业亟须解决的问题，以期能在全球

---

① 清华大学新媒体研究中心. 2020—2021年元宇宙发展研究报告[R/OL]. (2021-09-12)[2023-03-15]. http://cbdio.com/BigData/2021-09/22/content_6166594.htm.

虚拟空间行业中占据主导地位。①

截至2021年10月,我国有关元宇宙的注册商标已经超过4 000个,腾讯、阿里巴巴、百度、网易、字节跳动、华为、HTC、中国电信等科技公司已经开始悄然布局,纷纷发布自己的元宇宙产品,公布计划和技术储备能力。腾讯、百度、网易推动着从前端研发到终端商业场景应用的元宇宙全链路探索。腾讯在游戏、社交媒体、引擎、人工智能、云服务、虚拟人相关领域,有能力构建一个大型服务器架构,在管理数字内容经济和现实中数字资产方面较有经验。百度依托一系列AI能力,借助VR内容平台、VR交互平台,推动硬件消费体验的升级和内容生产效率的提升。网易已在VR、AR、人工智能等相关领域拥有技术储备,并有AI虚拟人主播、星球区块链等产品落地,并投资多家虚拟人领域创新公司。② 2021年1月,工业和信息化部召开中小企业发展情况发布会,第一次提出要培育一批进军元宇宙、区块链、人工智能等新兴领域的创新型中小企业。2021年12月30日,上海市经信委印发《上海市电子信息制造业发展"十四五"规划》,提出要前瞻部署量子计算、第三代半导体、6G通信和元宇宙等领域;支持满足元宇宙要求的图像引擎、区块链等技术的攻关;鼓励元宇宙在公共服务、商务办公、社交娱乐、工业制造、安全生产、电子游戏等领域的应用。这是"元宇宙"首次被写入地方"十四五"产业规划。与此同时,浙江、海南、江苏、山东、河南、北京、深圳、武汉、合肥等省(市)都对元宇宙及其产业发展作出了系列布局。整个社会朝着数字化和虚拟化方向加速迈进,元宇宙将距离我们的生活越来越近。

(六)软硬件支持体系

从更为宽泛的基础性支撑视角来看,软硬件支持体系是数字基础设施最为核心的内容之一。它涉及底层数字技术支撑、数字化产业全面发展、信息安全根本保障以及各类场景应用赋能等全方位数字化、智能化、网络化变革与发展。这里选取若干代表性领域进行分析,以强化人们的认知与重视。

1. 操作系统

操作系统(OS)是配置在计算机硬件上的第一层软件,是计算机用户和计算机硬件之间的接口程序模块,是管理和控制计算机硬件与软件资源的计算机程序,也是计算机硬件和其他软件的接口,是直接运行在"裸机"上的最基本的系统软件,任何其他软件都必须在操作系统的支持下才能运行。操作系统的功能就是管理和控制计算机硬件与软件资源,占据整个计算机系统的核心位置。目前流行的现代操作系统主要有Android、BSD、iOS、Linux、MacOSX、Windows、WindowsPhone和z/OS等。操作系统的种类相当多,从简单到复杂可分为智能卡操作系统、实时操作系统、传感器节点操作系统、嵌入式操作系统、个人计算机操作系统、多处理器操作系统、网络操作系

---

① 左鹏飞.最近大火的元宇宙到底是什么?[N].科技日报,2021-09-13(6).

② 卢梦琪.元宇宙:与其坐而论道,不如起而行之[N].中国电子版,2021-11-23(1).

统和大型机操作系统；按应用领域划分，主要有三种，即桌面操作系统、服务器操作系统和嵌入式操作系统。其中，桌面操作系统主要用于个人计算机。个人计算机市场从硬件架构上来说主要分为两大阵营，即PC机与Mac机；从软件上可以主要分为两大类，分别为类Unix操作系统和Windows操作系统。服务器操作系统一般指的是安装在大型计算机上的操作系统，比如Web服务器、应用服务器和数据库服务器等。服务器操作系统主要集中在三大类：Unix系列、Linux系列、Windows系列。嵌入式操作系统是应用在嵌入式系统的操作系统，广泛应用在生产生活的各个方面，涵盖范围从便携设备到大型固定设施，如数码相机、手机、平板电脑、家用电器、医疗设备、交通灯、航空电子设备和工厂控制设备等，越来越多嵌入式系统安装有实时操作系统。

2. 软件

人类社会正在进入以数字化生产力为主要标志的发展新阶段，从产品功能视角来看，软件在数字化进程中发挥着重要的基础支撑作用。一方面，软件加速网络化、平台化、智能化进程，驱动云计算、大数据、人工智能、5G、区块链、工业互联网、量子计算等新一代信息技术迭代创新、群体突破，加快数字产业化步伐；另一方面，软件对融合发展实现有效赋能、赋值、赋智，全面推动经济社会数字化、网络化、智能化转型升级，持续激发数据要素创新活力，夯实设备、网络、控制、数据、应用等安全保障，加快产业数字化进程，为数字经济开辟广阔的发展空间，促进我国发展的质量变革、效率变革、动力变革。2020年8月，国务院印发《新时期促进集成电路产业和软件产业高质量发展的若干政策》，进一步明确指出，集成电路产业和软件产业是信息产业的核心，是引领新一轮科技革命和产业变革的关键力量。2021年11月，工业和信息化部印发《"十四五"软件和信息技术服务业发展规划》，规划指出，软件是新一代信息技术的灵魂，是数字经济发展的基础，是制造强国、网络强国、数字中国建设的关键支撑。软件作为信息技术关键载体和产业融合关键纽带，将成为我国"十四五"时期抢抓新技术革命机遇的战略支点。同时，全球产业格局加速重构也为我国带来了新的市场空间。

软件（Software）是一系列按照特定顺序组织的计算机数据和指令的集合。软件并不只是包括可以在计算机（这里的计算机是指广义的计算机）上运行的电脑程序，与这些电脑程序相关的文档一般也被认为是软件的一部分。简单地说，软件就是程序加文档的集合体，是与计算机系统操作有关的计算机程序、规程、规则，以及可能有的文件、文档及数据，可以简单概括为"软件＝程序＋数据＋文档"。软件具有五个基本特征：软件是无形的，没有物理形态，只能通过运行状况来了解其功能、特性和质量；软件是智慧产品，人的逻辑思维、智能活动和技术水平是软件产品的关键；软件不会像硬件一样老化磨损，但存在缺陷维护和技术迭代更新；软件的开发和运行必须依赖于特定的计算机系统环境，对于硬件有依赖性，为了减少依赖，开发中对软件提出了可移植性的要求；软件具有可复用性，软件开发出来之后很容易被复制，从而形成多个副本，是安全风险的重要领域。按应用范围划分，软件一般被划分为系统软件、应用软件和介于这两者之间的中间件。系统软件为计算机提供最基本的功能，可分为操作系统和支撑软件，其中操作系统是最基本的软件。系统软件负责管理、协调计算机系统中各种独立的硬件，使得计算机使用者和其他软件将计算机当作一个整体而不需要顾及底层每个硬件是如何工作的。应用软件是为了某种特定的用途而开发出来的软件，它可以是一个特定的程序，也可以是一组功能联系紧密、可以互相协作的程序的集合，或者是一个由众多独立程序组成的庞大的软件系统，比如数据库管理系统。如今，智能手机得到了极大的普及，运行在手机上的应用软件简称手机软件。

目前，全球软件业正在步入加速创新、加快迭代、群体突破的爆发期，加快向网络化、平台化、服务化、个性化、智能化、融合化、生态化演进。云计算、大数据、移动互联网、星联网等快速发展，先进计算、高端存储、人工智能、虚拟现实、区块链等新技术不断涌现。以“软件定义”为特征的融合应用正在开启数字经济新图景。软件定义的本质就是在硬件资源数字化、标准化的基础上，通过软件编程去实现虚拟化、灵活、多样和定制化等功能，实现应用软件与硬件的深度融合，其核心是 API（Application Programming Interface，即应用程序接口）。API 解除了软硬件之间的耦合关系，推动应用软件向个性化方向发展，硬件资源向标准化方向发展，系统功能向智能化方向发展。API 之上，一切皆可编程。软件定义的系统有三大特点或者发展趋势，即硬件资源虚拟化、系统软件平台化、应用软件多样化。硬件资源虚拟化是指将各种实体硬件资源抽象化，打破其物理形态的不可分割性，以便通过灵活重组、重用发挥其最大效能；系统软件平台化是指通过基础软件对硬件资源进行统一管控、按需分配，并通过标准化的编程接口解除上层应用软件和底层硬件资源之间的紧耦合关系，使其可以各自独立演化；应用软件多样化是指在成熟的平台化系统软件解决方案的基础上，应用软件不受硬件资源约束，将可持续地迅猛发展，整个系统将实现更多的功能，对外提供更为灵活高效和多样化的服务。软件定义的系统将随着硬件性能的提升、算法效能的改进、应用数量的增多，逐步向智能系统演变。

与此同时，我们也要清醒地认识到“软件定义时代”将会出现的社会风险。正如周鸿祎所提出的那样，我们进入了一个新的时代——软件定义时代，这个时代的标志是系统的主要功能由软件来实现，软件与各行各业相结合，尤其是和工业和制造业相结合，定义一切的软件成为社会的基础设施。在一切皆可编程、万物均要互联、大数据驱动业务的背景下，虚拟世界与现实世界各方面交织融合，整个世界的脆弱性将前所未有，针对虚拟世界的攻击会伤害到现实世界。在此过程中，必须把安全置于一切数字化的前提。因为安全威胁超出了以往任何一个时期，依靠任何单一手段都无法解决快速增加的网络安全威胁，网络安全不能只限于补漏洞，必须寻求新的思路和新的技术。①

工业和信息化部的数据显示，2022 年，我国软件和信息技术服务业（以下简称“软件业”）运行稳步向好，软件业务收入跃上 10 万亿元台阶，保持两位数增长，盈利

---

① 付丽丽. 周鸿祎：元宇宙最大的风险是数字安全[N]. 科技日报，2021-12-30(2).

能力保持稳定。全国软件业规模以上企业超3.5万家，累计完成软件业务收入108 126亿元，同比增长11.2%。全年软件业利润总额12 648亿元，同比增长5.7%，主营业务利润率为9.1%。信息技术服务收入70 128亿元，同比增长11.7%，高出全行业整体水平0.5个百分点，占全行业收入的比重为64.9%。其中，云服务、大数据服务共实现收入10 427亿元，同比增长8.7%，占信息技术服务收入的14.9%，占比较上年同期提高2个百分点；集成电路设计收入2 797亿元，同比增长12.0%；电子商务平台技术服务收入11 044亿元，同比增长18.5%。全年工业软件产品实现收入2 407亿元，同比增长14.3%，高出全行业整体水平3.1个百分点。[①] 软件既是信息产业的重要组成部分，又是支撑我国数字经济发展的决定性力量，我国将进一步夯实开发环境、工具等产业链上游的基础软件实力，提升工业软件、应用软件、平台软件、嵌入式软件等产业链中游的软件水平，增加产业链下游的信息技术服务产品供给，支撑我国从数字经济大国向数字经济强国迈进。

3. 集成电路

集成电路产业是关系国民经济和社会发展全局的基础性、先导性、战略性产业，是信息产业发展的核心和关键，也是智能时代重要的数字基础设施。我国高度重视集成电路产业的发展，早在21世纪初，就制定并颁布了《鼓励软件产业和集成电路产业发展的若干政策》《关于进一步完善软件产业和集成电路产业发展有关政策问题的复函》。2010年4月20日，由工业和信息化部软件与集成电路促进中心、上海集成电路技术与产业促进中心、国家集成电路设计深圳产业化基地等八家单位共同发起组建的国家集成电路公共服务联盟正式成立。2011年2月，国务院印发《进一步鼓励软件产业和集成电路产业发展的若干政策》，出台了一系列有关集成电路产业发展的实施细则。经国务院批准，2014年6月，工业和信息化部会同有关部门发布《国家集成电路产业发展推进纲要》，为我国集成电路产业发展和数字基础设施建设奠定了良好基础。2015年6月，国务院印发《中国制造2025》，旨在将"推动集成电路及专用装备发展"作为重点突破口，以"中国制造2025"战略的实施带动集成电路产业的跨越发展，以集成电路产业核心能力的提升推动"中国制造2025"战略目标的实现。2016年7月，中共中央办公厅、国务院办公厅印发《国家信息化发展战略纲要》，根据新形势对《2006－2020年国家信息化发展战略》进行战略调整，作出新的部署。2017年1月，经国务院同意，工业和信息化部、国家发展改革委正式印发《信息产业发展指南》，提出以加快建立具有全球竞争优势、安全可控的信息产业生态体系为主线，到2020年基本建立具有国际竞争力、安全可控的信息产业生态体系的发展目标。2020年8月，国务院印发《新时期促进集成电路产业和软件产业高质量发展的若干政策》，文件指出，集成电路产业和软件产业是信息产业的核心，是引领新一轮科技革命和产业变革的关键力量。文件从财税政策、投融资政策、研究开发政策、进出口政策、人才政

---

① 王政，韩鑫. 二〇二二年软件业务收入跃上十万亿元台阶[N]. 人民日报，2023-02-02(1).

策、知识产权政策、市场应用政策和国际合作政策等方面进一步明确了具体支持措施。2021 年 3 月，国家颁布《“十四五”规划纲要》，将集成电路作为原创性引领性科技攻关的核心内容，指出：“在事关国家安全和发展全局的基础核心领域，制定实施战略性科学计划和科学工程。瞄准人工智能、量子信息、集成电路、生命健康、脑科学、生物育种、空天科技、深地深海等前沿领域，实施一批具有前瞻性、战略性的国家重大科技项目。”2021 年 12 月，国务院印发《“十四五”数字经济发展规划》，规划进一步强调，增强关键技术创新能力，瞄准传感器、量子信息、网络通信、集成电路、关键软件、大数据、人工智能、区块链、新材料等战略性前瞻性领域，发挥我国社会主义制度优势、新型举国体制优势、超大规模市场优势，提高数字技术基础研发能力；实施产业链强链补链行动，加强面向多元化应用场景的技术融合和产品创新，提升产业链关键环节竞争力，完善 5G、集成电路、新能源汽车、人工智能、工业互联网等重点产业供应链体系。

集成电路，通常简称为“芯片”。在智能社会形态下，人类社会由物质世界与数字世界所构成。这两个世界的连接基于芯片，互动基于芯片，协同演化还是基于芯片。人们对于未来的所有想象、创意都是在芯片基础上实现的。芯片是数字世界的基石，更是数字世界与物质世界的重要接口。芯片被喻为国家的“工业粮食”，是所有整机设备的“心脏”，是信息产业领域最核心、最重要的组成部分，是信息时代、智能时代、数字时代的科技产业和人类生产生活活动有序进行的基石，也是衡量一个国家高端制造能力和综合国力的重要标志之一。如果说石油是现代工业的“血液”，那么芯片就是数字经济、智能经济的“灵魂”。谁能控制芯片，谁就能左右世界的命运。因此，芯片技术的发展和人们的社会活动密不可分，关乎着人类社会的演进发展，因而也就成为全球性竞争博弈最为激烈的主要战场。2020 年，中国芯片进口额已经超过 2.4 万亿元，超过石油原油而成为我国最大的外汇支出。不过，对于石油原油，我们可以到各个国家去买，而芯片进口只能来源于欧、美、日、韩以及我国台湾地区一些特定的公司。再加上这几年中美贸易战、科技战不断升级，美国加紧对中兴、华为等中国公司进行制裁，人们对芯片的关注度逐渐增强，我国对于集成电路产业战略重要性的认识也越来越深刻。

从技术原理视角来看，“半导体＋集成电路”就是芯片。芯片产业属于典型的由上中下游环节紧密构成的高集成度的产业链。上游为芯片材料的形成过程，主要指硅片晶圆生产；中游为芯片生产过程，包括设计、制造、封装和测试；下游为广泛应用过程。一般而言，所有应用处理器（AP）的核心就是芯片，芯片是电子设备的最强大脑和神经中枢。应用环节是芯片产业发展的主要驱动力，比如现代人的亲密“伴侣”——手机，其各类芯片的研发与生产，毫无疑问就是由巨大的需求驱动着而不断拓展。手机应用处理器系统涉及基带芯片、处理器芯片、射频芯片、存储芯片、图像处理芯片、音频处理芯片、人工智能芯片、触摸屏控制芯片、摄像头芯片、通信芯片、电源管理芯片等不同芯片。可以说，手机的各种功能都离不开种类繁多的芯片的支撑。从手机扩展到任何其他电子设备、智能制造等，同样如此。这个世界的声、光、电、热、力、形、体等所有抽象的物理信息被转化为一系列数据信息，能够在网络上被记录、存储、分析和使用，都离不开芯片这个通往数字世界的接口。因此，芯片就是连接人类真实世界与虚拟数字世界的桥梁，如果没有这座桥梁，我们就无法跨越时间与空间的阻隔，实现与数字世界的连接。[①]

芯片制造处于芯片产业的中游环节。这一环节又可以细分为芯片设计、制造、封装和测试这四个关键环节。芯片设计就是用专门的设计软件(EDA，即电子设计自动化软件)，把客户的产品需求转化为物理层面的电路设计版图，这与软件行业有些类似，属于智力密集型行业。用于制造芯片的材料硅是芯片产业的核心材料。硅元素存在于沙子，沙子的量是足够的，但是要从沙子里提炼出硅，并制造为硅片，却是一件高难度的科技工作。掌握了硅片的生产技术，也就掌握了整个芯片产业的核心技术之一。制造芯片的设备，如光刻机、刻蚀机等，是芯片制造的关键之关键。芯片产业中常常有“一代设备一代工艺一代产品”的说法，讲的就是用于芯片制造的设备与后续的芯片设计、工厂制造工艺之间紧密的关系。芯片设计依赖于工厂里制造工艺的性能，而制造工艺的性能又取决于具体生产设备是否足够先进。因此，半导体设备不仅是重要的上游产业，更是后面中下游产业发展的基石。在设计领域，目前全球前十大芯片设计公司主要来自美国和我国台湾地区。近几年，我国海思、兆易创新、汇顶科技、格科微、澜起科技等一批芯片设计企业崛起，海思在 2018 年就走到世界第五的位置。在硅片制造领域，主要由美国、韩国、日本和我国台湾等国家和地区主导，我国大陆目前大部分主流硅片材料还依赖于进口，这在某种程度上成为暂时的“瓶颈”，大大制约了整个芯片产业的发展；在制造设备领域，目前半导体设备的市场集中度非常高，全球前五大厂商的市场占有率超过了 60%，均来自美国、日本和荷兰，其中难度最大的是光刻机。在高端光刻机领域，仅仅荷兰的一家公司阿斯麦，其市场占有率就超过了 80%，而用于 7 纳米以下的 EUV 光刻机，全球独此一家。所以，芯片产业链上游的技术含量最高，也是我国芯片产业当前最薄弱、最需要大力发展的地方。这是美国企图迫使荷兰政府打压我国关键科技领域的原因所在，虽然荷兰还在左右摇摆，但这件事的确也给我国以重要启示：必须在芯片设备制造领域寻求新的突破。

在芯片产业的发展过程中，产业模式经历了一次重大变革，由原先几家巨头公司集设计、生产、制造等所有流程于一体的模式转变为产业全球化分工的模式。1978 年，我国台湾地区张忠谋先生创立了全球第一家专业代工厂——台积电。台积电代工厂的出现，促成了芯片产业全球专业化分工的产业格局。这次变革也可以称得上是集成电路历史上发展理念的一次重大飞跃。

当然，芯片产业中的头号玩家就是美国。1961 年春天，美国仙童半导体公司做出第一个芯片半导体产品，到今天已经过去了六十多年。美国在全球芯片市场上一直处于主导地位。从晶体管、集成电路、超大规模集成电路，再到个人计算机、移动智能终端、人工智能芯片等领域，芯片产业几乎所有的重要技术突破和变革都始于美

---

① 冯锦锋，郭启航. 芯路：一书读懂集成电路产业的现在与未来[M]. 北京：机械工业出版社，2020：17.

国，美国在芯片产业领域拥有其他国家和地区无法比拟的优势。俗话说“一招鲜，吃遍天”，而美国芯片产业几乎是“招招鲜”。整个芯片制造产业经过几十年的发展，已经建立起很长的产业链，从原材料、专用设备、高端芯片设计、先进制造到封装测试，各个环节都有垄断性的企业。而这些企业一般都分布在不同的国家和地区，一个环节的缺失就可能卡住整个产业链。因此，必须进行广泛的国际合作，才能生产出可用的芯片。美国芯片产业的领先地位不仅体现在其总量上，更重要的是在产业链的各个细分环节，它几乎没有短板。这就意味着，技术上领先和产品创新不仅可以获得更高的销售额和利润，更重要的是还可以对后来者制定游戏规则，以保持自己的领先地位。美国在芯片领域常用的基本手段就是“踢开梯子”，确保自己在芯片领域的霸主地位。2016 年，美国对中兴公司开出天价罚单，之后对华为公司进行恶意制裁，以国家安全为由把科技争端和贸易争端等经济问题转变成政治问题。其实早在 20 世纪 80 年代，同样的打击手段，美国对日本就已经使用过了。第二次世界大战结束之后，日本从美国低价引进了大量与芯片有关的新技术，随后又采取了“闷声赶超的举国模式”，建立了官产学研一体化的芯片产业发展制度，尤其是在存储器芯片领域一度有超越美国芯片霸主地位的趋势。于是美国对此迅速作出战略调整，以日本芯片产品扰乱市场、低价倾销为由，逼迫日本政府进行谈判，签署了《美日半导体贸易协议》，从而直接导致处于浪潮之巅的日本芯片产业在全球芯片产业这一牌桌上输掉了先机，快速衰落了下来。日本芯片产业的全球占有份额从 1986 年的 40%，一路跌到了 2001 年的 15%，其中对存储芯片领域的打击最大。不过，日本人吐出来的“肉”，并没有回到美国人“嘴里”。因为在此之前，面对日本的强大竞争，美国硅谷超过七成的科技公司特别是像英特尔、AMD 这样的巨头早就砍掉了储存芯片业务，那么这样巨大的市场份额去哪儿了？这就要说到牌桌上的“捡漏王”——韩国。日本让出的巨量存储芯片份额几乎都被韩国吃进去了。随着韩国三星加入战团，并主动站队美国之后，一度难以替代的日本一下子就变得可有可无，韩国从此成为存储芯片产业的“新宠”。对于所有电子产品而言，只有有了存储芯片，数据才有记忆和保存功能，产品才能正常使用。所以，存储芯片是芯片产业中应用市场规模最大的单一品种。韩国凭借这一契机，一跃而成为存储芯片领域绝对的垄断者。不过，韩国虽然拥有全球最大的存储芯片产业，但它整个芯片产业的起步比美国和日本晚了 15～20 年。所以在最底层的半导体材料和装备方面，并没有完全跟上整个芯片产业的步伐。日本虽然在与美国的竞争中失掉了先机，但是手上依然握有几张“王牌”，不可小觑。比如在消费电子领域，日本索尼公司在图像传感器芯片上占有很大的市场份额。再比如，同样在半导体材料和装备领域，日本和韩国就形成了鲜明对比。日本的装备和材料企业均在全球市场上占据主导地位，这就意味着，对于芯片产业中技术要求最高的上游部分，日本依然牢牢握在手中。

我国的芯片事业起步并不晚。20 世纪 50 年代，在国防工业牵引之下，我国就初步建立了与世界先进水平接近、相对独立完整的芯片产业体系。随后到了八九十年代，在国家统一规划和投入之下，我国芯片产业也逐渐发展起来。所以，我们常说的

“卡脖子”，并不包括国防和航空航天相关的芯片技术。这类芯片技术主要是要确保可靠性和稳定性，也不需要大规模量产。因此，不管谁要卡我们脖子，都危害不了我们的国防安全。但是在高端芯片领域，比如手机的应用处理器、智能辅助驾驶芯片等方面，对于运算速度的要求高，而且还得大规模量产，我国确实面临一系列“卡脖子”问题。比如在上游半导体材料方面，我国目前几乎全部依赖进口，全球五大硅片工业企业出于技术保密的考虑，迄今为止都未在我国大陆设厂；在设备方面，目前全球半导体前五大厂商基本都来自美国、日本和荷兰，而且综观每一家设备巨头，它们都有一个其他对手无法取代的优势产品。可见，材料和设备都是需要长期积累的领域。我国在芯片产业上游虽然有所布局，但是由于发展时间有限，实力还是非常薄弱。再比如，在产业中游芯片设计环节，我国面临的最大挑战就是缺少国产 EDA 设计软件。目前，全球前三的 EDA 设计软件有两家来自美国，一家来自德国。虽然 EDA 工具产业规模不大，但是这个软件对整个芯片产业来说极其重要。尽管面临这些挑战，令人欣喜的是，我国从芯片设计、芯片制造到封装测试，近年来都可以看到一些转机。在芯片制造环节，我国上海是最早开始布局的，从 20 世纪 90 年代的华宏半导体到 21 世纪的中兴国际公司，芯片制造已经拥有一定的存量，显示出自身的特点。随着国家出台相关支持政策，加上美国肆意阻断国际市场和产业链的恶行和世界疫情冲击等原因，越来越多的海外芯片企业开始在我国大陆投资建厂。在封装测试环节，不管从技术上还是发展方式上来看，大陆的龙头企业已经实现了从量变到质变的跨越，这是我国芯片产业链中占据全球份额最高的环节。在芯片产业下游的应用层面，我国拥有全球规模最大、最活跃的芯片市场，而芯片产业又恰恰是由下游需求拉动的市场，这也就意味着机遇与挑战并存。

如果站在宏观层面上考察芯片市场就会发现，这个产业的先发优势和马太效应特别明显。简单来说，就是芯片的设计和制造一次性投入巨大，但是边际成本极低、规模效益明显。这个产业中一个典型的套路就是，先发的芯片企业通过技术垄断赚取超额利润，等市场上有了其他的玩家，就立马降价，市场价比后来者成本还低，让后来者越做越亏，最终断了进入市场的想法。而科技行业有意思的地方就在于，后来者并不是永远没有机会，新兴的技术会在一定程度上削弱先行者的优势，一旦全球风向发生了变化，原有企业由于自身的惯性，反而容易错失良机。如今，在全球技术风向转向 5G、人工智能、物联网、自动驾驶等行业时，我们会发现，在专用芯片细分市场上，已经有一些中国本土企业轻装上阵、实现领跑。比如在人工智能领域，全球已经形成了中美两强竞争的局面，我国的商汤科技、寒武纪、依图科技、百度和华为等公司研发的 AI 芯片都拥有很强的实力。令人欣喜的是，在指纹识别领域，我国汇顶科技公司在 2018 年的出货量更是超过了原先的行业老大(一家瑞典公司)，成为全球第一大指纹芯片供应商。

拜登政府执政之后，把科技战、贸易战的主战场锁定于集成电路领域。2021 年，拜登政府在短短半年内相继召开三次关于半导体亦即芯片的所谓全球峰会。2021 年 9 月 23 日，美国政府再次召开半导体高峰会，美国商务部长雷蒙多以提高芯片“供应链透明度"为由，要求台积电、三星等晶圆代工厂交出被视为商业机密的库存量、订单、销售记录等数据。2022年3月28日，拜登政府提议成立一个由美国、韩国、日本、我国台湾组成，英文代号为"Chip4"的四方联盟，旨在将中国大陆剔出全球芯片产业链、供应链。参与Chip4的企业，几乎囊括了全球半导体产业链上、中、下游的全部重要企业，包括美国的英特尔、应用材料、美光、博通、高通，韩国的三星、SK海力士，日本的东芝、瑞萨、东京电子，以及我国台湾的台积电、联发科、日月光。2022年12月6日，台积电在美国亚利桑那州建设的新工厂举办首批机台设备到厂典礼。拜登和苹果公司首席执行官蒂姆·库克(Timothy D. Cook)、英伟达首席执行官黄仁勋等企业界高层参加了典礼，并高调宣布"美国制造业回归"。2023年1月，美国与日本、荷兰达成协议，限制向中国出口制造先进半导体所需的设备。有学者警示，美日荷联手围堵中国芯片产业，我们的半导体基础研究匮乏，我们存在进入"黑暗森林"的较大风险。在此之前的2022年7月27日，美国参议院以64票赞成、33票反对的结果通过《芯片和科学法案》。同年8月9日，拜登签署《芯片和科学法案》，使之成为法律。当时，他在法案签署仪式上的讲话中多次明确提到中国。该法案向在美国的芯片制造企业提供巨额补贴，同时，要求这些企业必须同意"不在中国发展精密芯片的制造"。2023年2月，中共中央政治局委员、中央外事工作委员会办公室主任王毅在出席第五十九届慕尼黑安全会议期间就《芯片和科学法案》作出回应，提出了"三个百分之百"，即百分之百的保护主义、百分之百的自私自利、百分之百的单边主义。有学者预测，我国虽然目前还受制于进口市场影响，但是依托我国强大的市场力量、强大的科技实力和举国创新的制度保障，突破美国主导的"芯片围攻"将会为期不远。

(七)标准与计量——制度工具基本体系

标准是经济活动和社会发展的技术支撑，是国家基础性制度的重要方面。标准化在推进国家治理体系和治理能力现代化中发挥着基础性、引领性作用。计量是实现单位统一、保证量值准确可靠的活动，是科技创新、产业发展、国防建设、民生保障的重要基础，是构建一体化国家战略体系和能力的重要支撑。2021年10月，中共中央、国务院印发《国家标准化发展纲要》，为进一步加强标准化工作、统筹推进标准化发展指明了方向。2022年1月，国务院印发《计量发展规划(2021—2035年)》，明确了到2035年推动计量事业发展的指导思想、基本原则、发展目标、重点任务和保障措施。

1.标准运用由产业与贸易为主向经济社会全域转变

必须推动全域标准化深度发展。力争到2025年，实现农业、工业、服务业和社会事业等领域标准全覆盖，新兴产业标准地位凸显，健康、安全、环境标准支撑有力，农业标准化生产普及率稳步提升，推动高质量发展的标准体系基本建成。

一是提升产业标准化水平。筑牢产业发展基础，加强核心基础零部件(元器件)、先进基础工艺、关键基础材料与产业技术基础标准建设，加大基础通用标准研制应用力度，开展数据库等方面标准攻关，提升标准设计水平，制定安全可靠、国际先进的通用技术标准；推进产业优化升级，实施高端装备制造标准化强基工程，健全智能制造、绿色制造、服务型制造标准，形成产业优化升级的标准群；健全服务业标准，不断提升消费品标准和质量水平，推进服务业标准化、品牌化建设；加快先进制造业和现代服务业融合发展标准化建设，推行跨行业跨领域综合标准化；建立健全大数据与产业融合标准，推进数字产业化和产业数字化；实施新产业标准化领航工程，引领新产品新业态新模式快速健康发展，制定一批应用带动的新标准，培育发展新业态新模式；建立数据资源产权、交易流通、跨境传输和安全保护等标准规范；围绕生产、分配、流通、消费，加快关键环节、关键领域、关键产品的技术攻关和标准研制应用，增强产业链供应链稳定性、产业综合竞争力和核心竞争力。发挥关键技术标准在产业协同、技术协作中的纽带和驱动作用，实施标准化助力重点产业稳链工程，促进产业链上下游标准有效衔接，提升产业链供应链现代化水平；实施新型基础设施标准化专项行动，加快推进通信网络基础设施、新技术基础设施、算力基础设施等信息基础设施系列标准研制，协同推进融合基础设施标准研制，建立工业互联网标准，制定支撑科学研究、技术研发、产品研制的创新基础设施标准，促进传统基础设施转型升级。

二是加快城乡建设和社会建设标准化进程。推进乡村振兴标准化建设，强化标准引领，实施乡村振兴标准化行动，推进度假休闲、乡村旅游、民宿经济、传统村落保护利用等标准化建设，促进农村一二三产业融合发展；推动新型城镇化标准化建设，研究制定公共资源配置标准，建立县城建设标准、小城镇公共设施建设标准，建立智能化城市基础设施建设、运行、管理、服务等系列标准，制定城市休闲慢行系统和综合管理服务等标准，研究制定新一代信息技术在城市基础设施规划建设、城市管理、应急处置等方面的应用标准，开展城市标准化行动，健全智慧城市标准，推进城市可持续发展。推动行政管理和社会治理标准化建设，探索开展行政管理标准建设和应用试点，重点推进行政审批、政务服务、政务公开、财政支出、智慧监管、法庭科学、审判执行、法律服务、公共资源交易、信用信息采集与使用、数据安全和个人信息保护、网络安全保障体系和能力建设等标准制定与推广，加快智能社会、数字政府、营商环境标准化、市场要素交易标准建设，开展社会治理标准化行动，推动社会治理标准化创新。加强公共安全标准化工作，完善社会治安、刑事执法、反恐处突、交通运输、安全生产、应急管理、防灾减灾救灾标准，织密筑牢食品、药品、农药、粮食能源、水资源、生物、物资储备、产品质量、特种设备、劳动防护、消防、矿山、建筑、网络等领域安全标准网，提升洪涝干旱、森林草原火灾、地质灾害、地震等自然灾害防御工程标准，加强重大工程和各类基础设施的数据共享标准建设，提高保障人民群众生命财产安全水平。推进基本公共服务标准化建设，围绕幼有所育、学有所教、劳有所得、病有所医、老有所养、住有所居、弱有所扶等方面，实施基本公共服务标准体系建设工程，重点健全和推广全国统一的社会保险经办服务、劳动用工指导和就业创业服务、社会工作、养老服务、儿童福利、残疾人服务、社会救助、殡葬公共服务以及公共教育、公共文化体育、住房保障等领域技术标准；提升保障生活品质的标准水平，围绕普及健康生活、优化健康服务、倡导健康饮食、完善健康保障、建设健康环境、发展健康产业等方面，建立广覆盖、全方位的健康标准。制定公共体育设施、全民健身、训练竞赛、健身指导、线上和智能赛事等标准。

三是完善绿色发展标准化保障。建立健全碳达峰、碳中和标准，加快节能标准更新升级，抓紧修订一批能耗限额、产品设备能效强制性国家标准，提升重点产品能耗限额要求，扩大能耗限额标准覆盖范围，完善能源核算、检测认证、评估、审计等配套标准，实施碳达峰、碳中和标准化提升工程；持续优化生态系统建设和保护标准；推进自然资源节约集约利用，构建自然资源统一调查、登记、评价、评估、监测等系列标准，研究制定土地、矿产资源等自然资源节约集约开发利用标准，推进能源资源绿色勘查与开发标准化，制定统一的国土空间规划技术标准，制定海洋资源开发保护标准，发展海洋经济，服务陆海统筹；筑牢绿色生产标准基础，建立绿色建造标准，完善绿色建筑设计、施工、运维、管理标准；强化绿色消费标准引领，完善绿色产品标准，建立绿色产品分类和评价标准，规范绿色产品、有机产品标识，分类建立绿色公共机构评价标准，合理制定消耗定额和垃圾排放指标。

2. 标准化工作由国内驱动向国内国际相互促进转变

到 2025 年，要显著增强标准化开放程度，展开来说就是：标准化国际合作深入拓展，互利共赢的国际标准化合作伙伴关系更加密切，标准化人员往来和技术合作日益加强，标准信息更大范围实现互联共享，我国标准制定透明度和国际化环境持续优化，国家标准与国际标准关键技术指标的一致性程度、国际标准转化率大幅提升。

一是深化标准化交流合作。履行国际标准组织成员国责任义务，积极参与国际标准化活动。积极推进与共建“一带一路”国家在标准领域的对接合作，加强金砖国家、亚太经合组织等标准化对话，深化东北亚、亚太、泛美、欧洲、非洲等区域标准化合作，推进标准信息共享与服务，发展互利共赢的标准化合作伙伴关系。联合国际标准组织成员，推动气候变化、可持续城市和社区、清洁饮水与卫生设施、动植物卫生、绿色金融、数字领域等国际标准制定，分享我国标准化经验，积极参与民生福祉、性别平等、优质教育等国际标准化活动，助力联合国可持续发展目标实现。支持发展中国家提升利用标准化实现可持续发展的能力。

二是强化贸易便利化标准支撑。持续开展重点领域标准比对分析，积极采用国际标准，大力推进中外标准互认，提高我国标准与国际标准的一致性程度。推出中国标准多语种版本，加快大宗贸易商品、对外承包工程等中国标准外文版编译。研究制定服务贸易标准，完善数字金融、国际贸易单一窗口等标准。促进内外贸质量标准、检验检疫、认证认可等相衔接，推进同线同标同质。创新标准化工作机制，支撑构建面向全球的高标准自由贸易区网络。

三是推动国内国际标准化协同发展。统筹推进标准化与科技、产业、金融对外交流合作，促进政策、规则、标准联通。建立政府引导、企业主体、产学研联动的国际标准化工作机制。实施标准国际化跃升工程，推进中国标准与国际标准体系兼容。推动标准制度型开放，保障外商投资企业依法参与标准制定。支持企业、社会团体、科研机构等积极参与各类国际性专业标准组织。支持国际性专业标准组织来华落驻。

3. 标准化发展由数量规模型向质量效益型转变

到2025年，要建成一批国际一流的综合性、专业性标准化研究机构，若干国家级质量标准实验室和国家技术标准创新基地，形成标准、计量、认证认可、检验检测一体化运行的国家质量基础设施体系，标准化服务业基本适应经济社会发展需要。标准数字化程度不断提高，标准化的经济效益、社会效益、质量效益、生态效益充分显现。

一是推动标准化与科技创新互动发展。加强关键技术领域标准研究，在人工智能、量子信息、生物技术等领域，开展标准化研究。在两化融合、新一代信息技术、大数据、区块链、卫生健康、新能源、新材料等应用前景广阔的技术领域，同步部署技术研发、标准研制与产业推广，加快新技术产业化步伐。研究制定智能船舶、高铁、新能源汽车、智能网联汽车和机器人等领域关键技术标准，推动产业变革。适时制定和完善生物医学研究、分子育种、无人驾驶等领域技术安全相关标准，提升技术领域安全风险管理水平。

二是以科技创新提升标准水平。建立重大科技项目与标准化工作联动机制，将标准作为科技计划的重要产出，强化标准核心技术指标研究，重点支持基础通用、产业共性、新兴产业和融合技术等领域标准研制。及时将先进适用科技创新成果融入标准，提升标准水平。对符合条件的重要技术标准按规定给予奖励，激发全社会标准化创新活力。

三是健全科技成果转化为标准的机制。完善科技成果转化为标准的评价机制和服务体系，推进技术经理人、科技成果评价服务等标准化工作。完善标准必要专利制度，加强标准制定过程中的知识产权保护，促进创新成果产业化应用。完善国家标准化技术文件制度，拓宽科技成果标准化渠道。将标准研制融入共性技术平台建设，缩短新技术、新工艺、新材料、新方法标准研制周期，加快成果转化应用步伐。

四是促进标准与国家质量基础设施融合发展。以标准为牵引，统筹布局国家质量基础设施资源，推进国家质量基础设施统一建设、统一管理，健全国家质量基础设施一体化发展体制机制。强化标准在计量量子化、检验检测智能化、认证市场化、认可全球化中的作用，通过人工智能、大数据、区块链等新一代信息技术的综合应用，完善质量治理，促进质量提升。强化国家质量基础设施全链条技术方案提供，运用标准化手段推动国家质量基础设施集成服务与产业价值链深度融合。

五是加强标准化人才队伍建设。将标准化纳入普通高等教育、职业教育和继续教育，开展专业与标准化教育融合试点。构建多层次从业人员培养培训体系，开展标准化专业人才培养培训和国家质量基础设施综合教育。建立健全标准化领域人才的职业能力评价和激励机制。造就一支熟练掌握国际规则、精通专业技术的职业化人才队伍。

4. 标准供给由政府主导向政府与市场并重转变

构建结构优化、先进合理、国际兼容的标准体系，形成市场驱动、政府引导、企业为主、社会参与、开放融合的标准化工作格局，必须实现标准供给由政府主导向政府与市场并重转变。

一是构建标准供给现代体系。提升标准化技术支撑水平，加强标准化理论和应用研究，构建以国家级综合标准化研究机构为龙头，行业、区域和地方标准化研究机构为骨干的标准化科技体系。发挥优势企业在标准化科技体系中的作用。完善专业标准化技术组织体系，健全跨领域工作机制，提升开放性和透明度。建设若干国家级质量标准实验室、国家标准验证点和国家产品质量检验检测中心。有效整合标准技术、检测认证、知识产权、标准样品等资源，推进国家技术标准创新基地建设。建设国家数字标准馆和全国统一协调、分工负责的标准化公共服务平台。发展机器可读标准、开源标准，推动标准化工作向数字化、网络化、智能化转型。

二是优化标准供给结构。充分释放市场主体标准化活力，优化政府颁布标准与市场自主制定标准二元结构，大幅提升市场自主制定标准的比重。大力发展团体标准，实施团体标准培优计划，推进团体标准应用示范，充分发挥技术优势企业作用，引导社会团体制定原创性、高质量标准。加快建设协调统一的强制性国家标准，筑牢保障人身健康和生命财产安全、生态环境安全的底线。同步推进推荐性国家标准、行业标准和地方标准改革，强化推荐性标准的协调配套，防止地方保护和行业垄断。建立健全政府颁布标准采信市场自主制定标准的机制。

三是深化标准化运行机制创新。建立标准创新型企业制度和标准融资增信制度，鼓励企业构建技术、专利、标准联动创新体系，支持领军企业联合科研机构、中小企业等建立标准合作机制，实施企业标准领跑者制度。建立国家统筹的区域标准化工作机制，将区域发展标准需求纳入国家标准体系建设，实现区域内标准发展规划、技术规则相互协同，服务国家重大区域战略实施。持续优化标准制定流程和平台、工具，健全企业、消费者等相关方参与标准制定修订的机制，加快标准升级迭代，提高标准质量水平。

四是强化标准实施应用。建立法规引用标准制度、政策实施配套标准制度，在法规和政策文件制定时积极应用标准。完善认证认可、检验检测、政府采购、招投标等活动中应用先进标准机制，推进以标准为依据开展宏观调控、产业推进、行业管理、市场准入和质量监管。健全基于标准或标准条款订立、履行合同的机制。建立标准版权制度、呈缴制度和市场自主制定标准交易制度，加大标准版权保护力度。按照国家有关规定，开展标准化试点示范工作，完善对标达标工作机制，推动企业提升执行标准能力，瞄准国际先进标准提高水平。

5. 推进计量标准协同发展

按照国家《计量发展规划（2021—2035 年）》的要求，到 2035 年，力争实现国家计量科技创新水平大幅提升，关键领域计量技术取得重大突破，综合实力跻身世界前列。建成以量子计量为核心、科技水平一流、符合时代发展需求和国际化发展潮流的国家现代先进测量体系。

四、传统基础设施数字化智能化提升

无论是传统基础设施还是数字基础设施，都是为人类社会生产生活提供基础性、公共性、专业性、综合性服务的工程和设施，是人类社会在不同时空背景下赖以生存与发展的基本条件与环境。传统基础设施是相对于数字基础设施而言的，数字基础设施是拓展、提升传统基础设施的结果。因此，传统必然发展成为现代，现代必然来自传统，传统与现代相互联系、相互融合、相互赋能，共同支撑人类一切经济社会活动。一般而言，数字基础设施将传统基础设施与新一代信息技术行业深度融合，综合利用大数据、5G、人工智能、互联物联、空间地理信息技术、云计算、区块链、元宇宙等一系列技术收集日常运营和创新所需要的数据，通过打造自主可控的数字化赋能平台，塑造促进数字化智能化升级的创新体系，构建开放的数字化生态体系等，实现数据深度共享、专业高度智能。运用新一代信息技术改造传统基础设施，将有助于形成运营全景图、客户全景图、产品全景图、市场变化及行业趋势全景图等，从整体上综合提升基础设施建设的运营效率、服务水平和管理水平，制造新的业务运营模式。[①]《"十四五"规划纲要》指出，要统筹推进传统基础设施和新型基础设施建设，打造系统完备、高效实用、智能绿色、安全可靠的现代化基础设施体系；加快交通、能源、市政等传统基础设施数字化改造，加强泛在感知、终端联网、智能调度体系建设；发挥市场主导作用，打通多元化投资渠道，构建新型基础设施标准体系。

（一）交通基础设施网络化、数字化、智能化提升

近年来，发达国家和地区已经在规划布局网络化、数字化、智能化综合交通网络，致力于打造一体化综合交通体系。交通基础设施网络化、数字化、智能化升级，主要是指将5G、物联网、边缘计算、机器视觉、云计算等新一代技术应用于交通基础设施，对交通工具、装备、路网、枢纽和站场等设施进行数字化、智能化升级再造，通过构建云边端协同、数据融合共享的数字化平台，实现对人、车、路、环境、信息等交通要素的全面感知和泛在连接，最终建成高效联程联运的综合立体数字化智能化交通网络。近年来，我国提出以"数据链"为主线，构建数字化的采集体系、网络化的传输体系和智能化的应用体系，加快交通运输信息化向数字化、网络化和智能化发展，为建设交通强国提供基础支撑。《"十四五"规划纲要》指出，要建设现代化综合交通运输体系，推进各种运输方式一体化融合发展，提高网络效应和运营效率。

---

① 徐宪平. 新基建：数字时代的新结构性力量[M]. 北京：人民出版社，2020：71.

1. 国家总体战略布局

2019 年 9 月，中共中央、国务院印发《交通强国建设纲要》。纲要指出，要推动交通发展由追求速度规模向更加注重质量效益转变，由各种交通方式相对独立发展向更加注重一体化融合发展转变，由依靠传统要素驱动向更加注重创新驱动转变，构建安全、便捷、高效、绿色、经济的现代化综合交通体系，打造一流设施、一流技术、一流管理、一流服务，建成人民满意、保障有力、世界前列的交通强国。要大力发展智慧交通，推动大数据、互联网、人工智能、区块链、超级计算等新技术与交通行业深度融合。推进数据资源赋能交通发展，加速交通基础设施网、运输服务网、能源网与信息网络融合发展，构建泛在先进的交通信息基础设施。构建综合交通大数据中心体系，深化交通公共服务和电子政务发展。推进北斗卫星导航系统应用。2020 年 4 月，中共中央办公厅、国务院办公厅印发《关于推动基础设施高质量发展的意见》。意见指出，要大力推动智能交通发展，制定实施智能交通发展战略，提升交通基础设施智能化水平。2021 年 2 月，中共中央、国务院印发《国家综合立体交通网规划纲要》。纲要指出，要推进交通基础设施数字化、网联化，提升交通运输智慧发展水平。要推进交通基础设施网与信息网融合发展，加强交通基础设施与信息基础设施统筹布局、协同建设，推动车联网部署和应用，强化与新型基础设施建设统筹，加强载运工具、通信、智能交通、交通管理相关标准跨行业协同。2022 年 1 月，国务院印发《“十四五”现代综合交通运输体系发展规划》。规划指出，要坚持创新驱动发展，推动互联网、大数据、人工智能、区块链等新技术与交通行业深度融合，推进先进技术装备应用，构建泛在互联、柔性协同、具有全球竞争力的智能交通系统，加强科技自立自强，夯实创新发展基础，增强综合交通运输发展新动能。在此之前，交通运输部于 2020 年 8 月印发《关于推动交通运输领域新型基础设施建设的指导意见》。意见指出，围绕加快建设交通强国总体目标，以技术创新为驱动，以数字化、网络化、智能化为主线，以促进交通运输提效能、扩功能、增动能为导向，推动交通基础设施数字转型、智能升级，建设便捷顺畅、经济高效、绿色集约、智能先进、安全可靠的交通运输领域新型基础设施。2022 年 3 月，交通运输部、科学技术部联合印发《交通领域科技创新中长期发展规划纲要(2021—2035 年)》。纲要指出，围绕全面提升智慧交通发展水平，集中攻克交通运输专业软件和专用系统，加快移动互联网、人工智能、区块链、云计算、大数据等新一代信息技术及空天信息技术与交通运输融合创新应用，推动交通运输领域商用密码创新应用，加快发展交通运输新型基础设施。强化交通运输专业软件和专用系统研发，加速新一代信息技术与交通运输融合，加快空天信息技术在交通运输领域应用，提升基础设施高质量建养技术水平，提升交通装备关键技术自主化水平，推进运输服务与组织智能高效发展，推进一体化协同化的平安交通建设，构建全寿命周期绿色交通技术体系，提升新时期交通运输科技创新能力。

2. 构建网络化、数字化、智能化交通网络

从数字技术视角来看，网络化、数字化、智能化交通网络由四个层级构成：一是感知，主要包括物联网、摄像头、传感器、显示屏、移动终端等电子设备，运用这些智能终端构建各类交通基础设施（包括公路、铁路、航运等）、交通流及多种交通要素（载具、人流、物流等）、交通装备等数据化采集体系；二是连接，主要运用包括车联网、5G、卫星通信、智能终端设备等技术和手段，促进交通专网与"天网""公网"等基础设施深度融合，形成涵盖高速公路、轨道、航空、航运等多网融合的交通信息通信网络；三是数字平台，主要包括高可靠、开放的交通行业数字平台与算法模型，内容涵盖云平台、大数据平台、视频服务平台、物联网平台、GIS/BIM 平台等基础平台之间的协同联动，以及交通行业数据治理、主题库、专题库、数据模型、指标体系、车路协同算法模型、自动驾驶与自动导航算法模型的建构等，运用这些平台与技术，提升交通管理水平与决策效能；四是应用，主要包括各类型业务应用，将 5G 与人工智能、大数据、云计算等与传统基础设施相结合，构建各种类型的数字化智能化交通运输体系。

3. 推进交通基础设施智能化升级

第一，要完善设施数字化感知系统。推动既有设施数字化改造升级，加强新建设施与感知网络同步规划建设。构建设施运行状态感知系统，加强重要通道和枢纽数字化感知监测覆盖，增强关键路段和重要节点全天候、全周期运行状态监测和主动预警能力。第二，要构建设施设备信息交互网络。稳步推进 5G 等网络通信设施覆盖，提升交通运输领域信息传输覆盖度、实时性和可靠性。在智能交通领域开展基于 5G 的应用场景和产业生态试点示范。推动车联网部署和应用，支持构建"车—路—交通管理"一体化协作的智能管理系统。打造新一代轨道交通移动通信和航空通信系统，研究推动多层次轨道交通信号系统兼容互通，同步优化列车、航空器等移动互联网接入条件。提升邮政机要通信信息化水平。第三，要整合优化综合交通运输信息平台。完善综合交通运输信息平台监管服务功能，推动在具备条件地区建设自动驾驶监管平台。建设基于区块链技术的全球航运服务网络。优化整合民航数据信息平台。提升物流信息平台运力整合能力，加强智慧云供应链管理和智慧物流大数据应用，精准匹配供给需求。有序建设城市交通智慧管理平台，加强城市交通精细化管理。

4. 推动先进交通装备应用

第一，要促进北斗系统推广应用。完善交通运输北斗系统基础设施，健全北斗地基增强网络，提升北斗短报文服务水平。稳步推进北斗系统在铁路、公路、水路、通用航空、城市公共交通以及全球海上航运、国际道路运输等领域应用，推动布局建设融合北斗技术的列车运行控制系统，开展民航业北斗产业化应用示范。第二，要推广先进适用运输装备。开展 CR450 高速度等级中国标准动车组、谱系化中国标准地铁列车研发应用，推广铁路重载运输技术装备。提升大型液化天然气运输船、极地船舶、

大型邮轮等研发能力，推进水下机器人、深潜水装备、深远海半潜式打捞起重船、大型深远海多功能救助船等新型装备研发。推广绿色智能船舶，推进船舶自主航行等单项智能船舶技术应用，推动船舶智能航行的岸基协同系统、安保系统和远程操控系统整体技术应用。加强适航审定能力建设，推动C919客机示范运营和ARJ21支线客机系列化发展，推广应用新舟700支线客机、AG600水陆两栖飞机、重型直升机、高原型大载重无人机等。推进智能仓储配送设施设备发展。第三，要提高装备标准化水平。推广应用轻量化挂车，开展常压液体危险货物罐车专项治理，稳步开展超长平板半挂车、超长集装箱半挂车治理工作。推进内河船型标准化，推广江海直达船型、三峡船型、节能环保船型，研发长江游轮运输标准船型。推动车载快速安检设备研发。巩固提升高铁、船舶等领域全产业链竞争力，在轨道交通、航空航天等技术装备领域创建中国标准、中国品牌。

5. 创新运营管理模式

要以满足个性化、高品质出行需求为导向，推进服务全程数字化，支持市场主体整合资源，提供"一站式"出行服务，打造顺畅衔接的服务链。稳妥发展自动驾驶和车路协同等出行服务，鼓励自动驾驶在港口、物流园区等限定区域测试应用，推动发展智能公交、智慧停车、智慧安检等。引导和规范网约车、共享单车、汽车分时租赁和网络货运平台等健康发展，防止无序扩张。加快发展"互联网＋"高效物流新模式、新业态。加强深远海目标高清晰观测、海上高精度时空服务。提高交通运输政务服务和监管能力，完善数字化、信息化监管手段，加强非现场监管、信用监管、联合监管，实现监管系统全国联网运行。

6. 突出重点领域

一是智能铁路。要实施新一代铁路移动通信专网工程，选择高速铁路线路开展智能化升级，推进铁路应用智能建造技术，实施铁路调度指挥系统智能化升级改造。二是智慧公路。要建设新型智慧高速公路，深化高速公路电子不停车收费系统(ETC)在多场景的拓展应用，建设智慧公路服务区，稳步推进集监测、调度、管控、应急、服务等功能于一体的智慧路网云控平台建设。三是智慧港口。要推进国家重要港口既有集装箱码头智能化改造，开展集疏运自动驾驶试点，建设国际化智慧港口体系。四是智能航运。要完善内河高等级航道电子航道图，实施航运干线数字航道服务能力提升建设工程，建设应用智能航标，开展数字航道智慧服务集成，完善船岸、船舶通信系统，增强船舶航行全过程船岸协同能力，开发应用电子海图和电子航道图的船载终端。五是智慧民航。要围绕智慧出行、智慧物流、智慧运行和智慧监管，实施容量挖潜提升工程，推进枢纽机场智慧化升级，建设民航智慧化运营管理系统。六是智慧城市轨道交通。要推进自主化列车运行控制系统研发，推动不同制式的轨道交通信号系统和有条件线路间的互联互通，构建智慧乘务服务、网络化智能运输组织调度、智慧能源管理、智能运维等系统，推广应用智能安检、移动支付等技术。七是综合交通运输信息平台。要完善综合交通运输信息平台功能，推进地方交通大数据中心和综合交通运输信息平台一体化建设，实施铁路12306和95306平台优化提升工程，推广进口集装箱区块链电子放货平台应用，建设航空物流公共信息平台，研究建设无人驾驶航空器综合监管服务平台。

交通运输部有关数据显示，2018—2022年这5年时间内，我国交通运输系统共完成固定资产投资超过17万亿元，建成了全球最大的高速铁路网、全球最大的高速公路网和世界级的港口群。截至2022年底，全国综合交通网络的总里程超过600万公里。2021年12月30日，京张高铁（始于北京北站，终至张家口站）开通运营，正线全长174公里，最高设计时速350公里，实现了智能建造、智能装备和智能运营的集成，开启了世界智能铁路的先河。北京大兴国际机场是全国可再生能源使用比例最高的机场，具体表现在如下几点：耦合式地源热泵系统方案可实现年节约1.81万吨标准煤；光伏发电系统每年可向电网提供600万千瓦时的绿色电力，相当于每年减排966吨二氧化碳，并同步减少各类大气污染物排放；在全球枢纽机场中，首次实现场内通用车辆100%为新能源车辆。2022年8月，交通运输部启动自动驾驶和智能航运先导应用试点，明确聚焦自动驾驶、智能航运技术发展与应用，以试点为抓手、以应用为导向、以场景为支撑，通过实施一批与业务融合度高、具有示范效果的试点项目，打造可复制、可推广的案例集，提炼形成技术指南、标准规范等，促进新一代信息技术与交通运输深度融合。经过多年努力，我国交通运输综合实力大幅度跃升，部分优势领域跻身世界前列，有力保障了全面建成小康社会和社会主义现代化国家的建设。[①]

（二）能源基础设施网络化、数字化、智能化

能源是人类文明进步的重要物质基础和动力，攸关国计民生和国家安全。能源数字化智能化是国际公认的能源未来发展趋势，是支撑可再生能源开发、输送和消纳的关键。

1. 国家总体战略部署

《"十四五"规划纲要》指出，加快电网基础设施智能化改造和智能微电网建设，提高电力系统互补互济和智能调节能力，加强源网荷储衔接，提升清洁能源消纳和存储能力，提升向边远地区输配电能力，推进煤电灵活性改造，加快抽水蓄能电站建设和新型储能技术规模化应用；完善煤炭跨区域运输通道和集疏运体系，加快建设天然气主干管道，完善油气互联互通网络。2021年12月，国务院颁布的《"十四五"数字经济发展规划》进一步指出，加快推动智慧能源建设应用，促进能源生产、运输、消费等各环节智能化升级，推动能源行业低碳转型。2022年1月，国家发展改革委、国家能源局印发《"十四五"现代能源体系规划》，对能源基础设施网络化、数字化、智能化进行了具体部署，提出三大重要举措。一是推动能源基础设施数字化。加快信息技术和

① 矫阳. 科技引领，中国交通由大向强迈进[N]. 科技日报，2023-03-09(6).

能源产业融合发展，推动能源产业数字化升级，加强新一代信息技术、人工智能、云计算、区块链、物联网、大数据等新技术在能源领域的推广应用。积极开展电厂、电网、油气田、油气管网、油气储备库、煤矿、终端用能等领域设备设施、工艺流程的智能化升级，提高能源系统灵活感知和高效生产运行能力。适应数字化、自动化、网络化能源基础设施发展要求，建设智能调度体系，实现源网荷储互动、多能协同互补及用能需求智能调控。二是建设智慧能源平台和数据中心。面向能源供需衔接、生产服务等业务，支持各类市场主体发展企业级平台，因地制宜推进园区级、城市级、行业级平台建设，强化共性技术的平台化服务及商业模式创新，促进各级各类平台融合发展。鼓励建设各级各类能源数据中心，制定数据资源确权、开放、流通、交易相关制度，完善数据产权保护制度，加强能源数据资源开放共享，发挥能源大数据在行业管理和社会治理中的服务支撑作用。三是实施智慧能源示范工程。以多能互补的清洁能源基地、源网荷储一体化项目、综合能源服务、智能微网、虚拟电厂等新模式新业态为依托，开展智能调度、能效管理、负荷智能调控等智慧能源系统技术示范。推广电力设备状态检修、厂站智能运行、作业机器人替代、大数据辅助决策等技术应用，加快"智能风机""智能光伏"等产业创新升级和行业特色应用，推进"智慧风电""智慧光伏"建设，推进电站数字化与无人化管理，开展新一代调度自动化系统示范。实施煤矿系统优化工程，因地制宜开展煤矿智能化示范工程建设，建设一批少人、无人示范煤矿。加强油气智能完井工艺攻关，加快智能地震解释、智能地质建模与油藏模拟等关键场景核心技术开发与应用示范。建设能源大数据、数字化管理示范平台。

2. 构建能源网络化、数字化、智能化体系

从整体上看，能源基础设施的数字化智能化升级包括传统集中发电网、新能源分布式供能、储能网、智能电网、天然气网以及用能网等，特别是以特高压骨干网、各级智能电网、清洁能源、油气管网为重点。整个能源领域运用新一代信息技术将集中式发电网、分布式能源网、智能电网、智能油气网、储能网及其他能源网互相结合，促进能源替代、存储、转化、交易和调度互联互通。通过建设"源—网—荷—储—用"协调发展、集成互补的能源互联网，有利于实现能源在生产、传输、消费等环节的协调控制，促进供需双向互动、能源共享，进而推动我国能源生产和消费革命。[①]

3. 推进"十四五"时期能源重点领域数字化智能化进程

一是智慧能源新模式新业态，包括各层级源网荷储一体化示范，多能互补建设风光储、风光水（储）、风光火（储）一体化示范，智慧城市、智慧园区、美丽乡村等智慧用能示范；二是智慧能源平台和数据中心，包括多能互补集成与智能优化、用能需求智能调控、智慧能源生产服务、智慧能源系统数字孪生等平台和数据中心示范；三是智慧风电，包括风电智能化运维、故障预警、精细化控制、场群控制等示范应用；四是智

---

① 徐宪平. 新基建：数字时代的新结构性力量[M]. 北京：人民出版社，2020：151.

慧光伏，包括光伏电站数字化、无人化管理，设备间互联互感、协同优化，光伏电站智能化调度、运维等示范应用；五是智慧水电，包括水电智能化建造、多目标运行管理、智能监测和巡查、流域水电综合智慧管理等示范应用；六是智慧电厂，包括数字化三维协同设计、智能施工管控、数字化移交、先进控制策略、大数据、云计算、物联网、人工智能、5G 通信等示范应用；七是智能电网，包括新一代调度自动化系统、配电网改造和智能化升级等示范应用；八是智能油气管网，包括油气管网全数字化移交、全智能化运营、全生命周期管理等示范应用；九是智慧油气田，包括勘探开发一体化智能云网平台、地上地下一体化智能生产管控平台、油气田地面绿色工艺与智能建设优化平台等技术装备及示范应用；十是智能化煤矿，包括煤矿智能化高效开采、智能化选煤、矿山物联网、危险岗位机器人替代等示范应用。

近年来，世界各国愈发重视应对气候变化，加快新能源应用，推动经济社会绿色可持续发展。同时，经济社会呈现能源消费电力化、电力生产低碳化、生产消费信息化的趋势，信息流和能量流、瓦特和比特加快融合创新，引发新能源相关领域的投资热潮。电子信息技术与新能源需求不断融合，成为继蒸汽机和煤炭、内燃机和石油、电子计算机和核能之后新一轮工业革命的重要标识，并催生以太阳能光伏、新型储能产品、重点终端应用、关键信息技术为主要领域的能源电子产业。2023 年 1 月，工业和信息化部、教育部、科学技术部、中国人民银行、中国银保监会、国家能源局等六部门联合发布《关于推动能源电子产业发展的指导意见》。该文件与其说是对能源电子产业的整体部署，倒不如说是对我国能源体系网络化、数字化、智能化、绿色化发展的战略指导。文件指出，能源电子产业是生产能源、服务能源、应用能源的电子信息技术及产品的总称。它既是实施制造强国和网络强国战略的重要内容，也是新能源生产、存储和利用的物质基础，更是实现碳达峰碳中和目标的中坚力量。文件进一步明确，要以做优做强产业基础和稳固产业链供应链为根本保障，抓住新一轮科技革命和产业变革的机遇，推动能源电子产业发展，狠抓关键核心技术攻关，创新人才培养模式，推进能源生产和消费革命，加快生态文明建设，确保碳达峰碳中和目标实现。

（三）水利基础设施网络化、数字化、智能化

在一个以农为本、以农业为主要生产部门的社会里，人们的安居迁徙、生产生活无不与水利息息相关。水利是农业社会中的基础之基础。从上古的夏商周起，历代国家政权及地方政府无不视水利为命脉，水利基础设施建设一直是决定国家兴衰存亡的头等大事。中华民族起源于黄河流域，依“两河”而生，因“两河”而荣。中华民族灿烂辉煌的五千年历史，同样也是治水史，在历史上有很多关于水利的动人故事，如大禹治水、李冰父子建造都江堰、隋炀帝兴修大运河，直至今天的南水北调、三峡水利枢纽工程等，都是我国水利基础设施建设的历史杰作。

1. 国家总体战略部署

随着人类社会不断向前演进，水利基础设施的功能、范围、形态不断得以拓展。

从工业社会时代开始，水利基础设施从广袤的农村大地走向现代城市，成为城市工商业和城市居民生产生活活动的基本依托。同时，水利基础设施的结构体系、建设技术条件以及运营管理模式等都随着社会变迁而发生本质变化。20 世纪末期以来，水利基础设施信息化首先在发达国家（如美国、英国、德国、丹麦等）得到重视，这些国家利用自控、感知、人工智能等技术手段建设智慧水务系统，不断提升城市水系统管理水平，通过建立水务数据库，布设大量水情、雨情等传感器采集相关数据，人们对于水这种自然物的认知达到了新的高度。近些年来，我国水利事业随着新一代科技的颠覆性发展，按照“以水利信息化带动水利现代化”的总体要求，全面推进水利数字化智能化建设，有序推进“金水工程”，逐步构建水利新型基础设施新体系。2019 年 7 月，水利部发布《加快推进智慧水利的指导意见和智慧水利总体方案》，对我国水利数字化智能化建设进行了顶层设计，从整体架构上明确了透彻感知、全面互联、深度挖掘和智能应用四个核心内容。2020 年 3 月，水利部下发《关于开展智慧水利先行先试工作的通知》，进一步对“智慧水利”进行具体部署，围绕水利业务中的难点和痛点，在重点领域、流域、区域和新一代信息技术应用方面推进智慧水利率先突破，示范引领全国智慧水利又好又快发展，驱动和支撑水利治理体系和治理能力现代化。

2. 水利基础设施网络化、数字化、智能化架构体系

水利基础设施网络化、数字化、智能化的总体目标是，按照《智慧水利总体方案》确定的总体架构以及透彻感知、全面互联、深度挖掘、智能应用和泛在服务等方面要求，充分结合智慧水利优秀应用案例和典型解决方案，依托在建、拟建水利工程和网信项目，在不同流域和区域、不同业务和技术领域开展智慧水利先行先试，加强物联网、视频、遥感、大数据、人工智能、5G、区块链等与水利业务深度融合，依托现代化技术手段，全面建成水利信息基础感知体系，健全保障支撑环境，推动水利综合业务精细化管理，提升科学化决策调度管理水平，最终形成“更透彻的感知、更全面的互联互通、更科学的决策、更高效智能的管理”的智慧水利管理和运营体系。

第一，构建透彻感知的水利感知网。水利感知网是智慧水利的感知系统，重点围绕水旱灾害防御、水文工程建设与安全运行、水资源开发利用与节约、城乡给排水系统与监管、江河湖海治理、水土保持与治理、水利水务监管、水生态环境等工作工程，利用物联网、空间地理信息技术、大数据、云计算、移动通信、人工智能、无人机等新一代技术，构建天地空海一体化感知网。

第二，构建全面互联的水利信息网。水利信息网是智慧水利的神经系统，建立起大脑与感知系统末梢的连接。依托云计算中心和主干数字平台，构建覆盖水利行业体系的全领域全方位全层级的水利网络体系，打造移动、生态、全面、安全的智能水利信息网。

第三，构建深度挖掘的水利数据平台。水利数字平台以云计算为基础，通过优化整合新一代信息技术，包括大数据、人工智能、视频、物联网、融合通信、GIS、遥感技术等，对海量数据进行大规模存储和计算，深度挖掘数据价值，融合水利模型与新一代

技术，打造水利世界的底座，开发智能社会时代水利事业新境界。

第四，构建智能应用的水利应用场景。通过业务与数据的协同、组织与流程的创新，结合社会经济发展对于水利基础设施的需求，研发拓展各类数字化智能化应用，支撑水资源保护与利用、水自然灾害防御与应对、水利工程建设与营运、生态环境保护与修复、水利水务综合作用与监管、水行政管理与公共服务的数字化智能化，全面提升水利水务事业的科学发展、精细监管、精准研判、高效决策等支持能力。

（四）市政基础设施网络化、数字化、智能化

人类走进工业社会以来，城市作为人们生产生活活动的主要载体，历经数百年的演变发展，越来越显现其重要功能。城市不仅支撑着工商业的发展，而且演变成为一个地区、一个国家发展的核心，其实力的强弱、竞争力的高低、发展潜力的大小，构成一个地区和国家发展态势的重要内容。特别是伴随着人类社会跨过智能社会门槛，以大都市城市圈（带、湾、区等）、城乡一体化融合、城市群区域协同发展等为主要特征的现代化城市发展新格局初步显现，对未来经济社会发展提出了新的要求。

1. 市政基础设施的内涵

从工业社会背景下的城市格局走到智能社会背景下的都市形态，市政基础设施不仅发挥着重要支撑作用，而且成为城市发展演变的重要标志。一般而言，影响城市发展的市政基础设施从空间上可以分为两部分，即区域性基础设施和城市内部基础设施。市政基础设施对城市发展环境、城市形态、城市土地利用、城市空间扩展，以及对城市群的生长、发育、形态、空间结构和演变都将产生主要影响。[①] 市政基础设施是一个开放的、严密的、综合的复杂系统，它既要聚焦城市内部严密、协同、完整和高效的体系构造，又要充分考虑城市的地域支撑性功能和外在协同联系功能。现阶段市政基础设施的空间范围主要集中于城镇，在逻辑上既要突出城市的内在要求，又要兼顾推进城乡融合的发展进程。从技术视角来看，城市市政基础设施是城市发展的物质基础，是支撑、保障城市可持续发展的关键性设施。它主要由交通、给水、排水、燃气、环卫、供电、通信、防灾等各项工程系统构成。因此，市政基础设施的数字化智能化集中体现在这些“市政工程”领域。

2. 市政基础设施的基本体系架构

从宏观技术架构看，市政基础设施体系数字化智能化的核心在于数据传输、储存、运营以及场景应用系统，通过“感知—传输—平台—应用”等链接传导方式，进行全领域、全方位、全层级集中协同统筹，最终实现城镇物理体系、社会体系、文化体系、治理体系、生态体系、内外交互体系等一体化时空协同布局。如果从其复杂状态中抽象出具体落地事件，则主要集中于六大平台搭建：数字平台、交通平台、产业平台、治

① 金凤君. 基础设施与经济社会空间组织[M]. 北京：科学出版社，2017：115.

理平台、生活平台、环境平台。所谓数字平台，就是以“城市大脑”为基座的新型智能城市架构，这一架构不仅从整体上对现代化城市多层级规划进行顶层设计，而且以“孪生城市”拓展未来城市新空间和新形态；交通平台，指聚焦于通过现代化信息技术手段，实现交通全领域的深度融合，让人们的出行更加便捷、顺畅、高效、平安，保障城市血脉畅通；产业平台，指通过信息技术和智能化手段改善、优化整体商业环境，赋能规划产业的发展，并最终形成产业和商业环境的相互促进、相互提升，构建现代都市产业链集群；治理平台，指依托新型网络、智能设备的应用，凭借大数据平台、云计算、数字信息建模等技术，提升区域内的综合治理效率，最终实现数字政府治理、社会治理和城市综合治理现代化转型升级；生活平台，是指利用各种网络化、数字化、智能化、绿色化技术，为城乡居民提供物质生活和精神生活的服务平台，包括提供日常用品供给服务、各类与居民生活相关的公共服务和社会化服务等，诸如微信、支付宝、滴滴和各类政务居民生活服务 APP；环境平台，指借助新一代信息技术在能源、水务和环保领域的深度应用，在优化城市资源运用的同时严控污染排放，助力打造更加绿色的生态环境，实现人与自然城乡之间、区域之间、海陆空一体化和谐共生。

3. 现代市政基础设施主要标志：城市运行管理服务平台

城市运行管理服务平台是指以物联网、大数据、人工智能、5G 移动通信等前沿技术为支撑，整合城市运行管理服务相关信息系统，汇聚共享数据资源，加快现有信息化系统的迭代升级，加强对城市运行管理服务状况的实时监测、动态分析、统筹协调、指挥监督和综合评价的平台。城市运行管理服务平台包括国家、省、市三个层级，三级平台互联互通、数据同步、业务协同，是“一网统管”的基础平台，也是各个层级、各部门以及市民群众都可以使用的开放平台。[①]

4. 网络化、数字化、智能化市政基础设施区域性演变趋势

2021 年 12 月，国家发展改革委在《关于同意深圳市开展基础设施高质量发展试点的复函》中首次提出城市基础设施“跨区域一体发展”的要求。复函指出，要按照基础设施高质量发展方向，统筹存量和增量、传统和新型基础设施，推动跨界引领发展、跨区域一体发展、跨领域协调发展、跨前沿技术融合发展，全面提高基础设施供给能力、质量和效率，打造系统完备、高效实用、智能绿色、安全可靠的现代化基础设施体系。其中，跨区域协同发展，就是以逐步实现跨区域规划共绘、设施共建、服务共享、运营共管为导向，探索国家省市联动、市级协同，形成都市圈编制合力。要增强跨区域基础设施连接性、贯通性，积极构建外畅内联的综合立体交通网络，建立健全都市圈内基础设施一体化运维管理机制。显然，市政基础设施跨区域协同发展将为实现一体化融合发展、区域经济协同发展创造重要的基础设施条件与环境。

---

① 丁怡婷. 住建部印发通知，推动城市运行管理“一网统管”[N]. 人民日报，2022-03-30(7).

第七章

数字经济类别及其典型场景应用

如本书前面的章节所述，数字经济是继自然经济与商品经济、农业经济与工业经济之后的基本经济形态，是以数据资源为关键要素，以现代信息网络为主要载体，以信息通信技术融合应用、全要素数字化转型为重要推动力，促进公平与效率更加统一的新经济形态。① 进入21世纪以来，数字经济发展速度之快、辐射范围之广、影响程度之深前所未有。数字经济正加速推进人类社会生产方式、生活方式和治理方式的深刻变革，正在成为重组全球要素资源、重塑全球经济结构、改变全球竞争格局的关键力量。“十四五”时期，我国数字经济转向深化应用、规范发展、普惠共享的新阶段。推进数字经济发展，必须统筹好“发展与安全、国内与国际”两个大局，坚持以数据为关键要素，以数字技术与实体经济深度融合为主线，加强数字基础设施建设，完善数字经济治理体系，协同推进数字产业化和产业数字化，赋能传统产业转型升级，培育新产业新业态新模式，不断开创新场景新领域，做强做优做大我国数字经济，为构建数字中国、实现现代化强国远大目标提供坚强有力的基础支撑。为了更加清晰地认知数字经济的结构演变特点，更深刻地把握数字经济运动规律，更好地指导数字经济健康发展，本章将从数字经济的统计分类、关键领域布局以及典型应用场景三个视角，对数字经济、智能经济进行再度剖析。

一、数字经济统计分类②

2021年5月27日，国家统计局发布第33号令，颁布《数字经济及其核心产业统计分类(2021)》(以下简称《数字经济统计分类》)。《数字经济统计分类》第一次从经济统计分类视角，对数字经济及其核心产业进行了具体界定：数字经济是指以数据资源作为关键生产要素、以现代信息网络作为重要载体、以信息通信技术的有效使用作

---

① 杨述明.智能经济形态的理性认知[J].理论与现代化，2020(05)：56-69.

② 数字经济统计具有严格规范性，同时又是前沿理论，所以，为确保理论与应用的规范性、统一性，下文有关数字经济分类的主要资料来源于国家统计局发布的《数字经济及其核心产业统计分类(2021)》，作者并没有阐发自己的观点。

为效率提升和经济结构优化的重要推动力的一系列经济活动；数字经济核心产业是指为产业数字化发展提供数字技术、产品、服务、基础设施和解决方案，以及完全依赖于数字技术、数据要素的各类经济活动。因此，《数字经济统计分类》的发布，为我国数字经济核算提供了统一可比的统计标准、口径和范围，这对于我国数字经济健康发展、国民经济协调发展以及与世界经济发展态势进行比较观察借鉴都具有重要的现实意义。

（一）数字经济统计分类的基本依据与原则

1. 数字经济统计分类的必要性

数字经济作为一种新经济形态，对于传统经济背景下业已成熟的统计科学体系从理论到实证方面都提出了一系列挑战和变革要求，无论是指导国民经济和社会发展的具体实践活动，还是对于国民经济发展的客观科学统计与观察，都迫切需要对现行经济统计学进行颠覆性反思和研究。科学界定数字经济及其核心产业的统计范围，全面统计数字经济发展规模、速度、结构，满足各级党委、政府和社会各界对数字经济的统计需求，是经济统计工作的重要内容，是实施国家数字经济乃至国民经济发展战略的重大决策部署。因此，国家统计局颁布数字经济统计分类的文件，可谓正当其时、很有必要。

2. 数字经济统计分类遵循的基本原则

一是需求导向、全面涵盖。《数字经济统计分类》贯彻落实党中央、国务院关于数字经济发展战略的重大决策部署，主要依据 G20 杭州峰会提出的《二十国集团数字经济发展与合作倡议》，以及《中华人民共和国国民经济和社会发展第十四个五年规划和 2035 年远景目标纲要》《国家信息化发展战略纲要》《关于促进互联网金融健康发展的指导意见》等政策文件，确定数字经济的基本范围。

二是国际接轨、科学可比。《数字经济统计分类》充分借鉴经济合作与发展组织（OECD）和美国经济分析局（BEA）关于数字经济分类的方法，遵循两者在分类中的共性原则，建立具有国际可比性的数字经济产业统计分类模式。同时准确把握中国数字经济发展的客观实际情况，参照《新产业新业态新商业模式统计分类（2018）》《战略性新兴产业分类（2018）》《统计上划分信息相关产业暂行规定》等相关统计分类标准，最大程度反映与数字技术紧密相关的各种基本活动。

三是立足当下、着眼未来。《数字经济统计分类》基于《国民经济行业分类》同质性原则，涵盖了国民经济行业分类中符合数字经济产业特征的和以提供数字产品（货物或服务）为目的的相关行业类别活动。由于数字经济具有发展速度快、融合程度高、业务模式新等特点，《数字经济统计分类》也包含一部分近年来发展迅猛或者已经出现苗头、但在国民经济行业分类中尚没有单独列示的数字经济活动，以反映我国数字经济产业的最新动态和发展趋势。

四是注重实际、切实可行。《数字经济统计分类》立足现行统计工作实际，聚焦数字经济统计核算需求，充分考虑分类的可操作性和数据的可获得性，力求全面、准确反映数字经济及其核心产业发展状况。《数字经济统计分类》在最大程度上对应《国民经济行业分类》中的全行业，以便能够基于现有数据资料或者通过适当补充调查后的所得资料进行统计测算。

（二）数字经济统计分类的基本结构与基本要点

1. 数字经济统计分类的基本结构

《数字经济统计分类》从数字产业化和产业数字化两个方面，确定了数字经济的基本范围，将其分为数字产品制造业、数字产品服务业、数字技术应用业、数字要素驱动业、数字化效率提升业等 5 大类。其中，前 4 大类为数字产业化部分，即数字经济核心产业，简称"数字产业"，对应于《国民经济行业分类》中的 26 个大类、68 个中类、126 个小类，是数字经济发展的基础。第 5 大类为产业数字化部分，是指应用数字技术和数据资源为传统产业带来的产出增加和效率提升，是数字技术与实体经济的融合。该部分涵盖智慧农业、智能制造、智能交通、智慧物流、数字金融、数字商贸、数字社会、数字政府等数字化应用场景，对应于《国民经济行业分类》中的 91 个大类、431 个中类、1 256 个小类，表明数字技术已经并将进一步与国民经济各行业产生深度渗透和广泛融合。

2. 数字经济统计分类的基本要点

在《数字经济统计分类》中，数字产业化和产业数字化形成了互补关系。以制造业为例，数字产品制造业是指支撑数字信息处理的终端设备、相关电子元器件以及高度应用数字化技术的智能设备的制造，属于"数字产业化"部分，包括计算机制造、通讯及雷达设备制造、数字媒体设备制造、智能设备制造、电子元器件及设备制造和其他数字产品制造业。智能制造是指利用数字孪生、人工智能、5G、区块链、VR/AR、边缘计算、试验验证、仿真技术等新一代信息技术与先进制造技术深入融合，旨在提高制造业质量和核心竞争力的先进生产方式，属于"产业数字化"部分，主要包括数字化通用专用设备制造、数字化运输设备制造、数字化电气机械器材和仪器仪表制造、其他智能制造。数字产品制造业和智能制造是按照《国民经济行业分类》划分的制造业中数字经济具体表现形态的两个方面，互不交叉，共同构成了制造业中数字经济的全部范围。

（三）数字经济统计分类的功能意义

1. 为数字经济及其核心产业核算提供基础

数字经济的发展规模和水平是国内外广泛关注的话题。2020 年 8 月，美国经济分析局发布了《最新数字经济核算报告》，指出2018年美国数字经济增加值为18 493亿美元，占GDP比重为9.0%。2021年4月，中国信息通信研究院发布的《中国数字经济发展白皮书》指出，2020年中国数字经济规模达到39.2万亿元，占GDP比重为38.6%。由于这些数据是基于不同标准和口径测算的，给国际比较分析增加了难度，也给国内外社会公众了解各国数字经济发展水平带来了困扰。《数字经济统计分类》的出台为我国数字经济核算提供了统一可比的统计标准、口径和范围，为各地区、各部门努力实现《"十四五"规划纲要》明确的数字经济核心产业发展目标提供了数据支撑。同时，也为经济统计部门借鉴国内外有关机构在数字技术与实体经济融合发展方面的研究经验，探索开展我国数字经济全产业的核算工作提供了重要指导。

2. 对国民经济统计提出新的要求

2017年12月8日，十九届中央政治局就实施国家大数据战略进行第二次集体学习。习近平总书记在主持学习时强调，要构建以数据为关键要素的数字经济，推动实体经济和数字经济融合发展，发挥数据的基础资源作用和创新引擎作用，加快形成以创新为主要引领和支撑的数字经济；我们应该审时度势、精心谋划、超前布局、力争主动，推动实施国家大数据战略，加快建设数字中国。数字经济的蓬勃发展对数字经济核算工作提出了迫切要求。为准确衡量数字经济发展的规模、速度、结构，必须首先研制出科学合理的数字经济统计分类标准。在此背景下，《数字经济统计分类》及时出台，成为我国在数字经济领域的重要统计标准，为满足各级党委、政府和社会各界对数字经济的统计需求奠定了标准基础。《数字经济统计分类》客观反映了数字经济发展的科学内涵和内在规律，对于加快我国经济社会各领域数字化转型步伐，推进国家治理体系和治理能力现代化，形成与数字经济发展相适应的政策体系和制度环境，具有十分重要的意义。

2022年6月，国家统计局在对全国人大代表提出的《关于进一步加快新经济统计改革的建议》的答复意见中指出，下一步，国家统计局将认真贯彻落实国务院《"十四五"数字经济发展规划》有关要求，进一步深化数字经济的理论和实践研究，探索建立数字经济统计指标体系，加快推进数字经济统计监测评价工作，并布置实施数字经济统计监测制度，定期开展数字经济核心产业增加值核算并发布相关数据。同时，积极鼓励和指导地方统计局探索开展地区数字经济监测工作，为同级党委政府科学决策提供数据支撑。总的来看，我国数字经济运行的统计、分析、监测等工作，从理论研究到实际工作部署都正在走向完善和成熟，并将在引领、指导、监测我国数字经济发展方面发挥重要作用。

二、数字经济关键领域布局

2021年12月，国务院印发《"十四五"数字经济发展规划》(以下简称《数字经济规划》)。文件指出,当前,新一轮科技革命和产业变革深入发展,数字化转型已经成为大势所趋,数字经济是数字时代国家综合实力的重要体现,是构建现代化经济体系的重要引擎。世界主要国家均高度重视发展数字经济,纷纷出台战略规划,采取各种举措打造竞争新优势,重塑数字时代的国际新格局。受国内外多重因素影响,我国数字经济发展面临的形势正在发生深刻变化,迫切需要转变传统发展方式,加快补齐短板弱项,提高我国数字经济治理水平,走出一条数字经济高质量发展道路。

(一)优化升级数字基础设施

1. 加快建设信息网络基础设施

建设高速泛在、天地一体、云网融合、智能敏捷、绿色低碳、安全可控的智能化综合性数字信息基础设施。有序推进骨干网扩容,协同推进千兆光纤网络和5G网络基础设施建设,加速推动5G商用部署和规模应用,前瞻布局第六代移动通信(6G)网络技术储备,加大6G技术研发支持力度,积极参与推动6G国际标准化工作。积极稳妥推进空间信息基础设施演进升级,加快布局卫星通信网络等,推动卫星互联网建设。提高物联网在工业制造、农业生产、公共服务、应急管理等领域的覆盖水平,增强固移融合、宽窄结合的物联接入能力。

2. 推进云网协同和算网融合发展

加快构建算力、算法、数据、应用资源协同的全国一体化大数据中心体系。在京津冀、长三角、粤港澳大湾区、成渝地区双城经济圈、贵州、内蒙古、甘肃、宁夏等地区布局全国一体化算力网络国家枢纽节点,建设数据中心集群,结合应用、产业等发展需求优化数据中心建设布局。加快实施"东数西算"工程,推进云网协同发展,提升数据中心跨网络、跨地域数据交互能力,加强面向特定场景的边缘计算能力,强化算力统筹和智能调度。按照绿色、低碳、集约、高效的原则,持续推进绿色数字中心建设,加快推进数据中心节能改造,持续提升数据中心可再生能源利用水平。推动智能计算中心有序发展,打造智能算力、通用算法和开发平台一体化的新型智能基础设施,面向政务服务、智慧城市、智能制造、自动驾驶、语言智能等重点新兴领域,提供体系化的人工智能服务。

3. 有序推进基础设施智能化升级

稳步构建智能高效的融合基础设施,提升基础设施网络化、智能化、服务化、协同化水平。高效布局人工智能基础设施,提升支撑"智能+"发展的行业赋能能力。推动农林牧渔业基础设施和生产装备智能化改造,推进机器视觉、机器学习等技术应用。建设可靠、灵活、安全的工业互联网基础设施,支撑制造资源的泛在连接、弹性供给和高效配置。加快推进能源、交通运输、水利、物流、环保等领域基础设施数字化改造。推动新型城市基础设施建设,提升市政公用设施和建筑智能化水平。构建先进普惠、智能协作的生活服务数字化融合设施。在基础设施智能化升级过程中，充分满足老年人等群体的特殊需求，打造智慧共享、和睦共治的新型数字生活。

（二）充分发挥数据要素作用

1. 强化高质量数据要素供给

支持市场主体依法合规开展数据采集，聚焦数据的标注、清洗、脱敏、脱密、聚合、分析等环节，提升数据资源处理能力，培育壮大数据服务产业。推动数据资源标准体系建设，提升数据管理水平和数据质量，探索面向业务应用的共享、交换、协作和开放。加快推动各领域通信协议兼容统一，打破技术和协议壁垒，努力实现互通互操作，形成完整贯通的数据链。推动数据分类分级管理，强化数据安全风险评估、监测预警和应急处置。深化政务数据跨层级、跨地域、跨部门有序共享。建立健全国家公共数据资源体系，统筹公共数据资源开发利用，推动基础公共数据安全有序开放，构建统一的国家公共数据开放平台和开发利用端口，提升公共数据开放水平，释放数据红利。

2. 加快数据要素市场化流通

加快构建数据要素市场规则，培育市场主体、完善治理体系，促进数据要素市场流通。鼓励市场主体探索数据资产定价机制，推动形成数据资产目录，逐步完善数据定价体系。规范数据交易管理，培育规范的数据交易平台和市场主体，建立健全数据资产评估、登记结算、交易撮合、争议仲裁等市场运营体系，提升数据交易效率。严厉打击数据黑市交易，营造安全有序的市场环境。

2022 年 4 月，中共中央、国务院印发《关于加快建设全国统一大市场的意见》。文件进一步指出，要加快培育统一的技术和数据市场。建立健全全国性技术交易市场，完善知识产权评估与交易机制，推动各地技术交易市场互联互通。完善科技资源共享服务体系，鼓励不同区域之间科技信息交流互动，推动重大科研基础设施和仪器设备开放共享，加大科技领域国际合作力度。加快培育数据要素市场，建立健全数据安全、权利保护、跨境传输管理、交易流通、开放共享、安全认证等基础制度和标准规范，深入开展数据资源调查，推动数据资源开发利用。

3. 创新数据要素开发利用机制

适应不同类型数据特点，以实际应用需求为导向，探索建立多样化的数据开发利用机制。鼓励市场力量挖掘商业数据价值，推动数据价值产品化、服务化，大力发展专业化、个性化数据服务，促进数据、技术、场景深度融合，满足各领域数据需求。鼓励重点行业创新数据开发利用模式，在确保数据安全、保障用户隐私的前提下，调动行业协会、科研院所、企业等多方参与数据价值开发。对具有经济和社会价值、允许加工利用的政务数据和公共数据，通过数据开放、特许开发、授权应用等方式，鼓励更多社会力量进行增值开发利用。结合新型智慧城市建设，加快城市数据融合及产业生态培育，提升城市数据运营和开发利用水平。

（三）大力推进产业数字化转型

1. 加快企业数字化转型升级

引导企业强化数字化思维，提升员工数字技能和数据管理能力，全面系统推动企业研发设计、生产加工、经营管理、销售服务等业务数字化转型。支持有条件的大型企业打造一体化数字平台，全面整合企业内部信息系统，强化全流程数据贯通，加快全价值链业务协同，形成数据驱动的智能决策能力，提升企业整体运行效率和产业链上下游协同效率。实施中小企业数字化赋能专项行动，支持中小企业从数字化转型需求迫切的环节入手，加快推进线上营销、远程协作、数字化办公、智能生产线等应用，由点及面向全业务全流程数字化转型延伸拓展。鼓励和支持互联网平台、行业龙头企业等立足自身优势，开放数字化资源和能力，帮助传统企业和中小企业实现数字化转型。推行普惠性“上云用数赋智”服务，推动企业上云、上平台，降低技术和资金壁垒，加快企业数字化转型。

2. 全面深化重点产业数字化转型

立足不同产业特点和差异化需求，推动传统产业全方位、全链条数字化转型，提高全要素生产率。大力提升农业数字化水平，推进“三农”综合信息服务，创新发展智慧农业，提升农业生产、加工、销售、物流等各环节数字化水平。纵深推进工业数字化转型，加快推动研发设计、生产制造、经营管理、市场服务等全生命周期数字化转型，加快培育一批“专精特新”中小企业和制造业单项冠军企业。深入实施智能制造工程，大力推动装备数字化，开展智能制造试点示范专项行动，完善国家智能制造标准体系。培育推广个性化定制、网络化协同等新模式。大力发展数字商务，全面加快商贸、物流、金融等服务业数字化转型，优化管理体系和服务模式，提高服务业的品质与效益。促进数字技术在全过程工程咨询领域的深度应用，引领咨询服务和工程建设模式转型升级。加快推动智慧能源建设应用，促进能源生产、运输、消费等各环节智能化升级，推动能源行业低碳转型。加快推进国土空间基础信息平台建设应用。推动产业互联网融通应用，培育供应链金融、服务型制造等融通发展模式，以数字技术促进产业融合发展。

3. 推动产业园区和产业集群数字化转型

引导产业园区加快数字基础设施建设，利用数字技术提升园区管理和服务能力。积极探索平台企业与产业园区联合运营模式，丰富技术、数据、平台、供应链等服务供给，提升线上线下相结合的资源共享水平，引导各类要素加快向园区集聚。围绕共性转型需求，推动共享制造平台在产业集群落地和规模化发展。探索发展跨越物理边界的“虚拟”产业园区和产业集群，加快产业资源虚拟化集聚、平台化运营和网络化协同，构建虚实结合的产业数字化新生态。依托京津冀、长三角、粤港澳大湾区、成渝地区双城经济圈等重点区域，统筹推进数字基础设施建设，探索建立各类产业集群跨区域、跨平台协同新机制，促进创新要素整合共享，构建创新协同、错位互补、供需联动的区域数字化发展生态，提升产业链供应链协同配套能力。

4. 培育支撑转型发展的服务生态

建立市场化服务与公共服务双轮驱动，技术、资本、人才、数据等多要素支撑的数字化转型服务生态，解决企业“不会转”“不能转”“不敢转”的难题。面向重点行业和企业转型需求，培育推广一批数字化解决方案。聚焦转型咨询、标准制定、测试评估等方向，培育一批第三方专业化服务机构，提升数字化转型服务市场规模和活力。支持高校、龙头企业、行业协会等加强协同，建设综合测试验证环境，加强产业共性解决方案供给。建设数字化转型促进中心，衔接集聚各类资源条件，提供数字化转型公共服务，打造区域产业数字化创新综合体，带动传统产业数字化转型。

（四）加快推动数字产业化

1. 增强关键技术创新能力

瞄准传感器、量子信息、网络通信、集成电路、关键软件、大数据、人工智能、区块链、新材料等战略性前瞻性领域，发挥我国社会主义制度优势、新型举国体制优势、超大规模市场优势，提高数字技术基础研发能力。以数字技术与各领域融合应用为导向，推动行业企业、平台企业和数字技术服务企业跨界创新，优化创新成果快速转化机制，加快创新技术的工程化、产业化。鼓励发展新型研发机构、企业创新联合体等新型创新主体，打造多元化参与、网络化协同、市场化运作的创新生态体系。支持具有自主核心技术的开源社区、开源平台、开源项目发展，推动创新资源共建共享，促进创新模式开放化演进。

2. 提升核心产业竞争力

着力提升基础软硬件、核心电子元器件、关键基础材料和生产装备的供给水平，强化关键产品自给保障能力。实施产业链强链补链行动，加强面向多元化应用场景的技术融合和产品创新，提升产业链关键环节竞争力，完善5G、集成电路、新能源汽车、人工智能、工业互联网等重点产业供应链体系。深化新一代信息技术集成创新和融合应用，加快平台化、定制化、轻量化服务模式创新，打造新兴数字产业新优势。协同推进信息技术软硬件产品产业化、规模化应用，加快集成适配和迭代优化，推动软件产业做大做强，提升关键软硬件技术创新和供给能力。

3. 加快培育新业态新模式

推动平台经济健康发展，引导支持平台企业加强数据、产品、内容等资源整合共享，扩大协同办公、互联网医疗等在线服务覆盖面。深化共享经济在生活服务领域的应用，拓展创新、生产、供应链等资源共享新空间。发展基于数字技术的智能经济，加快优化智能化产品和服务运营，培育智慧销售、无人配送、智能制造、反向定制等新增长点。完善多元价值传递和贡献分配体系，有序引导多样化社交、短视频、知识分享等新型就业创业平台发展。

4. 营造繁荣有序的产业创新生态

发挥数字经济领军企业的引领带动作用，加强资源共享和数据开放，推动线上线下相结合的创新协同、产能共享、供应链互通。鼓励开源社区、开发者平台等新型协作平台发展，培育大中小企业和社会开发者开放协作的数字产业创新生态，带动创新型企业快速壮大。以园区、行业、区域为整体推进产业创新服务平台建设，强化技术研发、标准制修订、测试评估、应用培训、创业孵化等优势资源汇聚，提升产业创新服务支撑水平。

（五）持续提升公共服务数字化水平

1. 提升“互联网＋政务服务”效能

全面提升全国一体化政务服务平台功能，加快推进政务服务标准化、规范化、便利化，持续提升政务服务数字化、智能化水平，实现利企便民高频服务事项“一网通办”。建立健全政务数据共享协调机制，加快数字身份统一认证和电子证照、电子签章、电子公文等互信互认，推进发票电子化改革，促进政务数据共享、流程优化和业务协同。推动政务服务线上线下整体联动、全流程在线、向基层深度拓展，提升服务便利化、共享化水平。开展政务数据与业务、服务深度融合创新，增强基于大数据的事项办理需求预测能力，打造主动式、多层次创新服务场景。聚焦公共卫生、社会安全、应急管理等领域，深化数字技术应用，实现重大突发公共事件的快速响应和联动处置。

2. 提高社会服务数字化普惠水平

加快推动文化教育、医疗健康、会展旅游、体育健身等领域公共服务资源数字化供给和网络化服务，促进优质资源共享复用。充分运用新型数字技术，强化就业、养老、儿童福利、托育、家政等民生领域供需对接，进一步优化资源配置。发展智慧广电网络，加快推进全国有线电视网络整合和升级改造。深入开展电信普遍服务试点，提升农村及偏远地区网络覆盖水平。加强面向革命老区、民族地区、边疆地区、脱贫地区的远程服务，拓展教育、医疗、社保、对口帮扶等服务内容，助力基本公共服务均等化。加强信息无障碍建设，提升面向特殊群体的数字化社会服务能力。促进社会服务和数字平台深度融合，探索多领域跨界合作，推动医养结合、文教结合、体医结合、文旅融合。

3. 推动数字城乡融合发展

统筹推动新型智慧城市和数字乡村建设，协同优化城乡公共服务。深化新型智慧城市建设，推动城市数据整合共享和业务协同，提升城市综合管理服务能力，完善城市信息模型平台和运行管理服务平台，因地制宜构建数字孪生城市。加快城市智能设施向乡村延伸覆盖，完善农村地区信息化服务供给，推进城乡要素双向自由流动，合理配置公共资源，形成以城带乡、共建共享的数字城乡融合发展格局。构建城乡常住人口动态统计发布机制，利用数字化手段助力提升城乡基本公共服务水平。

4. 打造智慧共享的新型数字生活

加快既有住宅和社区设施数字化改造，鼓励新建小区同步规划建设智能系统，打造智能楼宇、智能停车场、智能充电桩、智能垃圾箱等公共设施。引导智能家居产品互联互通，促进家居产品与家居环境智能互动，丰富"一键控制""一声响应"的数字家庭生活应用。加强超高清电视普及应用，发展互动视频、沉浸式视频、云游戏等新业态。创新发展"云生活"服务，深化人工智能、虚拟现实、8K 高清视频等技术的融合，拓展社交、购物、娱乐、展览等领域的应用，促进生活消费品质升级。鼓励建设智慧社区和智慧服务生活圈，推动公共服务资源整合，提升专业化、市场化服务水平。支持实体消费场所建设数字化消费新场景，推广智慧导览、智能导流、虚实交互体验、非接触式服务等应用，提升场景消费体验。培育一批新型消费示范城市和领先企业，打造数字产品服务展示交流和技能培训中心，培养全民数字消费意识和习惯。

（六）健全完善数字经济治理体系

1. 强化协同治理和监管机制

规范数字经济发展，坚持发展和监管两手抓。探索建立与数字经济持续健康发展相适应的治理方式，制定更加灵活有效的政策措施，创新协同治理模式。明晰主管部门、监管机构职责，强化跨部门、跨层级、跨区域协同监管，明确监管范围和统一规则，加强分工合作与协调配合。深化"放管服"改革，优化营商环境，分类清理规范不适应数字经济发展需要的行政许可、资质资格等事项，进一步释放市场主体创新活力和内生动力。鼓励和督促企业诚信经营，强化以信用为基础的数字经济市场监管，建立完善信用档案，推进政企联动、行业联动的信用共享共治。加强征信建设，提升征信服务供给能力。加快建立全方位、多层次、立体化监管体系，实现事前事中事后全链条全领域监管，完善协同会商机制，有效打击数字经济领域违法犯罪行为。加强跨部门、跨区域分工协作，推动监管数据采集和共享利用，提升监管的开放、透明、法治水平。探索开展跨场景跨业务跨部门联合监管试点，创新基于新技术手段的监管模式，建立健全触发式监管机制。加强税收监管和税务稽查。

2. 增强政府数字化治理能力

加大政务信息化建设统筹力度，强化政府数字化治理和服务能力建设，有效发挥对规范市场、鼓励创新、保护消费者权益的支撑作用。建立完善基于大数据、人工智能、区块链等新技术的统计监测和决策分析体系，提升数字经济治理的精准性、协调性和有效性。推进完善风险应急响应处置流程和机制，强化重大问题研判和风险预警，提升系统性风险防范水平。探索建立适应平台经济特点的监管机制，推动线上线下监管有效衔接，强化对平台经营者及其行为的监管。

3. 完善多元共治新格局

建立完善政府、平台、企业、行业组织和社会公众多元参与、有效协同的数字经济治理新格局，形成治理合力，鼓励良性竞争，维护公平有效市场。加快健全市场准入制度、公平竞争审查机制，完善数字经济公平竞争监管制度，预防和制止滥用行政权力排除限制竞争。进一步明确平台企业主体责任和义务，推进行业服务标准建设和行业自律，保护平台从业人员和消费者合法权益。开展社会监督、媒体监督、公众监督，培育多元治理、协调发展新生态。鼓励建立争议在线解决机制和渠道，制定并公示争议解决规则。引导社会各界积极参与推动数字经济治理，加强和改进反垄断执法，畅通多元主体诉求表达、权益保障渠道，及时化解矛盾纠纷，维护公众利益和社会稳定。

（七）着力强化数字经济安全体系

1. 增强网络安全防护能力

强化落实网络安全技术措施同步规划、同步建设、同步使用的要求，确保重要系统和设施安全有序运行。加强网络安全基础设施建设，强化跨领域网络安全信息共享和工作协同，健全完善网络安全应急事件预警通报机制，提升网络安全态势感知、威胁发现、应急指挥、协同处置和攻击溯源能力。提升网络安全应急处置能力，加强电信、金融、能源、交通运输、水利等重要行业领域关键信息基础设施网络安全防护能力，支持开展常态化安全风险评估，加强网络安全等级保护和密码应用安全性评估。支持网络安全保护技术和产品研发应用，推广使用安全可靠的信息产品、服务和解决方案。强化针对新技术、新应用的安全研究管理，为新产业新业态新模式健康发展提供保障。加快发展网络安全产业体系，促进拟态防御、数据加密等网络安全技术应用。加强网络安全宣传教育和人才培养，支持发展社会化网络安全服务。

2. 提升数据安全保障水平

建立健全数据安全治理体系，研究完善行业数据安全管理政策。建立数据分类分级保护制度，研究推进数据安全标准体系建设，规范数据采集、传输、存储、处理、共享、销毁全生命周期管理，推动数据使用者落实数据安全保护责任。依法依规加强政务数据安全保护，做好政务数据开放和社会化利用的安全管理。依法依规做好网络安全审查、云计算服务安全评估等，有效防范国家安全风险。健全完善数据跨境流动安全管理相关制度规范。推动提升重要设施设备的安全可靠水平，增强重点行业数据安全保障能力。进一步强化个人信息保护，规范身份信息、隐私信息、生物特征信息的采集、传输和使用，加强对收集使用个人信息的安全监管能力。

3. 切实有效防范各类风险

强化数字经济安全风险综合研判，防范各类风险叠加可能引发的经济风险、技术风险和社会稳定问题。引导社会资本投向原创性、引领性创新领域，避免低水平重复、同质化竞争、盲目跟风炒作等，支持可持续发展的业态和模式创新。坚持金融活动全部纳入金融监管，加强动态监测，规范数字金融有序创新，严防衍生业务风险。推动关键产品多元化供给，着力提高产业链供应链韧性，增强产业体系抗冲击能力。引导企业在法律合规、数据管理、新技术应用等领域完善自律机制，防范数字技术应用风险。健全失业保险、社会救助制度，完善灵活就业的工伤保险制度。健全灵活就业人员参加社会保险制度和劳动者权益保障制度，推进灵活就业人员参加住房公积金制度试点。探索建立新业态企业劳动保障信用评价、守信激励和失信惩戒等制度。着力推动数字经济普惠共享发展，健全完善针对未成年人、老年人等各类特殊群体的网络保护机制。

（八）有效拓展数字经济国际合作

1. 加快贸易数字化发展

以数字化驱动贸易主体转型和贸易方式变革，营造贸易数字化良好环境。完善数字贸易促进政策，加强制度供给和法律保障。加大服务业开放力度，探索放宽数字经济新业态准入，引进全球服务业跨国公司在华设立运营总部、研发设计中心、采购物流中心、结算中心，积极引进优质外资企业和创业团队，加强国际创新资源“引进来”。依托自由贸易试验区、数字服务出口基地和海南自由贸易港，针对跨境寄递物流、跨境支付和供应链管理等典型场景，构建安全便利的国际互联网数据专用通道和国际化数据信息专用通道。大力发展跨境电商，扎实推进跨境电商综合试验区建设，积极鼓励各业务环节探索创新，培育壮大一批跨境电商龙头企业、海外仓领军企业和优秀产业园区，打造跨境电商产业链和生态圈。

2. 推动“数字丝绸之路”深入发展

加强统筹谋划，高质量推动中国—东盟智慧城市合作、中国—中东欧数字经济合作。围绕多双边经贸合作协定，构建贸易投资开放新格局，拓展与东盟、欧盟的数字经济合作伙伴关系，与非盟和非洲国家研究开展数字经济领域合作。统筹开展境外数字基础设施合作，结合当地需求和条件，与共建“一带一路”国家开展跨境光缆建设合作，保障网络基础设施互联互通。构建基于区块链的可信服务网络和应用支撑平台，为广泛开展数字经济合作提供基础保障。推动数据存储、智能计算等新兴服务能力全球化发展。加大金融、物流、电子商务等领域的合作模式创新，支持我国数字经济企业“走出去”，积极参与国际合作。

3. 积极构建良好国际合作环境

倡导构建和平、安全、开放、合作、有序的网络空间命运共同体，积极维护网络空间主权，加强网络空间国际合作。加快研究制定符合我国国情的数字经济相关标准和治理规则。依托双边和多边合作机制，开展数字经济标准国际协调和数字经济治理合作。积极借鉴国际规则和经验，围绕数据跨境流动、市场准入、反垄断、数字人民币、数据隐私保护等重大问题探索建立治理规则。深化政府间数字经济政策交流对话，建立多边数字经济合作伙伴关系，主动参与国际组织数字经济议题谈判，拓展前沿领域合作。构建商事协调、法律顾问、知识产权等专业化中介服务机制和公共服务平台，防范各类涉外经贸法律风险，为出海企业保驾护航。

三、数字经济典型应用场景

数字经济是对人类社会的全方位赋能升级，它从根本上改变了经济社会的运行方式，这种改变是全方位、全领域的，其深度和广度都是历史上从未有过的。数字经济最为重要的特征之一就是加速迭代性，随着智能革命快速推进，其应用场景的变化令人目不暇接。这也许是数字经济、智能经济不同于商品经济、工业经济的显著标志。按照《数字经济规划》的总体布局，这里从工业、服务业、农业、社会治理、基建五种视角，选取当前经济社会运行的典型场景，对于数字经济场景应用的内容加以初步分析。

（一）重点工业领域网络化、数字化、智能化转型提升

1. 加快推动工业互联网创新发展

《数字经济规划》提出，深入实施工业互联网创新发展战略，鼓励工业企业利用5G、时间敏感网络（TSN）等技术改造升级企业内外网，完善标识解析体系，打造若干具有国际竞争力的工业互联网平台，提升安全保障能力，推动各行业加快数字化转型。5G和工业互联网是推动传统产业转型升级、培育发展先进制造业的重要支撑。目前，我国仍有大量传统产业企业处于数字化、网络化、智能化改造阶段，工业互联网将为5G应用开辟更广阔的空间。“5G＋工业互联网”正推动平台化设计、智能化制造、网络化协同、个性化定制、服务化延伸、数字化管理等应用模式向更多的重点行业

延伸，并已在采矿、钢铁、电力、石化化工等十大重点行业率先布局，形成远程设备操控、机器视觉质检、生产能效管控等二十大典型应用场景，标杆示范带动作用日益凸显。2022年，我国聚焦制造、矿山、电力、港口、医疗等重点行业，深度挖掘"5G+工业互联网"产线级、车间级典型应用场景，打造了一批5G全连接工厂标杆。"5G+工业互联网"在建项目超过1 800个，标识解析五大国家顶级节点和158个二级节点上线运行，标识注册总量近600亿；具有影响力的工业互联网平台超过100家，连接设备数超过7 600万台套；国家安全态势感知平台与31个省级系统全部实现对接，态势感知、风险预警和基础资源汇聚能力明显增强。①

随着数字经济加快蝶变，消费互联迈向工业互联，工业互联网正成为制造业数字化智能化转型的重要引擎。综合来看，工业互联网的供给侧加速了数字产业化，需求侧加速了产业数字化。当前，我国正在构建全球产业链新格局、重塑产业竞争新优势，这个过程也推动了工业互联网发展。

2. 加快推动工业网络化、数字化、智能化转型

智能制造指基于泛在感知技术，实现面向产品生产全生命周期的信息化、数字化、智能化的生产制造，是在传感技术、通信技术、自动控制、人工智能等创新技术基础上，通过网络化智能化的感知、交互、决策和执行技术，实现设计、制造以及服务的智能化，是通信技术、信息技术与制造技术的深度融合和创新集成。智能制造是制造强国建设的主攻方向，其发展程度直接关乎我国制造业的质量和水平。发展智能制造对于巩固实体经济根基、建成现代产业体系、实现新型工业化具有重要作用。智能制造是一个柔性系统，能够自主学习、适应新环境，自动运行整个生产流程，强化制造企业的数据洞察能力，实现智能化控制和管理，是现代工业制造信息化发展的新阶段。②

《数字经济规划》提出，实施智能制造试点示范行动，建设智能制造示范工厂，培育智能制造先行区。针对产业痛点、堵点，分行业制定数字化转型路线图，面向原材料、消费品、装备制造、电子信息等重点行业开展数字化转型示范和评估，加大标杆应用推广力度。2021年12月，工业和信息化部、国家发展改革委等八部门印发《"十四五"智能制造发展规划》，提出了智能制造的一系列发展目标。其中，到2025年的主要目标是：一是转型升级成效显著，70%的规模以上制造业企业基本实现数字化网络化，建成500个以上引领行业发展的智能制造示范工厂，制造业企业生产效率、产品良品率、能源资源利用率等显著提升，智能制造能力成熟度水平明显提升；二是供给能力明显增强，智能制造装备和工业软件技术水平和市场竞争力显著提升，市场满足率分别超过70%和50%，培育150家以上专业水平高、服务能力强的智能制造系统解决方案供应商；三是基础支撑更加坚实，建设一批智能制造创新载体和公共服务平

① 黄鑫."5G+工业互联网"加速赋能实体经济[N].经济日报，2022-01-14(1).

② 徐宪平.新基建：数字时代的新结构性力量[M].北京：人民出版社，2020：171.

台，构建适应智能制造发展的标准体系和网络基础设施，完成200项以上国家、行业标准的制修订，建成120个以上具有行业和区域影响力的工业互联网平台。

（二）重点服务业领域网络化、数字化、智能化转型提升

1. 加快金融领域网络化、数字化、智能化转型

《数字经济规划》提出，合理推动大数据、人工智能、区块链等技术在银行、证券、保险等领域的深化应用，发展智能支付、智慧网点、智能投顾、数字化融资等新模式，稳妥推进数字人民币研发，有序开展可控试点。其中，最引人关注的当属数字人民币的发行。数字人民币是指央行发行的数字形式的法定货币。就数字货币的层面而言，数字人民币主要定位于现金类支付凭证（M0），其功能和属性与流通中的纸币一致，只不过形态是数字化的。从电子支付的定位出发，数字人民币还是一种具有价值特征的数字支付工具。简而言之，数字人民币并不是一种新的货币，实质上是人民币的数字化形态。①

2022年2月，中国人民银行、市场监管总局、银保监会、证监会联合印发《金融标准化“十四五”发展规划》。规划提出，要研究制定法定数字货币信息安全标准，保障流通过程中的可存储性、不可伪造性、不可重复交易性、不可抵赖性。2019年末以来，央行在深圳、苏州、雄安、成都开展数字人民币试点测试；从2020年11月开始，又增加了上海、海南、长沙、西安、青岛、大连6个新的试点地区；2022年初，北京冬奥会场景纳入数字人民币试点测试，从而形成了“10＋1”个试点地区。2022年4月2日，中国人民银行公布，已于3月31日召开的数字人民币研发试点工作座谈会上，宣布有序扩大数字人民币试点范围，增加天津市、重庆市、广东省广州市、福建省福州市和厦门市、浙江省承办亚运会的6个城市作为试点地区，北京市和河北省张家口市在2022年北京冬奥会、冬残奥会场景试点结束后转为试点地区。②

2. 提升商务领域网络化、数字化、智能化水平

《数字经济规划》提出，打造大数据支撑、网络化共享、智能化协作的智慧供应链体系。健全电子商务公共服务体系，汇聚数字赋能服务资源，支持商务领域中小微企业数字化转型升级。提升贸易数字化水平。引导批发零售、住宿餐饮、租赁和商务服务等传统业态积极开展线上线下、全渠道、定制化、精准化营销创新。

2021年7月，商务部印发《“十四五”商务发展规划》。规划提出，顺应数字经济快速发展趋势，以数字化转型推动商务发展创新和治理效能提升。打造数字商务新优势，充分发挥数据要素作用，积极发展新业态新模式，促进5G、大数据、人工智能、物联网、区块链等先进技术与商务发展深度融合，推动商务领域产业数字化和数字产业

---

① 徐向梅. 数字人民币渐行渐近[N]. 经济日报，2022-03-13(8).

② 陈果静. 数字人民币加速融入生活[N]. 经济日报，2022-04-03(1).

化，提升商务发展数字化水平。营造良好数字生态，构建与数字商务发展相适应的政策和监管体系，促进平台经济、共享经济等健康发展，深化数字商务领域国际交流合作。提高数字治理能力，稳步推进“互联网＋政务服务”，推动政务信息化建设，加强公共数据共享，提升商务治理数字化智能化水平。探索运用大数据分析，加快构建数字技术辅助商务决策机制。

2021年10月，商务部等二十四部门印发《“十四五”服务贸易发展规划》。规划提出，顺应经济社会数字化发展新趋势，抢抓数字经济和数字贸易发展机遇，发挥新型服务外包创新引领作用，加快推进服务贸易数字化进程。稳步推进数字技术贸易，提升云计算服务、通信技术服务等数字技术贸易业态关键核心技术自主权和创新能力。积极探索数据贸易，建立数据资源产权、交易流通等基础制度和标准规范，逐步形成较为成熟的数据贸易模式。

2021年10月，商务部等三部门印发《“十四五”电子商务发展规划》。规划提出，电子商务是通过互联网等信息网络销售商品或者提供服务的经营活动，是数字经济和实体经济的重要组成部分，是催生数字产业化、拉动产业数字化、推进治理数字化的重要引擎，是提升人民生活品质的重要方式，是推动国民经济和社会发展的重要力量。我国电子商务已深度融入生产生活各领域，在经济社会数字化转型方面发挥了举足轻重的作用。“十四五”时期，电子商务将充分发挥联通线上线下、生产消费、城市乡村、国内国际的独特优势，全面践行新发展理念，以新动能推动新发展，成为促进强大国内市场、推动更高水平对外开放、抢占国际竞争制高点、服务构建新发展格局的关键动力。要立足电子商务连接线上线下、衔接供需两端、对接国内国外市场的重要定位，通过数字技术和数据要素双轮驱动，提升电子商务企业核心竞争力，做大、做强、做优电子商务产业，深化电子商务在各领域融合创新发展，赋能经济社会数字化转型。到2025年，力争实现电子商务与一二三产业加速融合，全面促进产业链供应链数字化改造，电子商务成为助力传统产业转型升级和乡村振兴的重要力量。电子商务深度链接国内国际市场，企业国际化水平显著提升，统筹全球资源能力进一步增强。

3. 深度推进智慧物流业转型发展

《数字经济规划》提出，加快对传统物流设施的数字化改造升级，促进现代物流业与农业、制造业等产业融合发展。加快建设跨行业、跨区域的物流信息服务平台，实现需求、库存和物流信息的实时共享，探索推进电子提单应用。建设智能仓储体系，提升物流仓储的自动化、智能化水平。

2021年8月，商务部等九部门印发《商贸物流高质量发展专项行动计划（2021—2025年）》。文件提出，商贸物流是指与批发、零售、住宿、餐饮、居民服务等商贸服务业及进出口贸易相关的物流服务活动，是现代流通体系的重要组成部分，是扩大内需和促进消费的重要载体，是连接国内国际市场的重要纽带。推动5G、大数据、物联网、人工智能等现代信息技术与商贸物流全场景融合应用，提升商贸物流全流程、全要素资源数字化水平。支持传统商贸物流设施数字化、智能化升级改造，加快高端标准仓库、智能立体仓库建设。完善末端智能配送设施，推进自助提货柜、智能生鲜柜、智能快件箱(信包箱)等配送设施进社区。

2022年1月，国务院印发《"十四五"现代综合交通运输体系发展规划》。规划提出，推动互联网、大数据、人工智能、区块链等新技术与交通行业深度融合，推进先进技术装备应用，构建泛在互联、柔性协同、具有全球竞争力的智能交通系统。建设综合货运枢纽系统，优先利用现有物流园区以及货运场站等设施，规划建设多种运输方式高效融合的综合货运枢纽，引导冷链物流、邮政快递、分拨配送等功能设施集中布局。完善货运枢纽的集疏运铁路、公路网络，加快建设多式联运设施，推进口岸换装转运设施扩能改造。推进120个左右国家物流枢纽建设。完善以物流园区、配送中心、末端配送站为支撑的城市三级物流配送网络，加强与干线运输、区域分拨有效衔接。加快多式联运信息共享，强化不同运输方式标准和规则的衔接。发展专业化物流服务，强化国家骨干冷链物流基地功能，完善综合货运枢纽冷链物流服务设施。推动大宗货物储运一体化，推广大客户定制服务。优化重点制造业供应链物流组织，提升交通运输对智能制造、柔性制造的服务支撑能力。开展快递服务质量品牌创建行动，发展航空快递、高铁快递等差异化产品。推进快递进村，推进快递进厂，深度嵌入产业链价值链，发展入厂物流、线边物流等业务完善寄递末端服务。推广无人车、无人机运输投递，稳步发展无接触递送服务。支持即时寄递、仓递一体化等新业态新模式发展。

4. 融合推进智慧文旅产业转型升级

《数字经济规划》提出，加快优秀文化和旅游资源的数字化转化和开发，推动景区、博物馆等发展线上数字化体验产品，发展线上演播、云展览、沉浸式体验等新型文旅服务，培育一批具有广泛影响力的数字文化品牌。

2020年12月，文化和旅游部印发《关于推动数字文化产业高质量发展的意见》。意见提出，以满足人民日益增长的美好生活需要为根本目的，顺应数字产业化和产业数字化发展趋势，实施文化产业数字化战略，加快发展新型文化企业、文化业态、文化消费模式，改造提升传统业态，提高质量效益和核心竞争力，健全现代文化产业体系，围绕产业链部署创新链、围绕创新链布局产业链，促进产业链和创新链精准对接，推进文化产业"上云用数赋智"，推动线上线下融合，扩大优质数字文化产品供给，促进消费升级，积极融入以国内大循环为主体、国内国际双循环相互促进的新发展格局，促进满足人民文化需求和增强人民精神力量相统一。要落实国家文化大数据体系建设部署，共建共享文化产业数据管理服务体系，促进文化数据资源融通融合。把握科技发展趋势，集成运用新技术，创造更多产业科技创新成果，为高质量文化供给提供强有力支撑。

2021年5月，文化和旅游部印发《"十四五"文化和旅游发展规划》。规划提出，顺应数字产业化和产业数字化发展趋势，推动新一代信息技术在文化创作、生产、传播、消费等各环节的应用，推进“上云用数赋智”，加强创新链和产业链对接。推动数字文化产业加快发展，发展数字创意、数字娱乐、网络视听、线上演播、数字艺术展示、沉浸式体验等新业态，丰富个性化、定制化、品质化的数字文化产品供给。改造提升演艺、娱乐、工艺美术等传统文化业态，推进动漫产业提质升级。提高创意设计发展水平，促进创意设计与实体经济、现代生产生活、消费需求对接。推进文化与信息、工业、农业、体育、健康等产业融合发展，提高相关产业的文化内涵和附加值。推动演艺产业上线上云，巩固线上演播商业模式。推动上网服务、歌舞娱乐、游艺娱乐等行业全面转型升级，引导发展新业态、新模式，提升服务质量，拓展服务人群。实施创客行动，激发创新创业活力。实施文化品牌战略，打造一批有影响力、代表性的文化品牌。加强旅游信息基础设施建设，深化“互联网＋旅游”，加快推进以数字化、网络化、智能化为特征的智慧旅游发展。加强智慧旅游相关标准建设，打造一批智慧旅游目的地，培育一批智慧旅游创新企业和示范项目。推进预约、错峰、限量常态化，建设景区监测设施和大数据平台。以提升便利度和改善服务体验为导向，推动智慧旅游公共服务模式创新。培育云旅游、云直播，发展线上数字化体验产品。鼓励定制、体验、智能、互动等消费新模式发展，打造沉浸式旅游体验新场景。

（三）加快推进数字乡村建设

1. 提升信息惠农服务水平

《数字经济规划》提出，构建乡村综合信息服务体系，丰富市场、科技、金融、就业培训等涉农信息服务内容，推进乡村教育信息化应用，推进农业生产、市场交易、信贷保险、农村生活等数字化应用。数字乡村建设是伴随网络化、信息化和数字化在农业农村发展中的应用，以及农民现代信息技能的提高而内生的农业农村现代化发展和转型进程，既是乡村振兴的战略方向，也是建设数字中国的重要内容。数字乡村建设的关键点在于推进农业数字化转型，加快云计算、大数据、物联网、人工智能在农业生产经营管理中的推广和运用，促进新一代信息技术与种植业、种业、畜牧业、渔业、农产品加工业全面深度融合应用，打造科技农业、智慧农业、品牌农业，建设智慧农（牧）。2019 年 5 月，中共中央办公厅、国务院办公厅印发《数字乡村发展战略纲要》。纲要提出，完善信息终端和服务供给，鼓励开发适应“三农”特点的信息终端、技术产品、移动互联网应用（APP）软件，推动民族语言音视频技术研发应用，全面实施信息进村入户工程，构建为农综合服务平台。2022 年 2 月，国务院印发《“十四五”推进农业农村现代化规划》。规划提出，要实施数字乡村建设工程，加快农村光纤宽带、移动互联网、数字电视网和下一代互联网发展，支持农村及偏远地区信息通信基础设施建设，加快推动遥感卫星数据在农业农村领域中的应用，推动农业生产加工和农村地区水利、公路、电力、物流、环保等基础设施数字化、智能化升级，开发适应“三农”特点的信息终端、技术产品、移动互联网应用软件，构建面向农业农村的综合信息服务体系。

2. 推进乡村治理网络化、数字化、智能化

《数字经济规划》提出，推动基本公共服务更好向乡村延伸，推进涉农服务事项线上线下一体化办理。推动农业农村大数据应用，强化市场预警、政策评估、监督执法、资源管理、舆情分析、应急管理等领域的决策支持服务。《数字乡村发展战略纲要》提出，提升乡村治理能力，提高农村社会综合治理精细化、现代化水平。推进村委会规范化建设，开展在线组织帮扶，培养村民公共精神。推动"互联网＋社区"向农村延伸，提高村级综合服务信息化水平，大力推动乡村建设和规划管理信息化。加快推进实施农村"雪亮工程"，深化平安乡村建设。加快推进"互联网＋公共法律服务"，建设法治乡村。依托全国一体化在线政务服务平台，加快推广"最多跑一次""不见面审批"等改革模式，推动政务服务网上办、马上办、少跑快办，提高群众办事便捷程度。《"十四五"推进农业农村现代化规划》提出，要构建线上线下相结合的乡村数字惠民便民服务体系，推进"互联网＋"政务服务向农村基层延伸。深化乡村智慧社区建设，推广村级基础台账电子化，建立集党务村务、监督管理、便民服务于一体的智慧综合管理服务平台。加强乡村教育、医疗、文化数字化建设，推进城乡公共服务资源开放共享，不断缩小城乡"数字鸿沟"。持续推进农民手机应用技能培训，加强农村网络治理。

（四）全面推进社会治理与服务网络化、数字化、智能化

1. 加快推进数字政府转型

2021 年 3 月颁布的《"十四五"规划纲要》提出，将数字技术广泛应用于政府管理服务，推动政府治理流程再造和模式优化，不断提高决策科学性和服务效率。要加强公共数据开放共享，推动政务信息化共建共用，全面推进政府运行方式、业务流程和服务模式数字化智能化。深化"互联网＋政务服务"，提升全流程一体化在线服务平台功能。加快构建数字技术辅助政府决策机制，提高基于高频大数据精准动态监测预测预警水平。强化数字技术在公共卫生、自然灾害、事故灾难、社会安全等突发公共事件应对中的应用，全面提升预警和应急处置能力，提高数字政府建设水平。

2021 年 12 月，经国务院同意，国家发展改革委印发《"十四五"推进国家政务信息化规划》。文件提出，要顺应数字化转型趋势，以数字化转型驱动治理方式变革，充分发挥数据赋能作用，全面提升政府治理的数字化、网络化、智能化水平。要加快转变政府职能，加强新技术创新应用，推动政府治理流程再造和模式优化，不断提高决策科学性和行政效率。要全面提升建设效能，创新政务信息化建设应用模式，加强资源集约统筹利用，实现政务信息化建设由投资驱动向效能驱动转变。要优化政务服务水平，坚持以人民为中心的发展思想，优化政务服务质量，提升政务服务便利化水平，不断提升人民群众的获得感。文件进一步明确，要依托跨部门、跨地区、跨层级的技术融合、数据融合、业务融合，实施政务信息化创新，逐步形成平台化协同、在线化服

务、数据化决策、智能化监管的新型数字政府治理模式，使得经济调节、市场监管、社会治理、公共服务和生态环境等领域的数字治理能力显著提升，网络安全保障能力进一步增强，有力支撑国家治理体系和治理能力现代化。

2022 年 3 月，国务院印发《关于加快推进政务服务标准化规范化便利化的指导意见》。意见提出，要加快转变政府职能、深化“放管服”改革、持续优化营商环境，加强跨层级、跨地域、跨系统、跨部门、跨业务协同管理和服务，充分发挥全国一体化政务服务平台“一网通办”支撑作用，进一步推进政务服务运行标准化、服务供给规范化、企业和群众办事便利化，有效服务生产要素自由流动和畅通国民经济循环，更好满足人民日益增长的美好生活需要，为推动高质量发展、创造高品质生活、推进国家治理体系和治理能力现代化提供有力支撑。力争到 2022 年底前，实现国家、省、市、县、乡五级政务服务能力和水平显著提升；国家政务服务事项基本目录统一编制、联合审核、动态管理、全面实施机制基本建立；政务服务中心综合窗口全覆盖，全国一体化政务服务平台全面建成，“一网通办”服务能力显著增强，企业和群众经常办理的政务服务事项实现“跨省通办”。2025 年底前，实现政务服务标准化、规范化、便利化水平大幅提升，高频政务服务事项实现全国无差别受理、同标准办理；高频电子证照实现全国互通互认，“免证办”全面推行；集约化办事、智慧化服务实现新的突破，“网上办、掌上办、就近办、一次办”更加好办易办，政务服务线上线下深度融合、协调发展，方便快捷、公平普惠、优质高效的政务服务体系全面建成。

2. 加快推进新型智慧城市建设

随着大数据、人工智能、物联网等前沿技术的应用，越来越多国家和地区积极拓展智慧城市应用场景，切实提升城市管理成效，改善民众生活质量。城市的智能化程度是城市发展水平与核心竞争力的重要体现。《数字经济规划》提出，我国在“十四五”时期，要分级分类推进新型智慧城市建设，结合新型智慧城市评价结果和实践成效，遴选有条件的地区建设一批新型智慧城市示范工程，围绕惠民服务、精准治理、产业发展、生态宜居、应急管理等领域打造高水平新型智慧城市样板，着力突破数据融合难、业务协同难、应急联动难等痛点问题。要加强新型智慧城市总体规划与顶层设计，创新智慧城市建设、应用、运营等模式，建立完善智慧城市的绩效管理、发展评价、标准规范体系，推进智慧城市规划、设计、建设、运营的一体化、协同化，建立智慧城市长效发展的运营机制。

2022 年 3 月，国家发展改革委印发《2022 年新型城镇化和城乡融合发展重点任务》。文件提出，要完善国土空间基础信息平台，构建全国国土空间规划“一张图”。探索建设“城市数据大脑”，加快构建城市级大数据综合应用平台，打通城市数据感知、分析、决策、执行环节。推进市政公用设施及建筑等物联网应用、智能化改造，促进学校、医院、养老院、图书馆等资源数字化。推进政务服务智慧化，提供商事登记、办税缴费、证照证明、行政许可等线上办事便利。

2022 年 3 月，住房和城乡建设部办公厅印发《关于全面加快建设城市运行管理服务平台的通知》。通知提出，要在开展城市综合管理服务平台建设和联网工作的基础上，全面加快建设城市运行管理服务平台，推动城市运行管理“一网统管”。要以物联网、大数据、人工智能、5G移动通信等前沿技术为支撑，整合城市运行管理服务相关信息系统，汇聚共享数据资源，加快现有信息化系统的迭代升级，全面建成城市运管服平台，加强对城市运行管理服务状况的实时监测、动态分析、统筹协调、指挥监督和综合评价。城市运行管理服务平台包括国家城市运管服平台、省级城市运管服平台、市级城市运管服平台，国家、省、市三级平台互联互通、数据同步、业务协同，是“一网统管”的基础平台，也是各级、各部门以及市民群众都可以使用的开放平台。通知要求，力争在2025年底前，城市运行管理“一网统管”体制机制基本完善，城市运行效率和风险防控能力明显增强，城市科学化精细化智能化治理水平大幅提升。

3. 加快推进智慧教育

《数字经济规划》提出，推进教育新型基础设施建设，构建高质量教育支撑体系。深入推进智能教育示范区建设，进一步完善国家数字教育资源公共服务体系，提升在线教育支撑服务能力，推动“互联网＋教育”持续健康发展，充分依托互联网、广播电视网络等渠道推进优质教育资源覆盖农村及偏远地区学校。

2021年7月，教育部等六部门印发《关于推进教育新型基础设施建设构建高质量教育支撑体系的指导意见》。意见提出，教育新型基础设施是以新发展理念为引领，以信息化为主导，面向教育高质量发展需要，聚焦信息网络、平台体系、数字资源、智慧校园、创新应用、可信安全等方面的新型基础设施体系。要深入应用5G、人工智能、大数据、云计算、区块链等新一代信息技术，充分发挥数据作为新型生产要素的作用，推动教育数字转型。要以技术迭代、软硬兼备、数据驱动、协同融合、平台聚力、价值赋能为特征，加快推进教育新基建；以教育新基建壮大新动能、创造新供给、服务新需求，促进线上线下教育融合发展，推动教育数字转型、智能升级、融合创新，支撑教育高质量发展。

2022年1月，全国教育工作会议明确指出“实施教育数字化战略行动”。这既是我国信息技术和现代教育融合发展的必然要求，也是“十四五”时期加快教育数字化转型的重要战略。教育数字化，就是指通过“平台＋教育资源”构建教育信息化新生态，在国家层面制定教育数字化的统一用户标准、资源标准、服务标准、管理标准，涵盖国家级平台、省级平台、市县及学校平台的教育资源，在遵循统一的平台数据空间服务等基本功能规范、确保基本功能要求的前提下，实现教育个性化服务和教育公平均衡发展。①

2022年3月28日，国家智慧教育平台正式上线。国家智慧教育平台是国家教育公共服务的综合集成平台，聚焦学生学习、教师教学、学校治理、赋能社会、教育创新等功能，是教育数字化战略行动取得的阶段性成果。要依托国家教育平台支撑，抓住

---

① 徐晓明. 教育高质量发展，数字化转型路在何方[N]. 光明日报，2022-04-05(5).

数字教育发展战略机遇，以高水平的教育信息化数字化引领教育现代化。一要建立教育数字化公共服务体系。把国家智慧教育平台打造成提供公共服务的国家平台，学生学习交流的平台，教师教书育人的平台，学校办学治校与合作交流的平台，教育提质增效和改革发展的平台，实现个性化学习、终身学习和教育现代化的平台。二要坚持优先服务师生和社会急需，支撑抗疫大局。为抗疫一线师生打造一所永远在线的网上课堂，加强抗疫知识学习、心理健康教育和引导。三要坚持自立自强，强化效果导向、服务至上，引领教育变革。运用平台深化“双减”、赋能职教、创新高校教育改革、深化评价改革，突出效果导向，推进应用服务支持。四要坚持守正创新，加强体制机制建设，推动共建共享。汇聚众力、广集众智，为各方协同发展、共建共享数字社会创造契机。五要坚持高水平开放合作，打造国家品牌。加强国际交流，探索数字治理方式，努力成为智慧教育的国际引领者。①

4. 加快推进智能医疗与数字健康

早在2016年10月，中共中央、国务院印发的《“健康中国2030”规划纲要》就提出，要建设医疗质量管理与控制信息化平台，实现全行业全方位精准、实时管理与控制，持续改进医疗质量和医疗安全，提升医疗服务同质化程度，再住院率、抗菌药物使用率等主要医疗服务质量指标达到或接近世界先进水平。积极促进健康与养老、旅游、互联网、健身休闲、食品融合，催生健康新产业、新业态、新模式。发展基于互联网的健康服务，鼓励发展健康体检、咨询等健康服务，促进个性化健康管理服务发展，培育一批有特色的健康管理服务产业，探索推进可穿戴设备、智能健康电子产品和健康医疗移动应用服务等发展。发展专业医药园区，支持组建产业联盟或联合体，构建创新驱动、绿色低碳、智能高效的先进制造体系，提高产业集中度，增强中高端产品供给能力。

2021年3月颁布的《“十四五”规划纲要》提出，把保障人民健康放在优先发展的战略位置，坚持预防为主的方针，深入实施健康中国行动，完善国民健康促进政策，织牢国家公共卫生防护网，为人民提供全方位全生命期健康服务。将符合条件的互联网医疗服务纳入医保支付范围，落实异地就医结算。扎实推进医保标准化、信息化建设，提升经办服务水平。《数字经济规划》也提出，加快完善电子健康档案、电子处方等数据库，推进医疗数据共建共享。推进医疗机构数字化、智能化转型，加快建设智慧医院，推广远程医疗。精准对接和满足群众多层次、多样化、个性化医疗健康服务需求，发展远程化、定制化、智能化数字健康新业态，提升“互联网＋医疗健康”服务水平。

2023年3月，中共中央办公厅、国务院办公厅印发《关于进一步完善医疗卫生服务体系的意见》。意见提出，要发挥信息技术支撑作用，发展“互联网＋医疗健康”，建

---

① 丁雅诵. 教育数字化战略行动取得阶段性成果，国家智慧教育平台正式上线[N]. 人民日报，2022-03-29(13).

设面向医疗领域的工业互联网平台，加快推进互联网、区块链、物联网、人工智能、云计算、大数据等在医疗卫生领域中的应用，加强健康医疗大数据共享交换与保障体系建设。建立跨部门、跨机构公共卫生数据共享调度机制和智慧化预警多点触发机制。推进医疗联合体内信息系统统一运营和互联互通，加强数字化管理。加快健康医疗数据安全体系建设，强化数据安全监测和预警，提高医疗卫生机构数据安全防护能力，加强对重要信息的保护。

数据显示，截至2020年底，我国二级及以上公立医院中，51.2%开展预约诊疗，91.6%开展临床路径管理，63.2%开展远程医疗服务，86.7%参与同级检查结果互认，93.7%开展优质护理服务。从最近几年的探索实践看，“互联网＋分级诊疗”是实现我国居民健康公平的基本保障。2018年底，互联网医院数只有100多家。到2021年6月，互联网医院猛增到1 600家，超过7 700家二级以上医院提供线上服务。第三方平台纷纷开通互联网医疗服务，进一步方便了患者。[①] 2023年3月2日，中国互联网络信息中心在北京发布的第51次《中国互联网络发展状况统计报告》称，我国互联网医疗规范化水平持续提升。截至2022年12月，互联网医疗用户规模达3.63亿，占网民整体的34%，同比增长21.7%，成为当年用户规模增长最快的应用。

5. 加快推进城乡智慧社区建设

《数字经济规划》提出，充分依托已有资源，推动建设集约化、联网规范化、应用智能化、资源社会化，实现系统集成、数据共享和业务协同，更好提供服务、商超、家政、托育、养老、物业等社区服务资源，扩大感知智能技术应用，推动社区服务智能化，提升城乡社区服务效能。

2017年6月，中共中央、国务院印发《关于加强和完善城乡社区治理的意见》。意见提出，增强社区信息化应用能力，提高城乡社区信息基础设施和技术装备水平，加强一体化社区信息服务站、社区信息亭、社区信息服务自助终端等公益性信息服务设施建设。实施“互联网＋社区”行动计划，加快互联网与社区治理和服务体系的深度融合，运用社区论坛、微博、微信、移动客户端等新媒体，引导社区居民密切日常交往、参与公共事务、开展协商活动、组织邻里互助，探索网络化社区治理和服务新模式。按照分级分类推进新型智慧城市建设要求，务实推进智慧社区信息系统建设，积极开发智慧社区移动客户端，实现服务项目、资源和信息的多平台交互和多终端同步。加强农村社区信息化建设，全面提升城乡社区治理法治化、科学化、精细化水平和组织化程度，促进城乡社区治理体系和治理能力现代化。

2021年3月颁布的《“十四五”规划纲要》提出，要推动社会治理和服务重心下移、资源下沉，提高城乡社区精准化精细化服务管理能力。构建网格化管理、精细化服务、信息化支撑、开放共享的基层管理服务平台，推动就业社保、养老托育、扶残助残、医疗卫生、家政服务、物流商超、治安执法、纠纷调处、心理援助等便民服务场景有机

① 申少铁.健康中国建设持续推进[N].人民日报，2022-01-15(5).

集成和精准对接。

2021年7月，中共中央、国务院印发《关于加强基层治理体系和治理能力现代化建设的意见》。意见提出，要加强基层智慧治理能力建设，以改革创新和制度建设、能力建设为抓手，建立健全基层治理体制机制，推动政府治理同社会调节、居民自治良性互动，提高基层治理社会化、法治化、智能化、专业化水平。一是做好规划建设。市、县级政府要将乡镇（街道）、村（社区）纳入信息化建设规划，统筹推进智慧城市、智慧社区基础设施、系统平台和应用终端建设，强化系统集成、数据融合和网络安全保障。健全基层智慧治理标准体系，推广智能感知等技术。二是整合数据资源。实施“互联网＋基层治理”行动，完善乡镇（街道）、村（社区）地理信息等基础数据，共建全国基层治理数据库，推动基层治理数据资源共享，根据需要向基层开放使用。完善乡镇（街道）与部门政务信息系统数据资源共享交换机制。推进村（社区）数据资源建设，实行村（社区）数据综合采集，实现一次采集、多方利用。三是拓展应用场景。加快全国一体化政务服务平台建设，推动各地政务服务平台向乡镇（街道）延伸，建设开发智慧社区信息系统和简便应用软件，提高基层治理数字化智能化水平，提升政策宣传、民情沟通、便民服务效能，让数据多跑路、群众少跑腿。充分考虑老年人习惯，推行适老化和无障碍信息服务，保留必要的线下办事服务渠道。

2022年1月，国务院办公厅发布《“十四五”城乡社区服务体系建设规划》。规划提出，要加快社区服务数字化建设。一是提高数字化政务服务效能。充分发挥全国一体化政务服务平台作用，推动“互联网＋政务服务”向乡镇（街道）、村（社区）延伸覆盖。加快部署政务通用自助服务一体机，完善村（社区）政务自助便民服务网络布局。实施“互联网＋基层治理”行动，完善乡镇（街道）、村（社区）地理信息等基础数据，根据服务群众需要，依法依规向村（社区）开放数据资源，发挥村（社区）信息为民服务实效。充分依托已有设施，鼓励多方参与建设开发智慧社区信息系统和简便应用软件，增加政务服务事项网上受理、办理数量和种类。充分考虑老年人、残疾人习惯和特点，推动互联网应用适老化及无障碍改造。推动政务服务平台、社区感知设施、家庭终端和城乡安全风险监测预警系统建设及互联互通，发展实时监测、智能预警、应急救援救护和智慧养老等社区惠民服务应用。深化全国基层政权建设和社区治理信息系统、中国智慧社区服务网推广应用，拓展社区服务功能，组织开展在线服务评价工作。二是构筑美好数字服务新场景。开发社区协商议事、政务服务办理、养老、家政、卫生、托育等网上服务项目应用，推动社区物业设备设施、安防等智能化改造升级。集约建设智慧社区信息系统，开发智慧社区移动应用服务，加速线上线下融合。推进数字社区服务圈、智慧家庭建设，促进社区家庭联动智慧服务生活圈发展。大力发展社区电子商务，探索推动无人物流配送进社区。推动“互联网＋”与社区服务的深度融合，逐步构建服务便捷、管理精细、设施智能、环境宜居、私密安全的智慧社区。以县（市、区、旗）为单位，支持利用互联网、物联网、区块链等现代信息技术，深入组织开展智慧社区、现代社区服务体系试点建设，高效匹配社区全生活链供需，扩大多层次便利化社会服务供给。鼓励社会资本投资建设智慧社区，运用第五代移动通信(5G)、物联网等现代信息技术推进智慧社区信息基础设施建设。

6. 健康推进社会保障服务网络化、数字化、智能化

《数字经济规划》提出，完善社会保障大数据应用，开展跨地区、跨部门、跨层级数据共享应用，加快实现“跨省通办”。健全风险防控分类管理，加强业务运行监测，构建制度化、常态化数据核查机制。加快推进社保经办数字化转型，为参保单位和个人搭建数字全景图，支持个性服务和精准监管。2020 年 8 月 20 日，习近平总书记在扎实推进长三角一体化发展座谈会上指出：“要探索以社会保障卡为载体建立居民服务‘一卡通’，在交通出行、旅游观光、文化体验等方面率先实现‘同城待遇’。”2020 年 11 月，人力资源和社会保障部印发《电子社会保障卡服务渠道管理办法（试行）》《电子社会保障卡服务渠道接入安全技术规范（1.0 版）》等文件，旨在规范有序地推进电子社会保障卡工作、进一步提高电子社会保障卡的服务水平、加强电子社会保障卡的安全防护能力。以社会保障卡为载体、以智能“一卡通”为技术支撑的社会保障制度体系以及与此相关的居民服务体系，构成了线上线下智能化、场景化、综合性交互虚实网络，并在其不断演进过程中，科学地推进我国社会保障制度与社会服务深入全面展开。

7. 加快推进智能养老事业发展

2019 年 4 月，国务院办公厅发布《关于推进养老服务发展的意见》。意见提出，要实施“互联网＋养老”行动。持续推动智慧健康养老产业发展，拓展信息技术在养老领域的应用，制定智慧健康养老产品及服务推广目录，开展智慧健康养老应用试点示范。促进人工智能、物联网、云计算、大数据等新一代信息技术和智能硬件等产品在养老服务领域深度应用。在全国建设一批“智慧养老院”，推广物联网和远程智能安防监控技术，实现 24 小时安全自动值守，降低老年人意外风险，改善服务体验。运用互联网和生物识别技术，探索建立老年人补贴远程申报审核机制。加快建设国家养老服务管理信息系统，推进与户籍、医疗、社会保险、社会救助等信息资源对接。加强老年人身份、生物识别等信息安全保护。

2020 年 11 月，国务院办公厅印发《关于切实解决老年人运用智能技术困难的实施方案》。方案提出，要持续推动充分兼顾老年人需要的智慧社会建设，坚持传统服务方式与智能化服务创新并行，切实解决老年人在运用智能技术方面遇到的困难。要聚焦老年人日常生活涉及的高频事项，为老年人提供更周全、更贴心、更直接的便利化服务，做实做细为老年人服务的各项工作。力争到 2022 年底前，老年人享受智能化服务水平显著提升、便捷性不断提高，线上线下服务更加高效协同，解决老年人面临的“数字鸿沟”问题的长效机制基本建立。

2020 年 12 月，国务院办公厅发布《关于建立健全养老服务综合监管制度促进养老服务高质量发展的意见》。意见提出，要大力推行“互联网＋监管”，充分运用大数据等新技术手段，实现监管规范化、精准化、智能化，减少人为因素，实现公正监管，减

少对监管对象的扰动。统筹运用养老服务领域政务数据资源和社会数据资源，推进数据统一和开放共享。民政部门要依托“金民工程”，及时采集养老服务机构基本信息、服务质量、运营情况、安全管理、补贴发放，以及养老护理员等从业人员职业技能等级、从业经历、职业信用等数据信息，形成养老服务机构组织信息基本数据集和养老从业人员基本数据集。卫生健康部门要依托基本公共卫生服务老年人健康管理项目，及时采集老年人健康管理信息，形成健康档案基本数据集。各部门要将涉及老年人相关信息向国家人口基础信息库汇聚，公安部门要依托国家人口基础信息库，形成老年人基本信息数据集。人力资源社会保障部门要依托社会保障卡应用推广工作，实现老年人社会保障信息在养老服务领域共享复用。加强养老服务机构信息联动机制，有关部门要将养老服务机构登记、备案、抽查检查结果、行政处罚、奖惩情况等信息，按照经营性质分别在中国社会组织公共服务平台、国家企业信用信息公示系统、事业单位在线网进行公示，形成养老服务主体登记和行政监管基本数据集。依托全国一体化政务服务平台和国家“互联网＋监管”系统推进有关基本数据集共享，推动技术对接、数据汇聚和多场景使用，实现跨地区互通互认、信息一站式查询和综合监管“一张网”。

2022 年 2 月，国务院发布《“十四五”国家老龄事业发展和养老服务体系规划》。规划提出，要加快推进互联网、大数据、人工智能、第五代移动通信(5G)等信息技术和智能硬件在老年用品领域的深度应用。支持智能交互、智能操作、多机协作等关键技术研发，提升康复辅助器具、健康监测产品、养老监护装置、家庭服务机器人、日用辅助用品等适老产品的智能水平、实用性和安全性，开展家庭、社区、机构等多场景的试点试用。加快人工智能、脑科学、虚拟现实、可穿戴等新技术在健康促进类康复辅助器具中的集成应用。发展外骨骼康复训练、认知障碍评估和训练、沟通训练、失禁康复训练、运动肌力和平衡训练、老年能力评估和日常活动训练等康复辅助器具。发展用药和护理提醒、呼吸辅助器具、睡眠障碍干预以及其他健康监测检测设备。针对老年人康复训练、行为辅助、健康理疗和安全监护等需求，加大智能假肢、机器人等产品应用力度。开展智慧健康养老应用试点示范建设，建设众创、众包、众扶、众筹等创业支撑平台，建立一批智慧健康养老产业生态孵化器、加速器。编制智慧健康养老产品及服务推广目录，完善服务流程规范和评价指标体系，推动智慧健康养老规范化、标准化发展。实施积极应对人口老龄化国家战略，以加快完善社会保障、养老服务、健康支撑体系为重点，把积极老龄观、健康老龄化理念融入经济社会发展全过程，尽力而为、量力而行，深化改革、综合施策，加大制度创新、政策供给、财政投入力度，推动老龄事业和产业协同发展，在老有所养、老有所医、老有所为、老有所学、老有所乐上不断取得新进展，让老年人共享改革发展成果、安享幸福晚年。

主要参考文献

[1] 安筱鹏，肖利华. 数字基建：通向数字孪生世界的迁徙之路[M]. 北京：电子工业出版社，2021.

[2] 百度. 来了！《新基建，新机遇：中国智能经济发展白皮书》完整版正式发布[EB/OL].（2020-12-15）[2022-08-15]. https://baijiahao. baidu. com/s? id=1686143761443109982.

[3] 蔡运龙. 自然资源学原理[M]. 北京：科学出版社，2016.

[4] 操秀英. 2021 年人工智能全球最具影响力学者榜单发布[N]. 科技日报，2021-04-12(6).

[5] 常河，丁一鸣. 我国构建全球首个星地量子通信网[N]. 光明日报，2021-01-08(1).

[6] 常河，桂运安. 833 公里！我国光纤量子密钥分发距离创世界纪录[N]. 光明日报，2022-01-20(8).

[7] 陈果静. 数字人民币加速融入生活[N]. 经济日报，2022-04-03(1).

[8] 丁佳. 纳米科技 中国"雄起"——纳米科学与技术 2019 白皮书发布[EB/OL].(2019-08-18)[2022-07-15]. https://news. sciencenet. cn/htmlnews/2019/8/429478. shtm.

[9] 丁雅诵. 教育数字化战略行动取得阶段性成果，国家智慧教育平台正式上线[N]. 人民日报，2022-03-29(13).

[10] 丁怡婷. 针对新能源发展难点堵点，7 方面 21 项政策举措出台——推动新能源实现高质量发展[N]. 人民日报，2022-05-31(14).

[11] 丁怡婷. 住建部印发通知，推动城市运行管理"一网统管"[N]. 人民日报，2022-03-30(7).

[12] 杜传忠，刘志鹏. 数据平台：智能经济时代的关键基础设施及其规制[J]. 贵州社会科学，2020(06)：108-115.

[13] 杜海涛. 我国进出口规模首次突破 40 万亿元[N]. 人民日报，2023-01-14(1).

[14] 杜海涛，罗珊珊. 我国外贸额首次突破 6 万亿美元[N]. 人民日报，2022-01-15(2).

[15] 冯锦锋，郭启航. 芯路：一书读懂集成电路产业的现在与未来[M]. 北京：机械工业出版社，2020.

[16] 付丽丽. 周鸿祎：元宇宙最大的风险是数字安全[N]. 科技日报，2021-12-30(2).

[17] 付毅飞.天通一号 03 星发射,我首个卫星移动通信系统建设取得重要进展[J].科技日报,2021-01-21(3).
[18] 工业和信息化部办公厅.关于印发"5G+工业互联网"512 工程推进方案的通知:工信厅信管〔2019〕78 号[A/OL].(2019-11-22)[2022-08-15].https://www.miit.gov.cn/jgsj/xgj/wjfb/art/2020/art_9c304ec519084f9d930cd91780d021d1.html.
[19] 谷业凯.前沿技术引领产业实打实发展[N].人民日报,2023-03-27(19).
[20] 谷业凯.智能算力提供发展新动力[N].人民日报,2023-04-07(5).
[21] 顾阳.夯实数字经济发展的底座[N].经济日报,2021-06-04(5).
[22] 光明日报调研组.长三角一体化,龙头如何舞起来——上海推动长三角区域高质量发展的探索实践[N].光明日报,2023-03-31(5).
[23] 郭源生.加速物联网产业发展,推动新技术应用的理念创新——《物联网新型基础设施建设三年行动计划(2021—2023 年)》解读[N].中国电子版,2021-10-12(6).
[24] 国家创新力评估课题组.面向智能社会的国家创新力——智能化大趋势[M].北京:清华大学出版社,2017.
[25] 国务院发展研究中心课题组.未来国际经济格局十大变化趋势[N].经济日报,2019-02-12(8).
[26] 过国忠.融合多环节、多部门数据,助制造业智能转型[N].科技日报,2022-01-14(5).
[27] 韩寒,史薇薇.求索人类社会繁荣之路——林毅夫谈新结构经济学[N].光明日报,2021-05-01(6).
[28] 韩鑫.把工业互联网做大做强[N].人民日报,2022-08-09(5).
[29] 韩鑫.2022 年我国大数据产业规模达 1.57 万亿元,同比增长 18%[N].人民日报,2023-02-22(1).
[30] 韩鑫.夯实数字经济发展底座[N].人民日报,2021-07-06(5).
[31] 何传启.第二次现代化理论:人类发展的世界前沿和科学逻辑[M].北京:科学出版社,2013.
[32] 何德旭,苗文龙.怎么看数字货币的本质和作用[N].经济日报,2021-03-15(10).
[33] 华凌.面向国家重大战略需求,清华大学集成电路学院成立[N].科技日报,2021-04-23(2).
[34] 华夏幸福产业研究院.《关于促进人工智能和实体经济深度融合的指导意见》解读[EB/OL].(2020-01-09)[2022-08-15].http://news.21csp.com.cn/c16/202001/11392413.html.
[35] 黄觉雏,穆家海,黄悦.二十一世纪经济学创言——论智能经济[J].社会科学探索,1990(03):18-25.

[36] 黄觉雏,穆家海,黄悦.人类经济总体发展的模型与规律[J].社会科学探索,1991(02):52-56.
[37] 黄群慧.新时代中国经济现代化的理论指南[N].经济日报,2021-10-21(12).
[38] 黄思维.干勇院士:中国先进材料发展战略[J].高科技与产业化,2020(11):16-19.
[39] 黄鑫.计算正向智算跨越[N].经济日报,2022-07-04(6).
[40] 黄鑫."十四五"软件业开源生态加快构建[N].经济日报,2021-12-06(6).
[41] 黄鑫.算力成新型生产力[N].经济日报,2022-08-10(6).
[42] 黄鑫."5G+工业互联网"加速赋能实体经济[N].经济日报,2022-01-14(1).
[43] 黄鑫.智能算力规模已超通用算力[N].经济日报,2023-01-11(6).
[44] 黄鑫.制造业规模连续13年全球第一[N].经济日报,2023-03-31(6).
[45] 黄悦.二十一世纪的角逐:谁将进入智能经济时代(续完)——再论智能经济[J].改革与战略,1999(03):24-28.
[46] 纪玉山.探索智能经济发展新规律,开拓当代马克思主义政治经济学新境界[J].社会科学辑刊,2017(03):16-18.
[47] 姜奇平.智能经济有什么不同[J].互联网周刊,2019(02):6.
[48] 矫阳.科技引领,中国交通由大向强迈进[N].科技日报,2023-03-09(6).
[49] 金凤.全球半导体产业进入重大调整期,后摩尔时代为追赶者创造机会[N].科技日报,2021-06-10(3).
[50] 金凤君.基础设施与经济社会空间组织[M].北京:科学出版社,2017.
[51] 李芃达.工业互联网迎来快速发展期[N].经济日报,2021-08-18(6).
[52] 李山.数字竞争力此消彼长,数字化转型不进则退[N].科技日报,2020-09-11(2).
[53] 李彦宏.智能经济:高质量发展的新形态[M].北京:中信出版社,2020.
[54] 李彦宏,等.智能革命——迎接人工智能时代的社会、经济与文化变革[M].北京:中信出版社,2017.
[55] 李元元.新材料——现代化强国的重要物质基础[N].人民日报,2022-06-07(20).
[56] 李政葳.第47次《中国互联网络发展状况统计报告》发布[N].光明日报,2021-02-04(9).
[57] 李朱.长江经济带发展战略的政策脉络与若干科技支撑问题探究[J].中国科学院院刊,2020,35(08):1000-1007.
[58] 林光彬.新时代推进共同富裕取得实质性进展[N].光明日报,2021-07-20(11).
[59] 林洹民.加强算法风险全流程治理,创设算法规范"中国方案"[EB/OL].(2022-03-01)[2022-07-15].http://www.cac.gov.cn/2022-03/01/c_1647766971713631.htm.

[60] 林云.创新经济学:理论与案例[M].杭州:浙江大学出版社,2019.
[61] 刘晶.发展6G正当其时[N].中国电子版,2022-05-31(7).
[62] 刘坤.适度超前发展5G,将怎么做——访中国信息通信研究院副院长王志勤[N].光明日报,2021-01-28(10).
[63] 刘坤,李克,王斯敏,等.5G如何为中国经济赋能[N].光明日报,2019-06-17(16).
[64] 刘树成.现代经济词典[M].南京:凤凰出版社,江苏人民出版社,2005.
[65] 刘暾.卫星互联网+5G构建天地一体化信息网络[N].中国电子报,2020-06-05(7).
[66] 刘伟.坚持和完善社会主义基本经济制度,不断解放和发展社会生产力[N].光明日报,2019-12-13(11).
[67] 刘霞.十大数字创新技术出炉,中国“九章”榜上有名[N].科技日报,2021-04-19(4).
[68] 刘艳.6G发展再迎里程碑,网络架构设计获突破[N].科技日报,2022-06-28(2).
[69] 刘艳.平台经济健康发展需“监管+创新”两翼助力[N].科技日报,2022-02-22(5).
[70] 刘艳.实现“物超人”,我国移动物联网迈入发展新阶段[N].科技日报,2022-09-26(7).
[71] 刘艳.新型网络架构为6G体系化创新提供支撑[N].科技日报,2023-03-27(2).
[72] 刘园园.国家发改委明确“新基建”范围,将加强顶层设计[N].科技日报,2020-04-21(3).
[73] 刘志毅.智能经济:用数字经济学思维理解世界[M].北京:电子工业出版社,2019.
[74] 卢梦琪.“元宇宙”点燃VR新一轮产业热情[N].中国电子版,2021-10-15(1).
[75] 卢梦琪.元宇宙:与其坐而论道,不如起而行之[N].中国电子版,2021-11-23(1).
[76] 陆小华.为算法推荐发展树立法治路标[EB/OL].(2022-03-01)[2022-07-15].https://www.guancha.cn/politics/2022_03_01_628229.shtml.
[77] 罗荣渠.现代化新论:中国的现代化之路[M].上海:华东师范大学出版社,2013.
[78] 马爱平.卫星互联网:高科技领域的低成本挑战[N].科技日报,2021-07-19(6).
[79] 马化腾,孟昭莉,闫德利,等.数字经济——中国创新增长新动能[M].北京:中信出版社,2017.
[80] 倪金节.从智能革命到智能经济[J].小康,2020(36):86.

[81] 彭五堂. 现代化经济体系[M]. 北京：人民日报出版社，2021.

[82] 齐旭. 工业和信息化十年发展磨利剑[N]. 中国电子版，2022-06-17(1).

[83] 齐旭. 我国算力核心产业规模达 1.5 万亿元，位居全球第二[N]. 中国电子版，2022-08-08(6).

[84] 齐旭. 一场替换传统数据库的行动正在全球范围悄然进行[EB/OL]. (2019-07-10)[2022-07-15]. http://www.cena.com.cn/infocom/20190710/101475.html.

[85] 清华大学新媒体研究中心. 2020—2021 年元宇宙发展研究报告[R/OL]. (2021-09-12)[2023-03-15]. http://cbdio.com/BigData/2021-09/22/content_6166594.htm.

[86] 瞿剑. 我可再生能源技术产业体系完备，开发利用规模稳居世界第一[N]. 科技日报，2021-03-31(3).

[87] 任理轩. 加快构建新发展格局[N]. 人民日报，2021-05-12(7).

[88] 申少铁. 健康中国建设持续推进[N]. 人民日报，2022-01-15(5).

[89] 沈从. 美国图谋芯片本土化制造[N]. 中国电子报，2021-04-16(8).

[90] 沈文敏. 我国存储能力总规模超过 1 000EB[N]. 人民日报，2023-03-24(8).

[91] 宋婧. 盘点：2022 年云计算新玩家、新焦点、新生态[N]. 中国电子报，2023-01-02(8).

[92] 宋婧. 云计算华丽蝶变[N]. 中国电子报，2021-07-02(4).

[93] 宋涛. 政治经济学教程[M]. 北京：中国人民大学出版社，2018.

[94] 孙永平. 自然资源丰裕经济学[M]. 北京：人民出版社，2022.

[95] 腾讯科技. Facebook 反对分拆，美国会要求对其反垄断调查[EB/OL]. (2019-05-10)[2022-07-15]. https://tech.qq.com/a/20190510/000264.htm.

[96] 腾讯研究院. 国家数字竞争力指数研究报告(2019)[R/OL]. (2019-06-19)[2022-04-15]. https://www.logclub.com/articleInfo/NzkxNy1jNzc5ODZmMA==? dc=0.

[97] 腾讯研究院，中国信通院互联网法律研究中心，腾讯 AI Lab，等. 人工智能：国家人工智能战略行动抓手[M]. 北京：中国人民大学出版社，2017.

[98] 童天湘. 智能革命论[M]. 香港：中华书局，1992.

[99] 王陈. 习近平新时代中国特色社会主义共享发展思想研究[J]. 思想政治课研究，2018(04)：6-10.

[100] 王先林. 平台经济领域垄断和反垄断问题的法律思考[J]. 浙江工商大学学报，2021(04)：34-45.

[101] 王晓红. 以平台为重心做强数字经济产业体系[N]. 经济日报，2022-01-14(10).

[102] 王政. 人工智能产业迎来发展新机遇[N]. 人民日报，2023-03-15(18).

[103] 王政. 我国启动"双千兆"网络计划[N]. 人民日报，2021-03-27(6).

[104] 王政.我国数字经济规模超45万亿元[N].人民日报,2022-07-03(1).
[105] 王政.我国移动物联网连接数占全球70%[N].人民日报,2023-01-30(1).
[106] 王政,韩鑫.二〇二二年软件业务收入跃上十万亿元台阶[N].人民日报,2023-02-02(1).
[107] 王政,韩鑫,姜晓丹,等.新型工业化深入推进[N].人民日报,2023-03-31(1).
[108] 魏际刚.从战略高度推动人工智能技术创新[N].经济日报,2022-01-26(10).
[109] 吴长峰.比超级计算机快百万亿倍,仅是量子计算"星辰大海"的第一步[N].科技日报,2021-02-25(5).
[110] 吴长锋.我国实现百兆比特率量子密钥分发[N].科技日报,2023-03-15(1).
[111] 吴军.全球科技通史[M].北京:中信出版社,2020.
[112] 吴军.文明之光(第3册)[M].北京:人民邮电出版社,2017.
[113] 吴秋余.数字人民币累计交易金额超千亿元[N].人民日报,2022-10-21(2).
[114] 吴秋余.数字人民币试点范围再次扩大[N].人民日报,2022-04-03(4).
[115] 吴桐.建立完善稳健的基础设施,加速区块链于产业深入融合[N].中国电子报,2021-01-22(3).
[116] 夏成.雄安新区:取得新成效展现新面貌[N].经济日报,2023-04-04(2).
[117] 晓寒.华为任正非:人类社会一定会转变成智能社会[EB/OL].(2016-08-31)[2022-07-15].https://www.sohu.com/a/113031497_115978.
[118] 谢开飞.云计算、雾计算、边缘计算,把这些"计算"混着用会怎样[N].科技日报,2019-06-19(8).
[119] 谢樱,阳建.超级计算离我们生活有多近?[EB/OL].(2019-09-10)[2022-08-15].https://news.sina.com.cn/c/2019-09-10/doc-iicezueu4921836.shtml.
[120] 熊丽.综合国力迈上新台阶[N].经济日报,2022-03-17(9).
[121] 徐晋.平台经济学——平台竞争的理论与实践[M].上海:上海交通大学出版社,2007.
[122] 徐恪,李沁.算法统治世界——智能经济的隐形秩序[M].北京:清华大学出版社,2017.
[123] 徐寿波.技术经济学[M].北京:经济科学出版社,2012.
[124] 徐宪平.深刻认识新型基础设施的特征[N].人民日报,2021-01-14(9).
[125] 徐宪平.新基建:数字时代的新结构性力量[M].北京:人民出版社,2020.
[126] 徐向梅.数字人民币渐行渐近[N].经济日报,2022-03-13(8).
[127] 徐晓明.教育高质量发展,数字化转型路在何方[N].光明日报,2022-04-05(5).
[128] 严赋憬,安蓓.优化算力资源配置,"东数西算"工程全面实施[N].科技日报,2022-02-21(6).
[129] 颜欢,许海林.中国技术助力全球可持续发展[N].人民日报,2023-03-03(17).

[130] 杨丹辉.创新驱动新兴产业高质量发展[N].经济日报,2021-08-23(11).
[131] 杨述明.人类社会的前进方向:智能社会[J].江汉论坛,2020(06):38-51.
[132] 杨述明.人类社会演进的逻辑与趋势:智能社会与工业社会共进[J].理论月刊,2020(09):46-59.
[133] 杨述明.智能经济形态的理性认知[J].理论与现代化,2020(05):56-69.
[134] 杨树,杨光,梁才.大力发展区块链技术,做好数字经济"新基建"[N].科技日报,2022-02-22(8).
[135] 杨啸林.全球抢占人工智能产业高地[N].经济日报,2021-08-02(1).
[136] 叶青.大湾区纳米产业联盟成立 50 家企业、院所共建良性生态圈[N].科技日报,2022-07-12(7).
[137] 佚名.中国工业互联网标识注册总量超千亿,规模应用还有多远?[EB/OL].(2022-03-17)[2023-03-15]. http://www. inpai. com. cn/news/redian/2022/0317/032022_123770. html.
[138] 余晓晖.建立健全平台经济治理体系:经验与对策[J].学术前沿,2021(21):16-24.
[139] 张佳欣.德媒:芯片之争,中国绝非无能为力[N].科技日报,2021-04-09(4).
[140] 张佳欣.发展中国家新兴技术应用影响未来网络竞争格局[N].科技日报,2021-04-06(4).
[141] 张康之.合作的社会及其治理[M].上海:上海人民出版社,2014.
[142] 张蕾,王斯敏."中国北斗"这样一路走来[N].光明日报,2020-07-03(7).
[143] 张漫子.我国科学家首创开放式新架构实现 615 公里光纤量子通信[N].中国电子报,2023-03-10(1).
[144] 张文.促进新一代人工智能健康发展[N].人民日报,2019-06-14(13).
[145] 张心怡.SIA:过去 10 年美国以外地区芯片产出增长速度是美 5 倍[N].中国电子报,2022-01-14(8).
[146] 张翼.不惧风浪创新绩,奋进壮阔新征程——国家统计局解读 2022 年国民经济和社会发展统计公报[N].光明日报,2023-03-01(10).
[147] 张翼.2022 年全国网上零售额 13.79 万亿元,电商新业态新模式彰显活力[N].光明日报,2023-01-31(10).
[148] 赵昌文.高度重视平台经济健康发展[N].学习时报,2019-08-14(1).
[149] 赵乐瑄.我国 VR 产业迎来发展关键期,"虚实相通"指日可待[N].人民邮电报,2021-10-29.
[150] 赵立斌,张莉莉.数字经济概论[M].北京:科学出版社,2020.
[151] 中共中央宣传部.习近平新时代中国特色社会主义思想学习纲要[M].北京:学习出版社,人民出版社,2019.
[152] 中国电子信息产业发展研究院.2019 年中国数字经济发展指数[EB/OL].(2020-02-03)[2023-07-15]. https://www. docin. com/p—2304554295. html.

[153] 中国电子信息产业发展研究院. 虚拟现实产业发展白皮书(2021 年)[EB/OL]. (2022-03-30)[2023-03-15]. https://cloud.tencent.com/developer/article/1967894.
[154] 中国发展研究基金会,百度. 新基建,新机遇:中国智能经济发展白皮书[R/OL]. (2020-12-15)[2022-08-15]. https://www.cdrf.org.cn/jjh/pdf/zhongguozhinengjingjixinfazhan1011.pdf.
[155] 中国科学技术协会. 新科技知识干部读本(上)[M]. 北京:科学普及出版社,2016.
[156] 中国科学技术协会. 新科技知识干部读本(中)[M]. 北京:科学普及出版社,2016.
[157] 中国网络空间研究院. 世界互联网发展报告 2019[M]. 北京:电子工业出版社,2019.
[158] 中国信息通信研究院. 大数据白皮书(2020 年)[EB/OL]. (2020-12-31)[2023-03-15]. http://www.100ec.cn/detail--6581622.html.
[159] 中国信息通信研究院:物联网白皮书(2020 年)[R/OL]. (2020-12-10)[2022-05-15]. http://www.caict.ac.cn/kxyj/qwfb/bps/202012/P020201215379753410419.pdf.
[160] 中华人民共和国国民经济和社会经济发展第十四个五年规划和 2035 年远景目标纲要[M]. 北京:人民出版社,2021.
[161] 周韶宏. 反垄断究竟是在反对什么③:20 年前,人们为什么恐惧微软?[EB/OL]. (2019-03-21)[2022-07-10]. https://www.douban.com/note/711130414/?_i=9752862gw0gZGi.
[162] 诸玲珍. 数字经济激发创新活力[N]. 中国电子报,2021-07-02(3).
[163] 左鹏飞. 最近大火的元宇宙到底是什么?[N]. 科技日报,2021-09-13(6).
[164] 戴维·罗默. 高级宏观经济学[M]. 吴化斌,龚关,译. 上海:上海财经大学出版社,2014.
[165] 丹尼尔·贝尔. 后工业社会的来临——对社会预测的一项探索[M]. 高铦,等,译. 南昌:江西人民出版社,2018.
[166] 道格拉斯·诺斯,罗伯斯·托马斯. 西方世界的兴起[M]. 厉以平,蔡磊,译. 北京:华夏出版社,2017.
[167] 房龙. 人类的故事[M]. 夏欣茁,译. 上海:上海译文出版社,2013.
[168] 海因茨·D. 库尔茨,理查德·斯图恩. 创新始者熊彼特[M]. 纪达夫,陈文娟,张霜,译. 南京:南京大学出版社,2017.
[169] 经济合作与发展组织(OECD). 以知识为基础的经济[M]. 杨宏进,薛澜,译. 北京:机械工业出版社,1997.
[170] 兰斯·E. 戴维斯,道格拉斯·C. 诺思. 制度变迁与美国经济增长[M]. 张志华,译. 上海:格致出版社,上海人民出版社,2018.

[171] 雷·库兹韦尔. 机器之心[M]. 张温卓玛,吴纯洁,胡晓姣,译. 北京:中信出版社,2016.

[172] 雷·库兹韦尔. 奇点临近[M]. 李庆诚,董振华,田源,译. 北京:机械工业出版社,2011.

[173] 罗纳德·H.科斯,等. 财产权利与制度变迁:产权学派与新制度学派译文集[M]. 刘守英,等,译. 上海:格致出版社,上海三联书店,上海人民出版社,2014.

[174] 马克思. 1844年经济学哲学手稿[M]. 北京:人民出版社,2000.

[175] 马克思. 资本论(第3卷)[M]. 北京:人民出版社,2004.

[176] 马克思,恩格斯. 共产党宣言[M]. 北京:人民出版社,2018.

[177] 马克思恩格斯全集(第23卷)[M]. 北京:人民出版社,1972.

[178] 马克思恩格斯文集(第1卷)[M]. 北京:人民出版社,2009.

[179] 马克思恩格斯文集(第5卷)[M]. 北京:人民出版社,2009.

[180] 马克斯·韦伯. 新教伦理与资本主义精神[M]. 康乐,简惠美,译. 桂林:广西师范大学出版社,2007.

[181] 马歇尔. 经济学原理(上卷)[M]. 朱志泰,译. 北京:商务印书馆,2011.

[182] 尼古拉斯·克里斯塔基斯,詹姆斯·富勒. 大连接:社会网络是如何形成的以及对人类现实行为的影响[M]. 简学,译. 北京:中国人民大学出版社,2013.

[183] 庞巴维克. 资本实证论[M]. 陈端,译. 北京:商务印书馆,1964.

[184] 萨伊. 政治经济学概论:财富的生产、分配和消费[M]. 陈福生,陈振骅,译. 北京:商务印书馆,1963.

[185] 威廉·配第. 配第经济著作选集[M]. 陈冬野,马清槐,周锦如,译. 北京:商务印书馆,2011.

[186] 西奥多·W.舒尔茨. 人力资本投资——教育和研究的作用[M]. 蒋斌,张蘅,译. 北京:商务印书馆,1990.

[187] 熊彼特. 熊彼特经济学[M]. 李慧泉,刘霈,译. 北京:台海出版社,2018.

[188] 尤瓦尔·赫拉利. 未来简史:从智人到智神[M]. 林俊宏,译. 北京:中信出版社,2017.

[189] 约瑟夫·阿洛伊斯·熊彼特. 经济发展理论——对利润、资本、信贷、利息和经济周期的探究[M]. 叶华,译. 北京:九州出版社,2007.

[190] 约瑟夫·熊彼特. 经济发展理论——对于利润、资本、信贷、利息和经济周期的考察[M]. 何畏,易家详,等,译. 北京:商务印书馆,2009.

[191] Don Tapscott. The digital economy: promise and peril in the age of networked intelligence[M]. New York: McGraw-Hill, 1994: 57.

[192] Robert M. Solow. A contribution to the theory of economic growth [J]. Quarterly Journal of Economics, 1956(2): 65-94.

后记

这本书是2021年出版的《智能社会建构逻辑》的姊妹篇。从2017年开始，我先后给社会学、政治学、公共管理、国民经济学、企业管理等专业的研究生开设“智能社会与国家治理现代化”“智能经济导论”课程，这两本书就是以上教学内容的集成。自认识到人类社会将要转型为智能社会这种新形态之后，我就立足于自己的知识背景和研究兴趣，集中精力从社会演变和经济转型两个视角同时观察社会变迁和经济变革趋势，并希望从这两条主线或者说重要的社会领域把握人类社会从农业社会、工业社会走向智能社会的基本趋势。经过数年的学习积淀与思考透视，尤其是对于数字经济背景下全球经济转型的观察分析，在国内外有关专家学者所阐发的思想启发下，我对于智能经济这种新形态有了一定的认知。因此，本书是我向数字经济、智能经济领域专家学者和实际工作在经济主阵地的企业家、创业者提供的进一步学习的参考读物。

正如书中所述，选择“智能经济”作为研究对象，并非在“数字经济”主流话语体系之外的标新立异，而恰恰是希望在数字经济宏观架构下进一步理清不同的经济学范式语境下研究不同经济问题、经济事实的关注点和切入点，最终找到探索、观察、研究经济新形态的方法和路径。书中提出了这样的核心观点：数字经济与自然经济、商品经济属于基本经济形态，与之相对应的智能经济和农业经济、工业经济则属于典型经济形态。这种理论分析可以为研究数据要素、产业变革、新基建、现代化经济体系、创新经济、经济制度、经济统计等领域提供一定的参考。当然，这只是在观察现实经济现象变化过程中的一种逻辑推理，还需要经济社会实践的验证和新时代经济学学术研究新认知、新方法的理论导引。

既然教学讲义为本书的底色，所以为了在教学过程中尽可能地向学生传授权威的、规范的、前沿的、整体的理论观点和基本政策，特别是引导学生从世界格局、国家战略、未来趋势出发培养新思维，书中选取的所有理论知识、业界案例、政策导向力求权威、规范，尤其是文件引用力求原汁原味，诸如数字经济统计分类、数字基础设施、现代化经济体系等内容。在此特作说明，并向被引内容的作者和文件发布单位以及间接引导我学习研究的专家学者等表示真诚的谢意！

感谢我指导的学生和听我讲课的所有学生！这些年轻学子给予了我无限的动力和火热的激情。每一次课堂结束时的掌声都是推动我不断前进的动力，每一份让我秉烛夜读的优秀作业都是点燃我思想的火花。同学们曾经自己组织过出色的学术会议，开展过形式多样的学术讨论，也多次和我碰撞交流过不同观点。他们是那样地热爱新观点新事物新思维，是那样地渴望洞悉未来新时代新世界，是那样地钟情于探索国家和人类的前景。这一切都清晰地映入我的眼帘，刻在我的心里！

这里要特别感谢华中科技大学国家治理研究院欧阳康院长、杜志章副院长等领导和老师！是研究院再一次给我提供了权威的学术平台，提供了参与重大课题、深入开展学术研究的基础条件，提供了与各个方面权威专家学者交流学习的机会。感谢湖北省社会科学院研究生处、哲学所、社会学所、经济学所和政法学所的同事们！是他们力求大胆创新、倡导学术自由探索的勇气以及坚定的信任和支持，为我数年以来的教学研究提供了平台和机会。感谢武汉理工大学经济学院魏龙院长和专家老师们！是经济学院为我提供了交流学习智能经济教学体会的难得机会，让我在智能经济领域的研究找到了生根发芽的深厚土壤。感谢华中科技大学出版社多年来关注、支持我在智能社会、智能经济领域的研究工作，特别是要感谢杨玲老师悉心的指导，感谢本书的责任编辑黄军老师耐心细致、严谨缜密、用心用情用力的艰苦付出！感谢我的爱人方洁女士和家人，是他们无私无怨倾力支持，让我有足够的时间和精力全身心投入学术研究！

最后，再一次真诚地表示，本人学识、学力有限，对于智能经济这一重大新领域认知不深。书中的主要观点、材料收集、论证过程、研究方法等必然存在纰漏，敬请各位专家学者、实务工作者和广大热心读者批评指教！

2023 年 11 月 15 日

与本书配套的二维码资源使用说明

本书部分课程及与纸质教材配套数字资源以二维码链接的形式呈现。利用手机微信扫码成功后提示微信登录，授权后进入注册页面，填写注册信息。按照提示输入手机号码，点击获取手机验证码，稍等片刻收到 4 位数的验证码短信，在提示位置输入验证码成功，再设置密码，选择相应专业，点击“立即注册”，注册成功（若手机已经注册，则在“注册”页面底部选择“已有账号立即注册”，进入“账号绑定”页面，直接输入手机号和密码登录），即可查看二维码数字资源。手机第一次登录查看资源成功以后，再次使用二维码资源时，只需在微信端扫码即可登录进入查看。